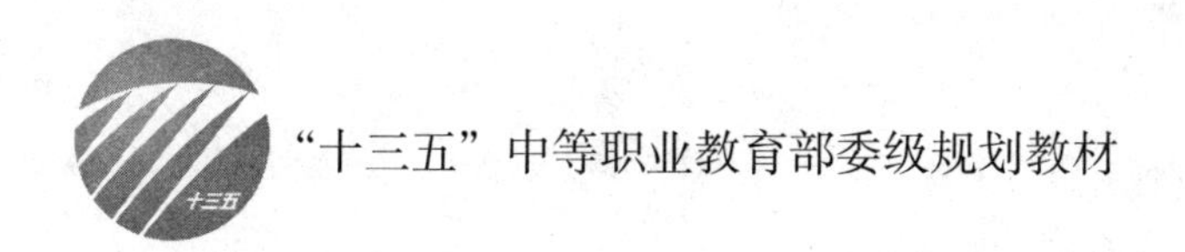

“十三五”中等职业教育部委级规划教材

服装一体化制作技术

姚林英　主编
郝红花　柴冬梅　欧欣怡　副主编

中国纺织出版社

内容提要

本书是“十三五”中等职业教育部委级规划教材。本教材设置了四大模块、十五个项目，选取十余款具有代表性的典型合体女上装进行讲解。这些内容既有结合流行的时尚款式，也有来自企业一线的生产订单和全国技能大赛的原题分析，具有极强的代表性和综合性。详细介绍了不同款式女上装，从款式描述、细节分析、工艺单编写、初板制作、初板确认、样板放缝、排料以及单件、多件排料裁剪，从而进行系列样板推档、样衣制作的全过程，真正实现了服装的一体化定制。通过本教材的学习，使学生学有所成，学有所用，对于参加技能大赛训练和将来从事品牌女装开发有着非常重要的意义。

本书可作为服装专业学生教材，也可作为服装企业的参考资料。

图书在版编目（CIP）数据

服装一体化制作技术 / 姚林英主编 . -- 北京：中国纺织出版社，2021.2

“十三五”中等职业教育部委级规划教材

ISBN 978-7-5180-5637-8

Ⅰ. ①服… Ⅱ. ①姚… Ⅲ. ①服装—生产工艺—中等专业学校—教材 Ⅳ. ① TS941.6

中国版本图书馆 CIP 数据核字（2018）第 264998 号

责任编辑：宗　静　　特约编辑：何丹丹　　责任校对：王花妮
责任印制：何　建

中国纺织出版社出版发行
地址：北京市朝阳区百子湾东里A407号楼　邮政编码：100124
销售电话：010—67004422　传真：010—87155801
http：//www.c-textilep.com
中国纺织出版社天猫旗舰店
官方微博 http：//weibo.com/2119887771
北京市密东印刷有限公司印刷　各地新华书店经销
2021年2月第1版第1次印刷
开本：787×1092　1/16　印张：14
字数：231千字　定价：59.80元

前言

一本合格的中等职业教育类教材应能充分反映职业教育的特色，并直接关系着为企业输送符合一线岗位需要的综合性技能人才。

编者认为，课程改革是加强职业能力教育的重要保证，故本教材在内容的组织上彻底打破了原有的学科体系，完全按照我国现有服装产业的运作模式和相关服装岗位的能力需求而重组的。本教材设置了四大模块、十五个项目，选取十余款具有代表性的典型合体女上装进行讲解。这些内容既有全国技能大赛的原题分析，又有来自企业一线的生产订单，还有契合当今潮流的时尚创意款。具有极强的代表性和综合性。本教材详细介绍了不同款式女上装，从款式描述、细节分析、工艺单编写、初板制作、初板确认、样板放缝、排料以及单件、多件排料裁剪，从而进行系列样板推档、样衣制作的全过程，真正实现了服装的一体化定制。通过本教材的学习，希望使读者学有所思、学有所用，对于参加技能大赛训练和从事品牌女装开发有着重要的意义。同时，本教材也是不可多得的专业类教学用书。

本教材在详细的实例解析之后，又配以变化衍生款式，使读者学会触类旁通，举一反三。另外，教师可以根据学生的不同特点和实际教学情况，灵活增删某个项目或项目中的某一款式，还可根据时代的发展和企业的需求，不断补充新的内容。

本教材由姚林英担任主编，负责本书的技术把控工作，郝红花、柴冬梅、欧欣怡担任副主编，另还有姜利晓、亓萍参与编写。特别感谢上海华大学张文斌教授和浙江纺织职业学院张福良院长在本书编写过程中提供的技术指导。

教材的编写是从“学”到“编”一步步走过来的。由于编者技术水平和专业水平有限，书中疏漏之处在所难免，恳请广大读者提出宝贵意见，以便我们不断改进。

编者

2017年12月

目录

模块一　导学

职业应用

本教材主要讲授合体女上衣（包括合体女衬衫和合体女外套在内）的服装一体化制作技术。按照服装产业运作模式，把服装设计开发、生产工艺单制作、服装CAD制板、样衣缝制和系列样板推档等环节串联起来，形成了以服装技术工作流程为主线的一体化项目课程模式，并通过知识储备和触类旁通等环节，使读者在进行生产技术学习的同时，能够根据项目推进的需要，主动汲取知识，并能够做到举一反三，从而形成书面知识与综合职业能力的一体化提升，从而能够胜任样板设计与制作、生产管理、样衣缝制等工作。

能力目标

1. 能够准确地进行款式分析，能根据服装图片准确分析服装的款式特点，或根据样衣或图片绘制相应的款式图和款式细节。

2. 能编制服装生产技术文件。

3. 了解服装工艺文件的一般结构和编写方法，根据生产订单及样衣编写详细的工艺单。

4. 能根据工艺文件要求设计制作服装初样。

项目一　基础知识

知识储备

一、合体女装工业制板概述

1. 服装工业制板的概念

服装工业制板是指为服装工业化生产提供的一整套符合款式特点、面料要求、规格参数与成衣工艺要求并且能用于裁剪、缝制、后整理的生产样板。它是成衣生产企业有组织、有计划、有步骤、保质保量、顺利进行生产的保证。主要包含打板（打制母板）、推板（推档缩放）以及样衣制作这三个主要部分。

2. 服装工业制板的内容

（1）打制母板：根据服装款型的不同，进行服装款式的结构分析，确定成衣系列规格，进行母板的制作。

（2）推档放缩：将母板制作成样衣并加以确认，以便修正母板，并以最终确认的母板为基础，按样板推档放缩要求进行系列规格的推放，得到系列规格样板图形。

（3）样板制作：按服装工业化生产要求制作相应的服装生产所需样板，如裁剪与工艺系列样板等。

（4）工艺文件编制：根据服装生产特点，编写服装生产工艺文件。

二、合体女装工业制板相关术语

1. 省道

省道是指为适合人体或造型需要，将一部分衣料捏进与折叠，让面料形成隆起或凸出的立体效果，以作出形成衣片曲面状态或消除衣片浮余量。省由省道和省尖两部分组成，可按功能和形态进行分类：有肩省、领省、袖窿省、侧缝省、肋下省、肚省、腰省等。

2. 裥

裥是为适合体型及服装造型的需要将部分衣料折叠熨烫而成，由裥面和裥底组成。

3. 褶

褶是指为符合体型和服装造型需要，将部分衣料缝缩而形成的褶皱。

4. 分割缝

分割缝是为符合体型和服装造型需要，将衣片、袖片、裙片、裤片等部位进行分割而形成的分割线。如刀背缝、公主缝等。

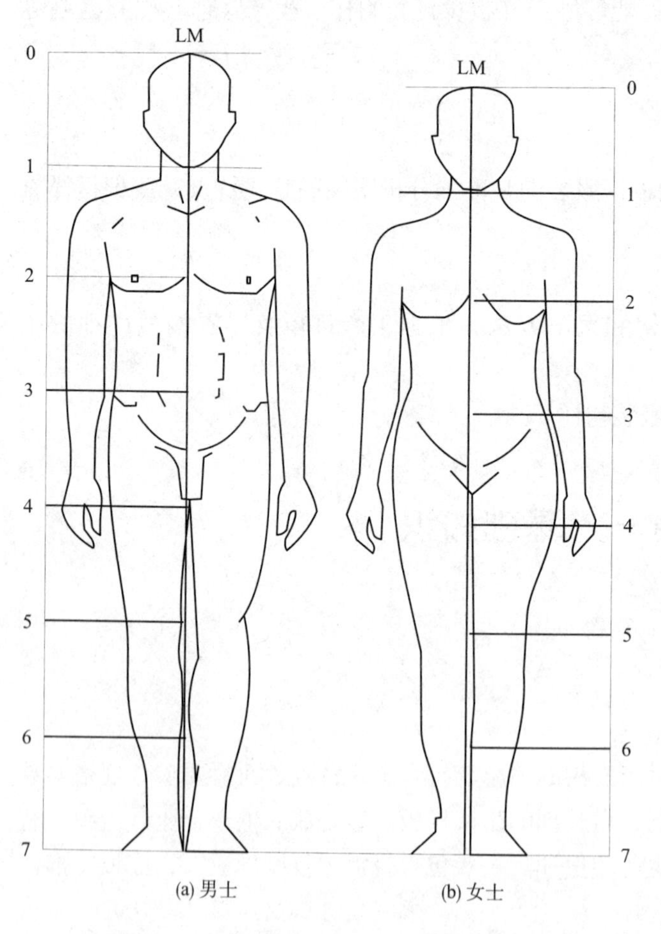

图1-1 7头身的分割线和人体各部位的关系
0—头顶 1—下颏 2—乳头 3—脐下 4—拇指根 5—膝头上 6—中胫 7—立脚地

三、人体的比例

人体的比例是人体的结构形态特征之一，在体型表达、服装款式与结构设计中都是必要的参考依据。7头身的分割线和人体各部位的关系如图1-1所示。

四、常用制板工具

1. 测量工具

测量工作有卷尺。

2. 作图工具

作图工具包括方格尺、直尺、角尺、弯形尺、6字尺等。

3. **记号工具**

划粉、复写纸、锥子。

4. **裁剪工具**

工作台、裁剪裁刀、花齿裁刀。

项目二　服装新原型制图及上衣的结构变化

作为女装，胸省的转换是永恒的话题，女装胸部可以通过收省、折裥、抽褶、分割线等结构形式赋予女装丰富的变化。掌握了胸省转换的原理和方法，就如同拿到了打开女装结构设计的钥匙，将打开款式变化所带来的魅力新世界。

一、省道的形成及女上衣新原型制图

1. **省道的形成**

省道在服装设计中是完成从平面面料到立体服装的必要手段。由于女性的体型起伏很大，为了使缝制后的服装适合于人体体型，就要把相对于人体凹进部位的多余布料处理掉，这些处理掉的部分就是省道。越是紧身合体的服装，省道就越显得必不可少。如图1–2所示，可以清晰地看到面料与人体之间的空间关系，以及这种空间转化成省的部位分布和省道量的分布。

2. **上衣原型制图**

上衣原型制图如图1–3、图1–4所示。

3. **尺寸计算值**

（1）女上衣原型制图时，各部位的尺寸计算值参照表1–1。

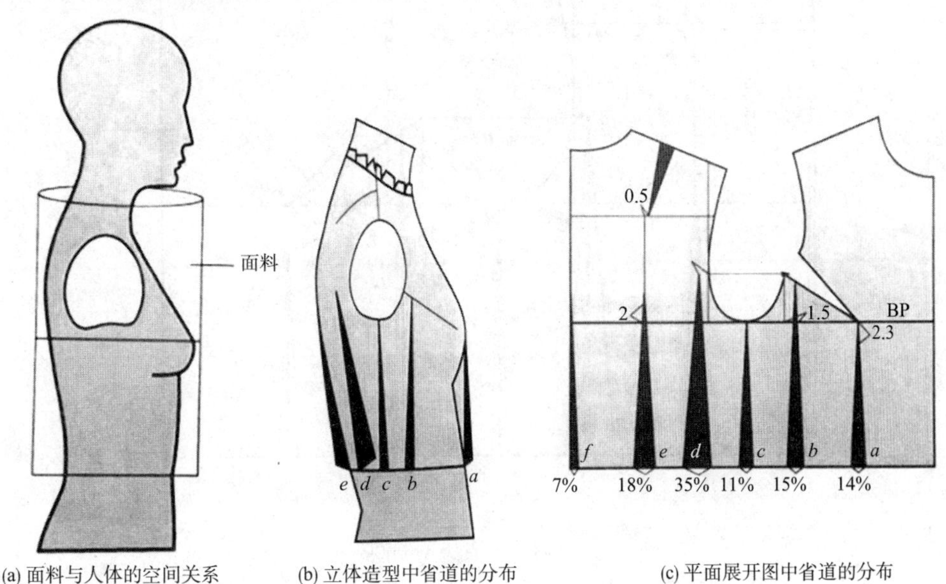

(a) 面料与人体的空间关系　(b) 立体造型中省道的分布　(c) 平面展开图中省道的分布

图1–2　省的部位分布和量的分布

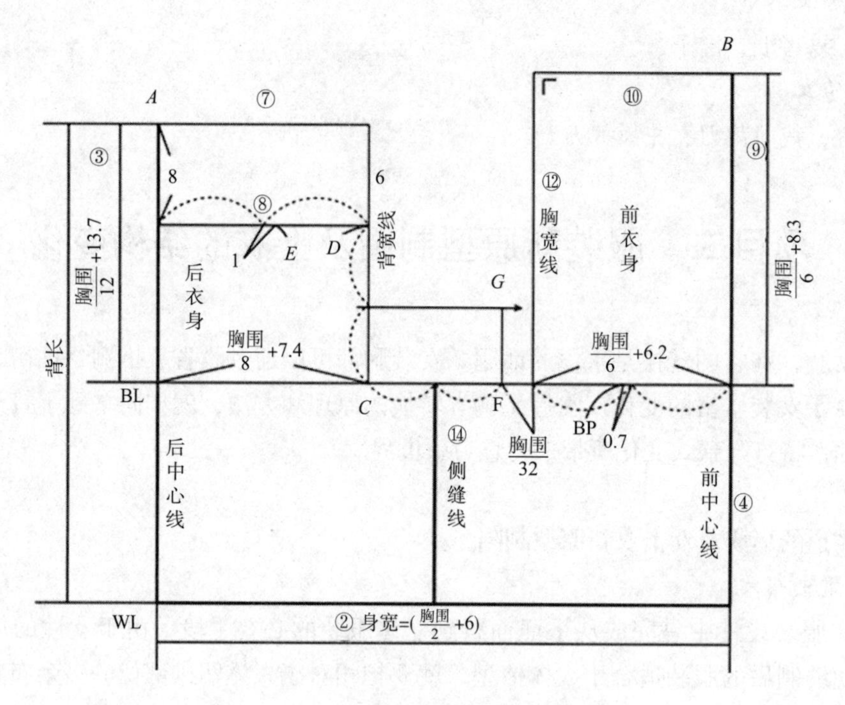

图1-3　上衣原型框架制图

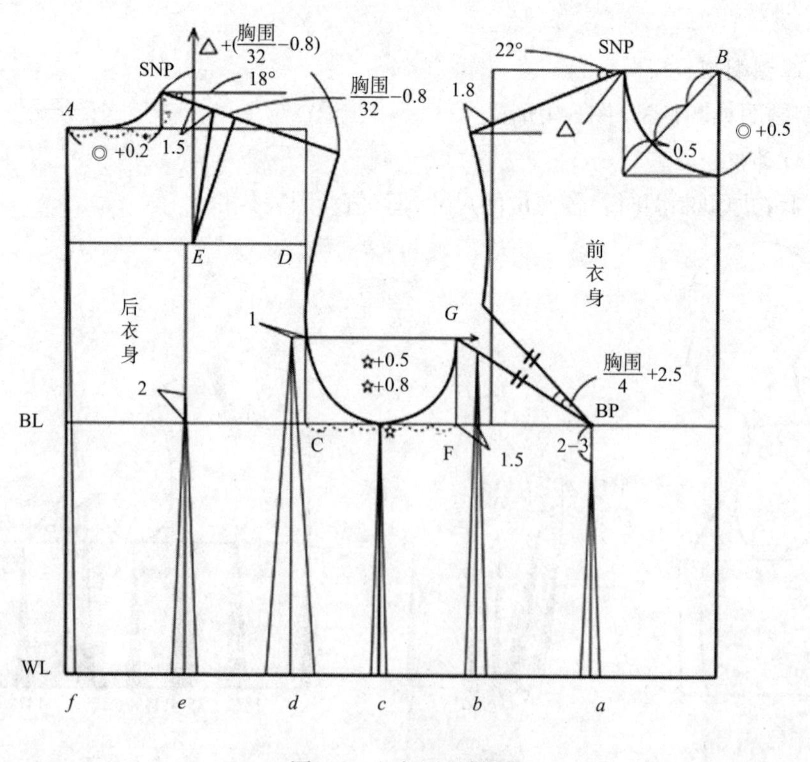

图1-4　上衣原型制图

表1-1　女上衣原型各部位计算尺寸参照表（常用）　　单位：cm

部位	身宽	A～BL	背宽	BL-胸围	胸宽	$\frac{\text{胸围}}{32}$	前领宽	前领深	胸省		后领宽	后肩省	★
									（度）	（cm）			
胸围	$\frac{\text{胸围}}{2}+6$	$\frac{\text{胸围}}{12}+13.7$	$\frac{\text{胸围}}{8}+7.4$	$\frac{\text{胸围}}{5}+8.3$	$\frac{\text{胸围}}{8}+6.2$	$\frac{\text{胸围}}{32}$	$\frac{\text{胸围}}{24}+3.4=$◎	◎+0.5	$\frac{\text{胸围}}{4}-2.5$	$\frac{\text{胸围}}{12}-3.2$	◎+0.2	$\frac{\text{胸围}}{32}-0.8$	★
77	44.5	20.1	17.0	23.7	15.8	2.4	6.6	7.1	16.8	3.2	6.8	1.6	0.0
78	45.0	20.2	17.2	23.9	16.0	2.4	6.7	7.2	17.0	3.3	6.9	1.6	0.0
79	45.5	20.3	17.3	24.1	16.1	2.5	6.7	7.2	17.3	3.4	6.9	1.7	0.0
80	46.0	20.4	17.4	24.3	16.2	2.5	6.7	7.2	17.5	3.5	939	1.7	0.0
81	46.5	20.5	17.5	24.5	16.3	2.5	6.8	7.3	17.8	3.6	7.0	1.7	0.0
82	47.0	20.5	17.7	24.7	16.5	2.6	6.8	7.3	18.0	3.6	7.0	1.8	0.0
83	47.5	20.6	17.8	24.9	16.6	2.6	6.9	7.4	18.3	3.7	7.1	1.8	0.0
84	48.0	20.7	17.9	25.1	16.7	2.6	6.9	7.4	18.5	3.8	7.1	1.8	0.0
85	48.5	20.8	18.0	25.3	16.8	2.7	6.9	7.4	18.8	3.9	7.1	1.9	0.1
86	49.0	20.9	18.2	25.5	17.0	2.7	7.0	7.5	19.0	4.0	7.2	1.9	0.1
87	49.5	21.0	18.3	25.7	17.1	2.7	7.0	7.5	19.3	4.1	7.2	1.9	0.1
88	50.0	21.0	18.4	25.9	17.2	2.8	7.1	7.6	19.5	4.1	7.3	2.0	0.1

（2）腰省量和各个省量相对于总省量的比率进行计算。总省量=身宽$-\frac{\text{腰围}}{2}$+3cm，具体大小见表1-2，表中的a、b、c、d、e、f与图1-2（c）中相同字母对应。

表1-2　各省量相对于总省量的比率　　单位：cm

各省道及所占比例 / 总省量	f	e	d	c	b	a
	7%	18%	35%	11%	15%	14%
9	0.63	1.62	3.15	0.99	1.35	1.26
10	0.70	1.80	3.50	1.10	1.50	1.40
11	0.77	1.98	3.85	1.21	1.65	1.54
12	0.84	2.16	4.20	1.32	1.80	1.68

二、上衣新原型的结构变化

（一）省道的变化

1. 省道的分类

（1）按省道的形态分类如图1-5所示。

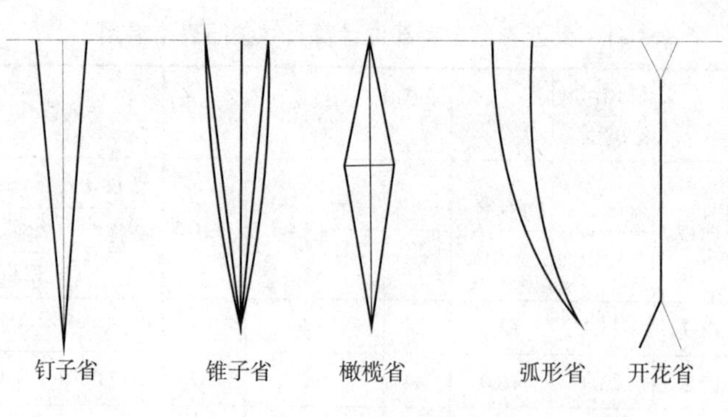

图1-5 省道的形态

（2）省道在服装部位的分类如图1-6所示，①腰省、②侧缝省（横省）、③袖窿省、④肩省、⑤领口省、⑥门襟省。

（3）省道分布规律，省道分布于胸高点360° 范围内，省尖朝向BP点。

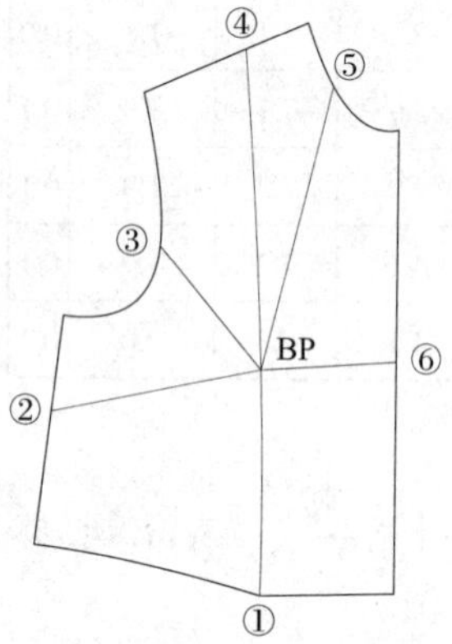

2. 省道的设计

（1）省道个数、形态、部位的设计。省道个数根据造型和面料特性而定。省道形态需根据人体不同的曲面形态和不同的贴合程度进行选择。省道部位需根据不同的体型和不同的服装面料进行选择。

（2）省道量的设计，以人体各截面围度量的差数为依据，差数越大，表明人体曲面形成角度越大，面料覆盖于人体时产生的浮余量就越多，即省道量越大；反之省道量越小。

（3）省端点的设计。因人体曲面变化平缓，故实际缝制的省端点只对准某一曲率变化最大的部位，而不用完全缝制于曲率变化最大点上。具体设计时，肩省距BP点5 ~ 7cm，袖窿省距BP点3 ~ 4cm，胁下省距BP点4 ~ 6cm，腰省距BP点2 ~ 3cm等。

④ ⑤ ③ BP ⑥ ② ①

图1-6 省道所在服装部位

3. 省道转移

省道转移是指一个省道被转移到同一衣片上的其他部位，但不影响服装的尺寸和适体性。在女上衣中，尽管前衣身所有省道在缝制时很少缝至胸高点（即BP点），但在省道转移时，则要求所有的省道线必须或尽可能到达BP点。省道的转移方法有三种：量取法、旋转法、剪开法。其中，剪开法适用面最广，作图最准确，但较费时。

（1）单个集中省道的消除。

①肩省：将衣身的前浮余量全部转移至肩省（图1-7）。

②侧缝省：在侧缝距腰节6cm处设计省位线，将前浮余量和腰省全部转移至侧缝省处（图1-8）。

③领口省：在领口合适的位置设计省位线，将前浮余量转移至领口省（图1-9）。

（2）多个分散省道。

①前领中省与腰中省：按效果图分别在前领窝中点、腰中点作出省位，分别将前浮余量转移至前领中省，将腰省转移至腰中省处（图1-10）。

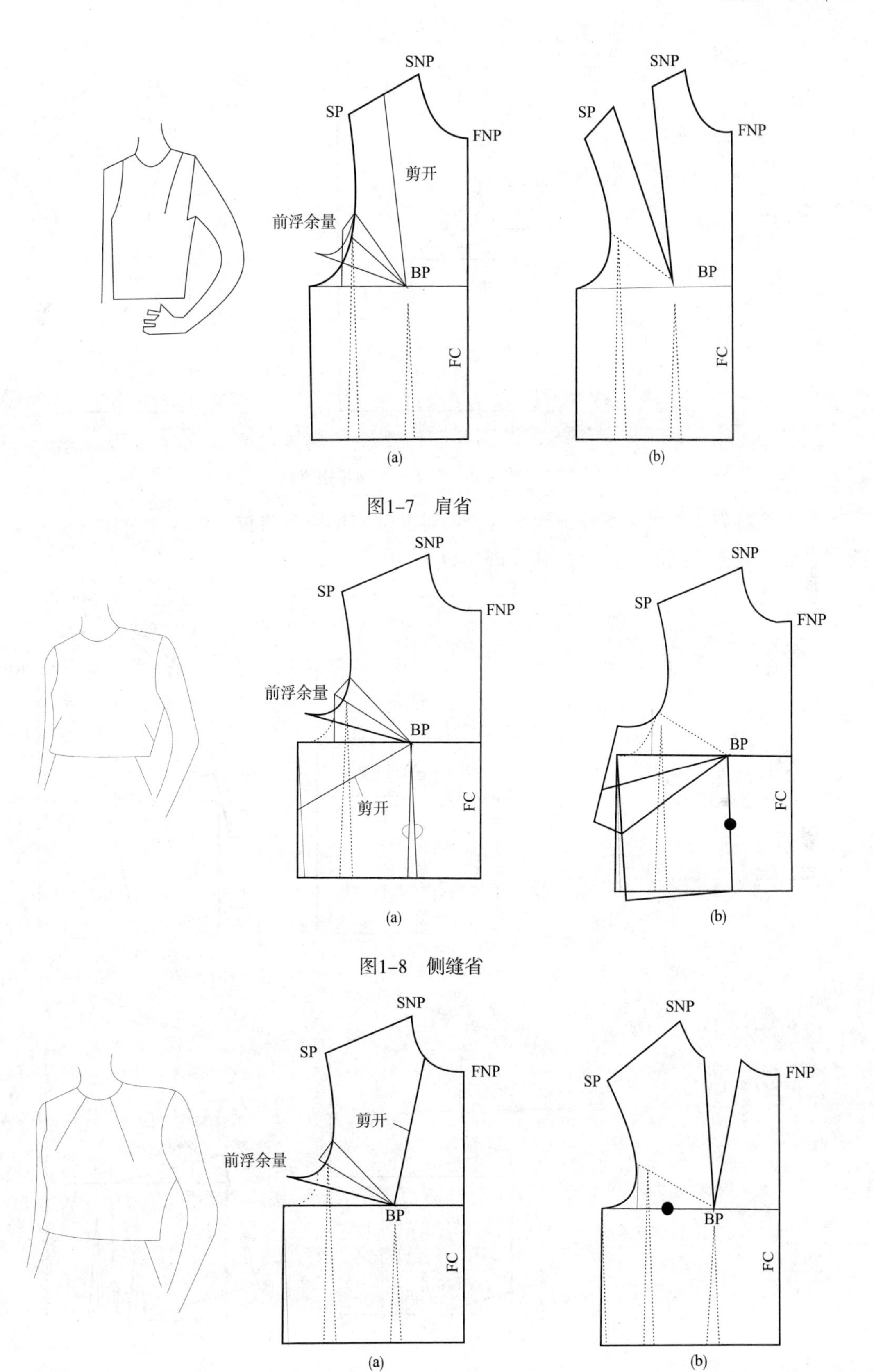
SNP
SP
FNP
剪开
前浮余量
BP
FC
(a)
SNP
SP
FNP
BP
FC
(b)
图1-7 肩省
SNP
SP
FNP
前浮余量
BP
剪开
FC
(a)
SNP
SP
FNP
BP
FC
(b)
图1-8 侧缝省
SNP
SP
FNP
剪开
前浮余量
BP
FC
(a)
SNP
SP
FNP
BP
FC
(b)

图1-9 领口省

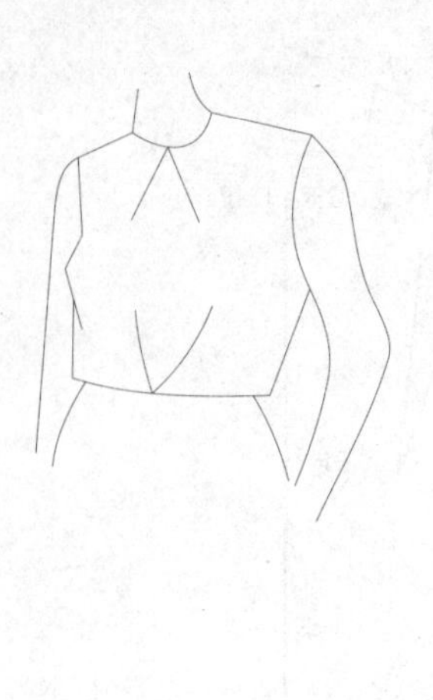

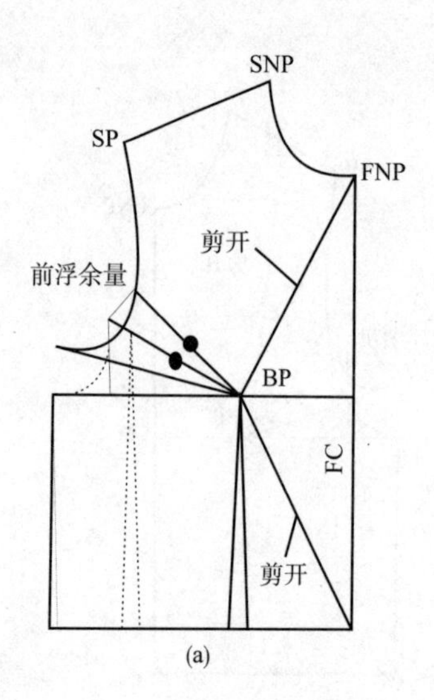

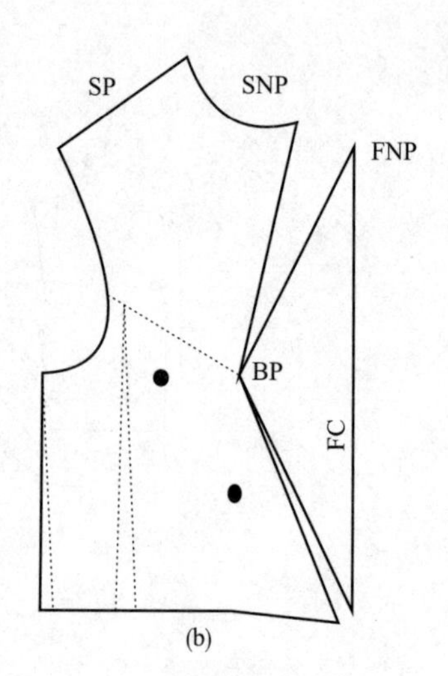

图1-10　前领中省与腰中省

②两个腰省：按效果图作出腰部两个不对准BP点的腰省省位，将前浮余量转移至腰省，再将腰省平均分配到两个新腰省中（图1-11）。

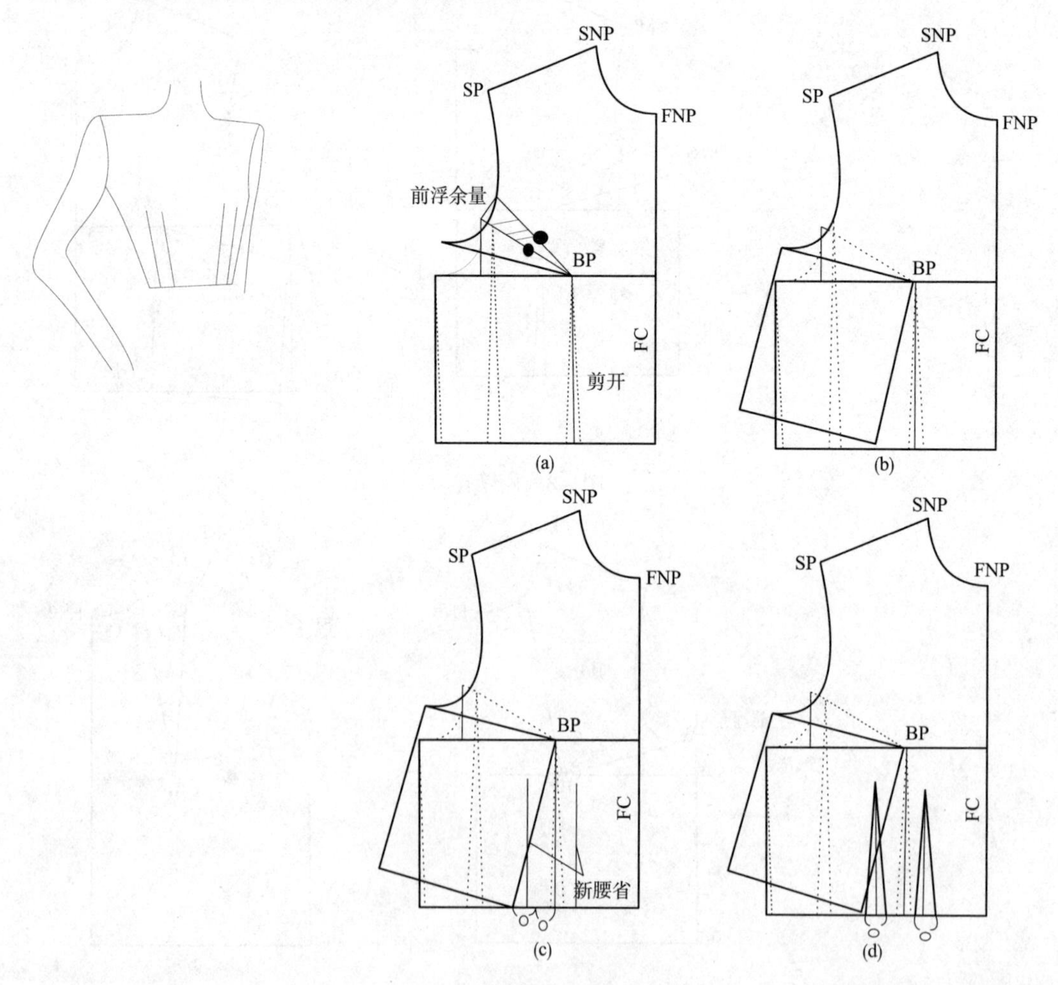

图1-11　两个腰省

③领部等量多省转移：按效果图作出领部新省位线，并作辅助线，将省端点与BP点连接，将前浮余量和腰省量分为等量的三份，转移至三个新省位中，忽略不必要的省量（图1–12）。

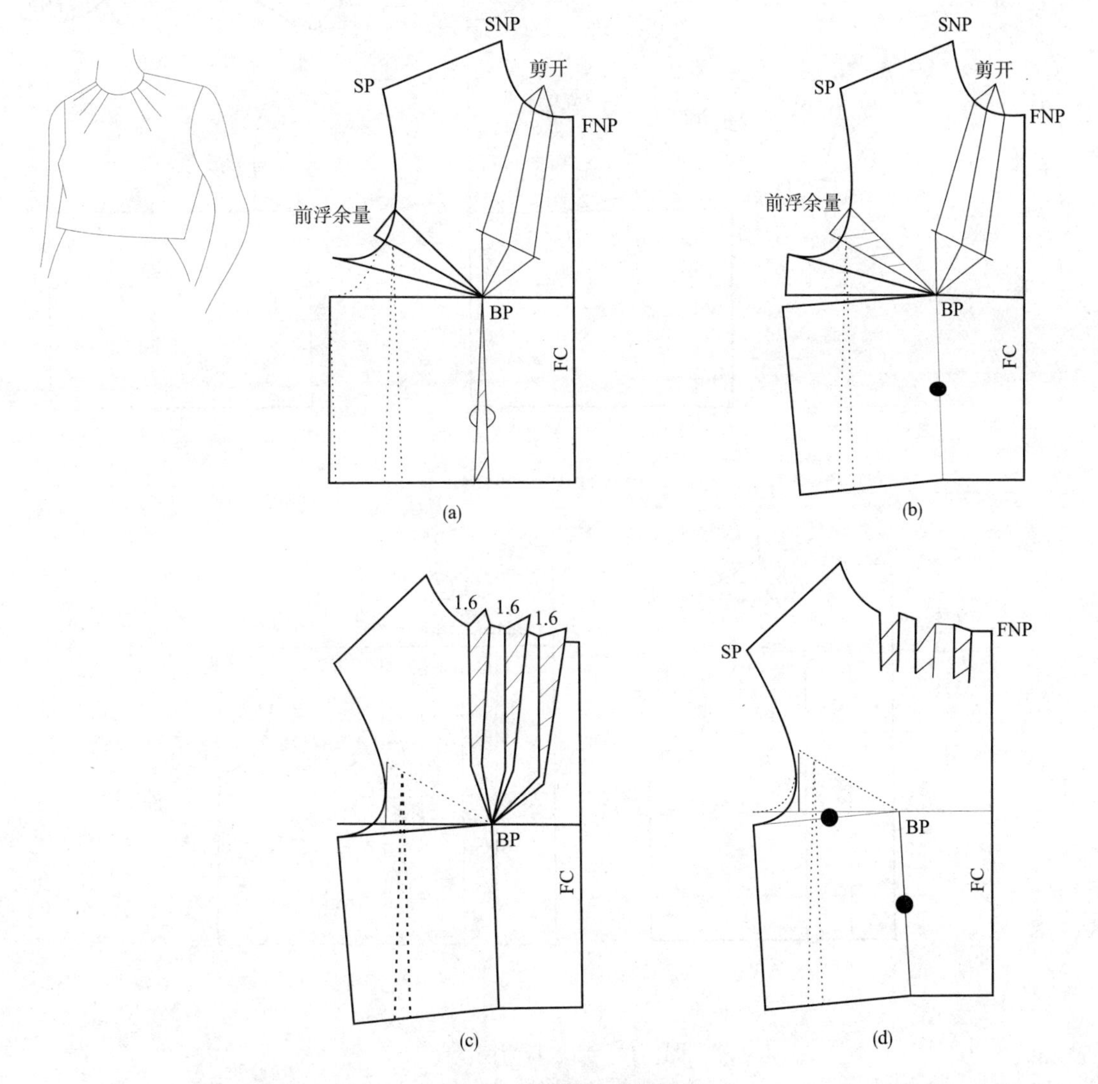

图1–12　领部等量多省转移

（二）褶裥设计及变化

为使服装款式造型富于变化，增添服装艺术情趣，褶裥也成为服装艺术造型中的主要手段。同时，褶裥能够增加外观的层次感和体积感，并结合造型需要，使衣片更适合于人体，给人体以较大的宽松量，又能给整体造型增添装饰效果，增强服装的艺术感。

1. 肩部单个褶裥设计

肩部设计褶裥增加了胸部的活动松量，同时具有适体美观的功能（图1–13）具体可运用旋转法将前浮余量转移为褶裥量。

2. 后衣身褶裥设计

按效果图作出褶裥位置，运用剪开法，设置后衣身的褶裥量。后浮余量转移至育克下部进行消除（图1–14）。

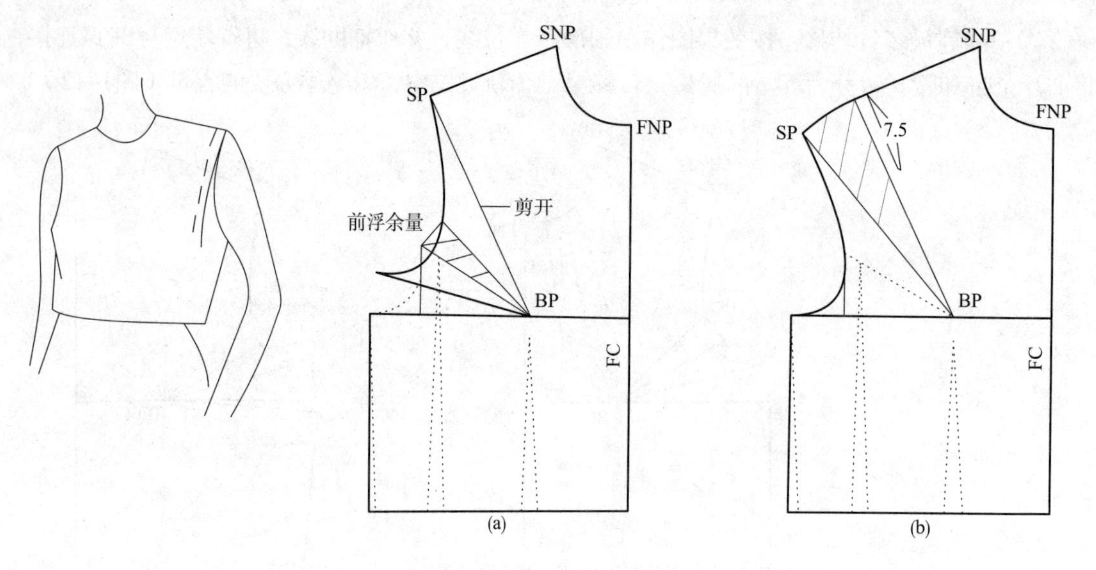

图1-13　肩部单个褶裥设计

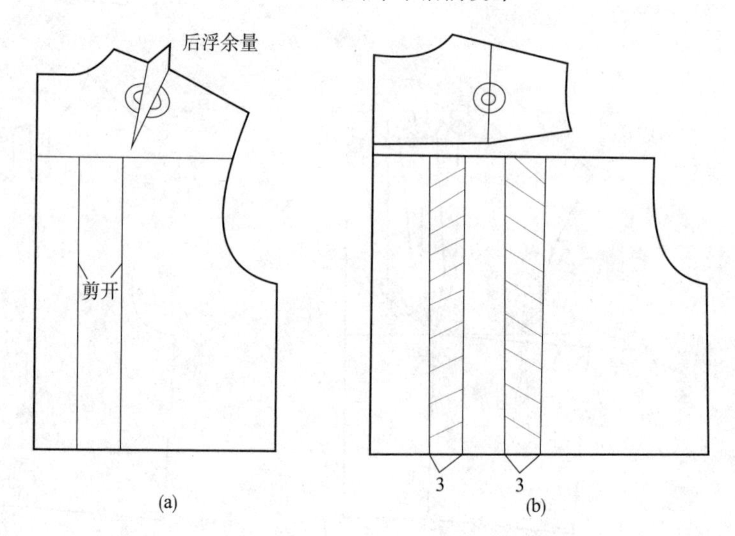

图1-14　后衣身褶裥设计

3. *肩部多个褶裥设计*

运用旋转法，将前浮余量转移并平均分配至肩部三个褶裥处（图1-15）。

4. *胸部多个褶裥设计*

根据款式设计褶裥的位置，转移前浮余量至前衣片褶裥内，运用剪开法加入褶裥量（图1-16）。

（三）抽褶的种类及变化

1. *抽褶种类*

（1）按抽褶的方向可以分为水平褶和垂直褶。一般在特定的部位出现，如上衣下摆、领口等用垂直褶，衣身的垂直分割线处用水平褶。

（2）按抽褶的作用可以分为功能性抽褶和装饰性抽褶。当抽褶量替代省量时，为使服装合体则为功能性抽褶，否则为装饰性抽褶。

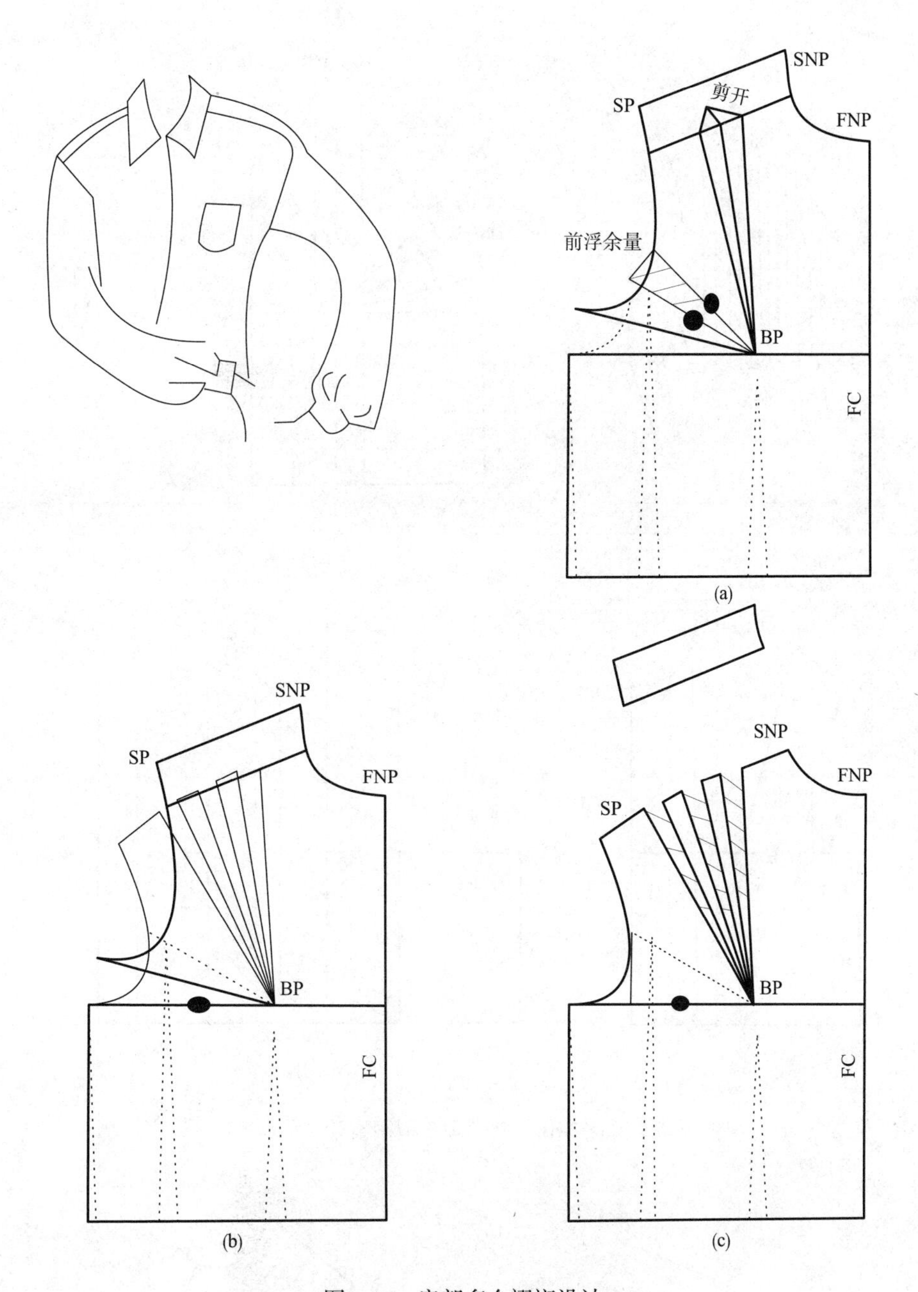

图1-15　肩部多个褶裥设计

（3）按抽褶的外观形态可以分为连续性褶和非连续性褶。将分割线贯穿衣身某部位时形成的抽褶为连续抽褶，而将分割线在某部位突然中断而形成的抽褶为非连续抽褶。抽褶还可按抽褶量的大小来进行分类。抽褶量大小、抽褶部位及抽褶后控制的尺寸量是由服装款式造型和面料的特性决定。

2. **抽褶的变化应用**

（1）前门襟抽褶。运用旋转法，将前浮余量和腰省转移至门襟处形成抽褶量（图1-17）。

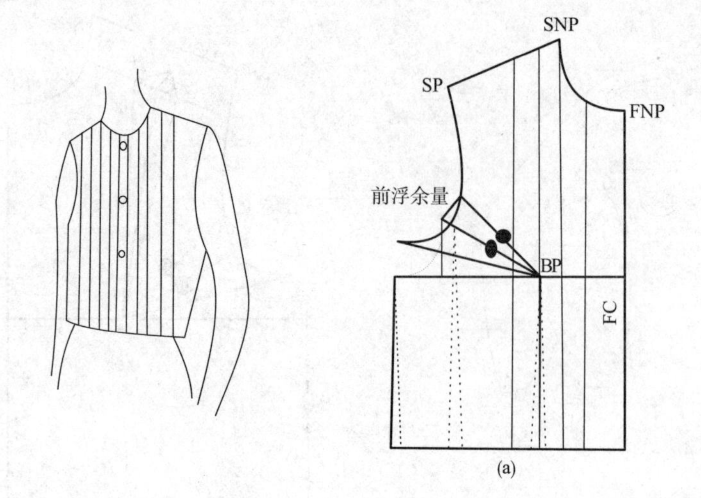

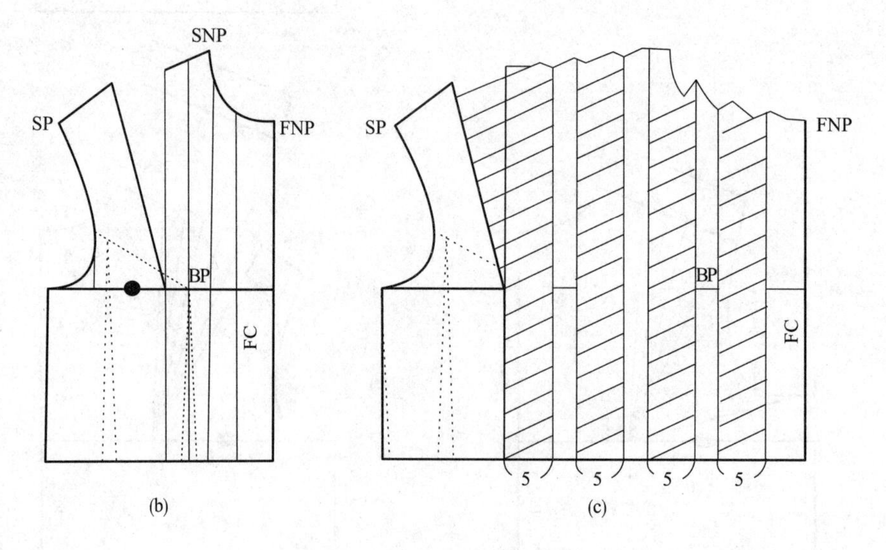

图1-16　胸部多个褶裥设计

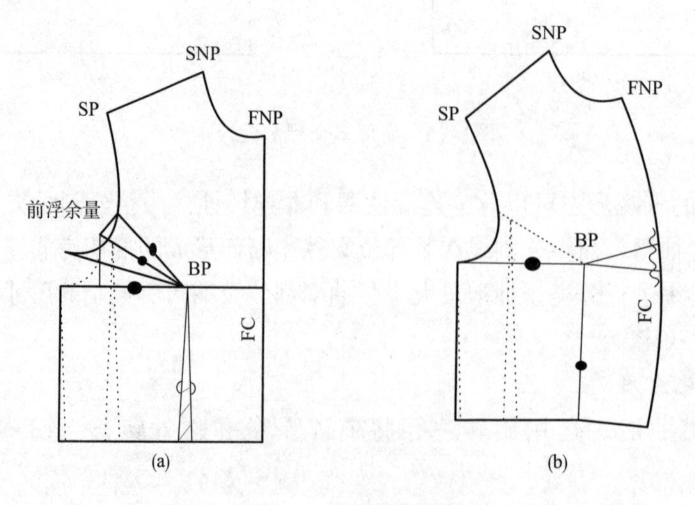

图1-17　前门襟抽褶

（2）腰部装饰抽褶。运用剪开法，按图示作一组平行等分线，逐一剪开平行线如入抽褶量3～4cm，进行腰部装饰抽褶设计（图1-18）。

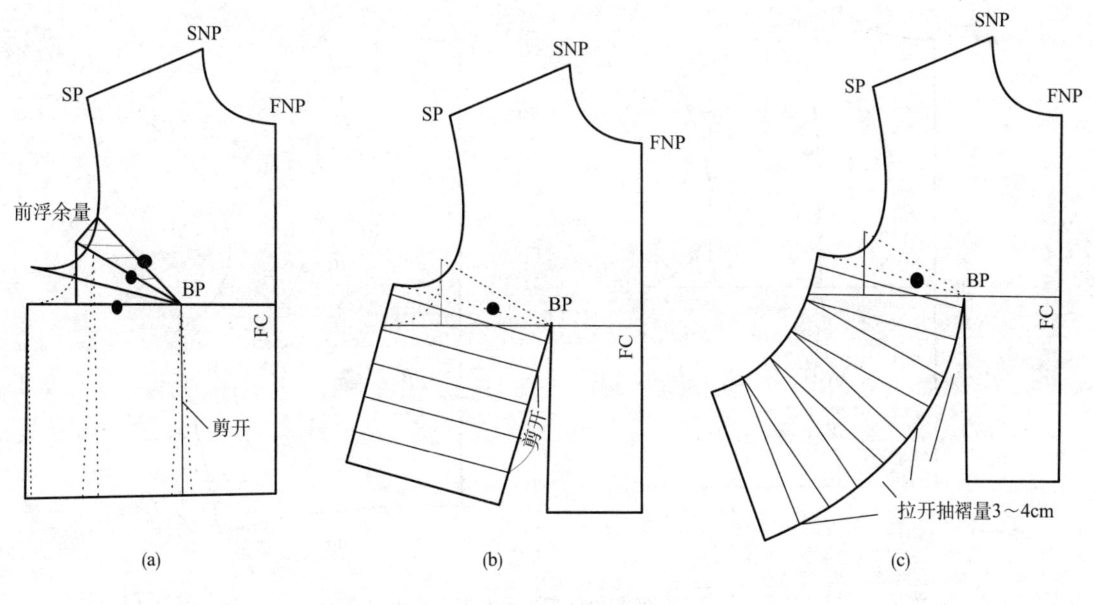

图1-18　腰部装饰抽褶

（3）连续抽褶。此款式腰部贴体，育克与衣片连接处有连续抽褶。按图示分离肩部育克，较均匀地作放射展切辅助线，拉展所需抽褶量（图1-19）。

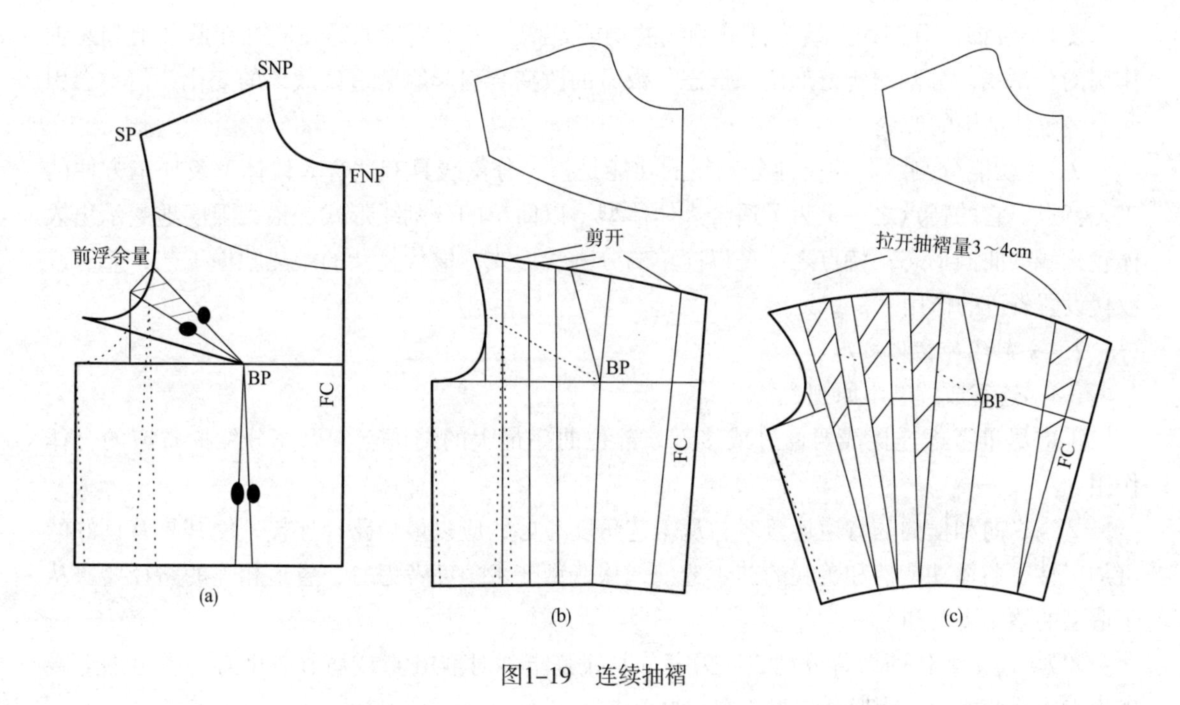

图1-19　连续抽褶

（4）不连续抽褶。按图示作出不连续抽褶，并与腰省点相连，运用剪开法，作辅助线AB，拉开AB增大抽褶量（图1–20）。

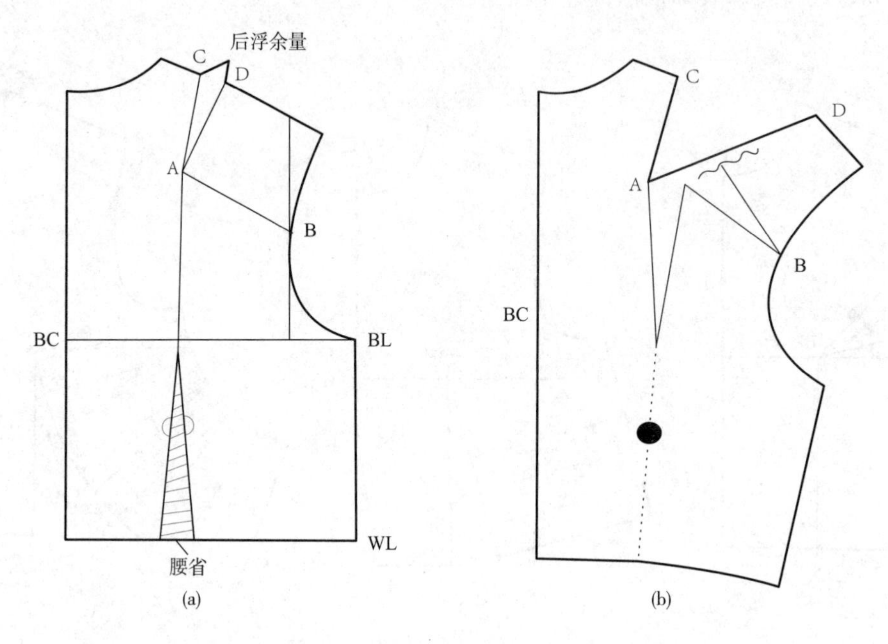

图1–20　不连续抽褶

（四）分割线的分类及变化

分割线对服装造型与合体性起着重要作用。

1. 分割线的分类

（1）装饰性分割线。装饰性分割线的功能是指，为了造型的需要附加在服装上起装饰作用的分割线，分割线所处部位、形态、数量的改变会引起服装造型效果的变化，但不会引起服装整体结构的改变。

（2）功能分割线。功能性分割线的功能是指，分割线具有适合人体体型及加工方便的工艺特点。它的特点之一是为了适合人体体型，以简单的分割线形式，最大限度地展示出人体轮廓线的曲面形态；特点之二是以简单的分割线形式，取代复杂的湿热塑性工艺，兼有或取代设置省道的作用。

2. 分割线的变化应用

（1）连省成缝基本原则：

①应尽量考虑连接线要通过或接近该部位曲率最大的结构点，以充分发挥省道的合体作用。

②当纵向和横向的省道连接时，从工艺角度考虑，应以最短路径连接，使其具有良好的可加工性、贴体功能性和美观的艺术造型；从造型艺术角度考虑时，省道相连的路径要服从于造型的整体协调和统一。

（2）通至底边的刀背分割线。刀背分割线是指不对准BP点或肩胛骨中心的省道加上腰省连省成缝形成的刀背形分割线（图1–21）。

分割线连省成缝操作步骤需要注意的几点：

①确定新省道的位置及旋转“面”。

②利用原型中的省道转移使造型的区域形成完整的平面。

③进行造型分割，弧度大小可根据具体款式而定。在胸围线以上的刀背分割线只考虑造型美观性及缝制过程的简便性；当造型线经过胸部的时候，距离BP点不能太大（应控制在以BP点为圆心，半径为1.5cm区域内）。

④画顺造型分割线与腰省。

⑤利用原型中的省道转移，还原结构（第二次转移），实现连省成缝。

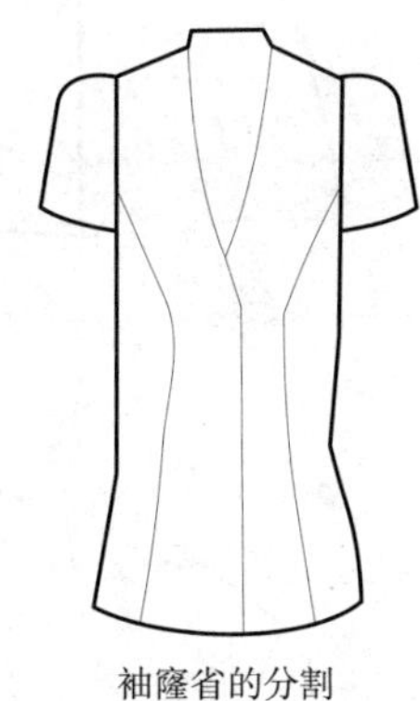

袖窿省的分割

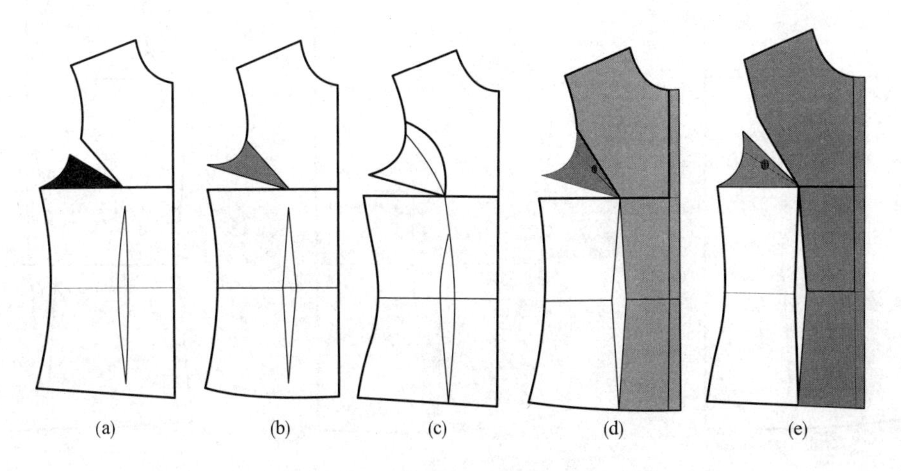

图1–21　通至底边的刀背分割线

触类旁通一

分割线在服装造型设计中应用很多，如图1–22所示的分割线是肩胸省与腰省连省成缝形成的公主线分割，如图1–23所示是领胸省与腰省连省成缝形成的分割线，如图1–24所示是袖窿省与腰省连省成缝形成的分割线，请根据提供的款式图画出胸省转换形成的分割线（图1–25 ~ 图1–27）。

（3）通至侧缝的分割线练习。

通至侧缝的分割线如图图1–28 ~ 图1–30所示。

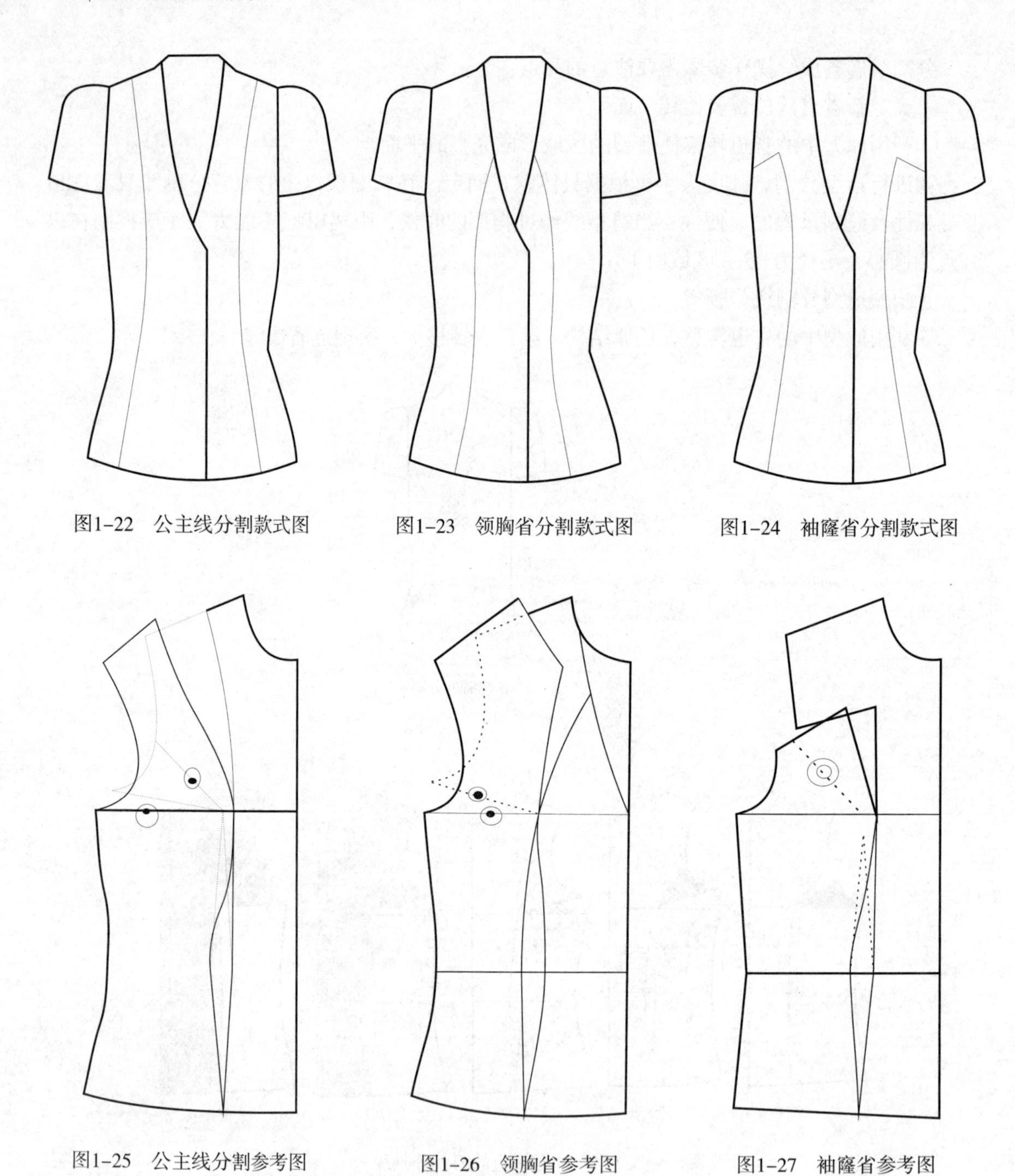

图1-22　公主线分割款式图　　图1-23　领胸省分割款式图　　图1-24　袖窿省分割款式图

图1-25　公主线分割参考图　　图1-26　领胸省参考图　　图1-27　袖窿省参考图

触类旁通二

如图1-31、图1-32所示的款式与上述的款式有相似之处。如图1-31所示款式为袖窿分割至侧缝，如图1-32所示款式为肩部分割至侧缝，请根据上述的步骤和下面提供的转换结果，练习分割线的绘制步骤（图1-33、图1-34）。

思考：C款（图1-35）服装分割线为肩部分割至门襟止口，方法与上述款式基本相同，你能根据上述款的步骤将C款的分割线的转换步骤（图1-36）画出来吗？

图1-28　通至侧缝的分割线练习步骤1

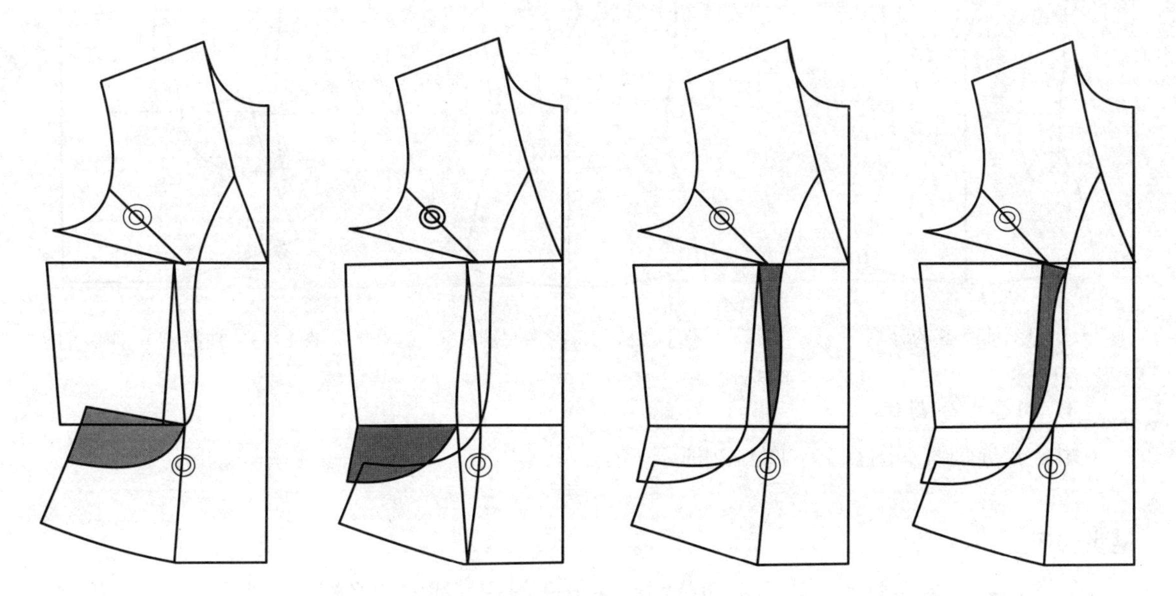

图1-29　通至侧缝的分割线练习步骤2

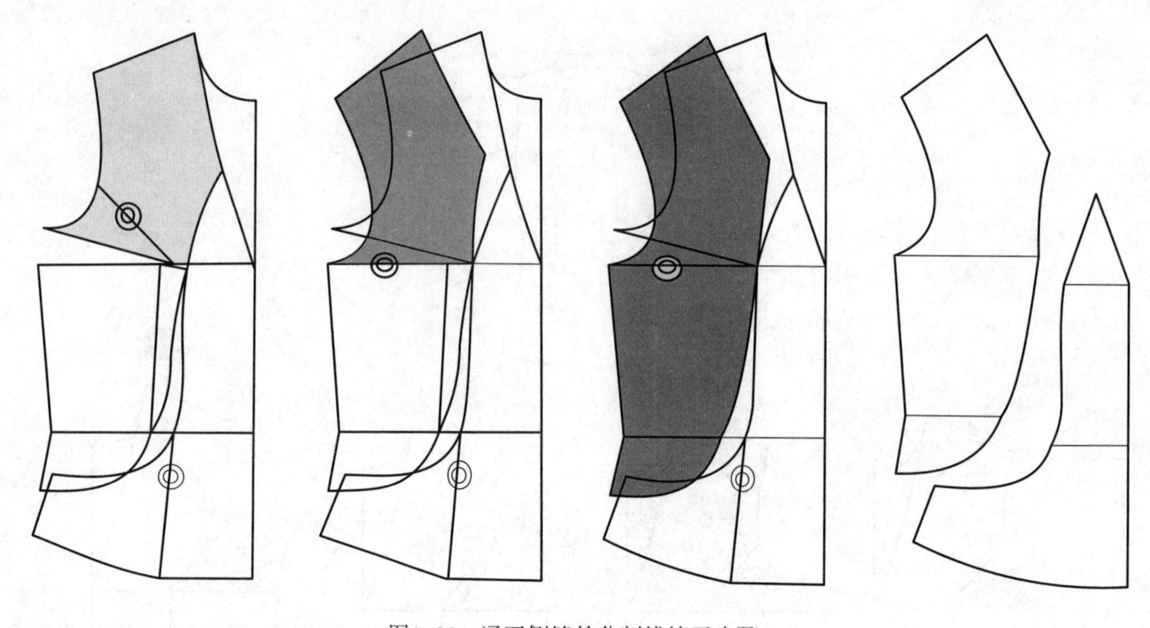

图1-30　通至侧缝的分割线练习步骤3

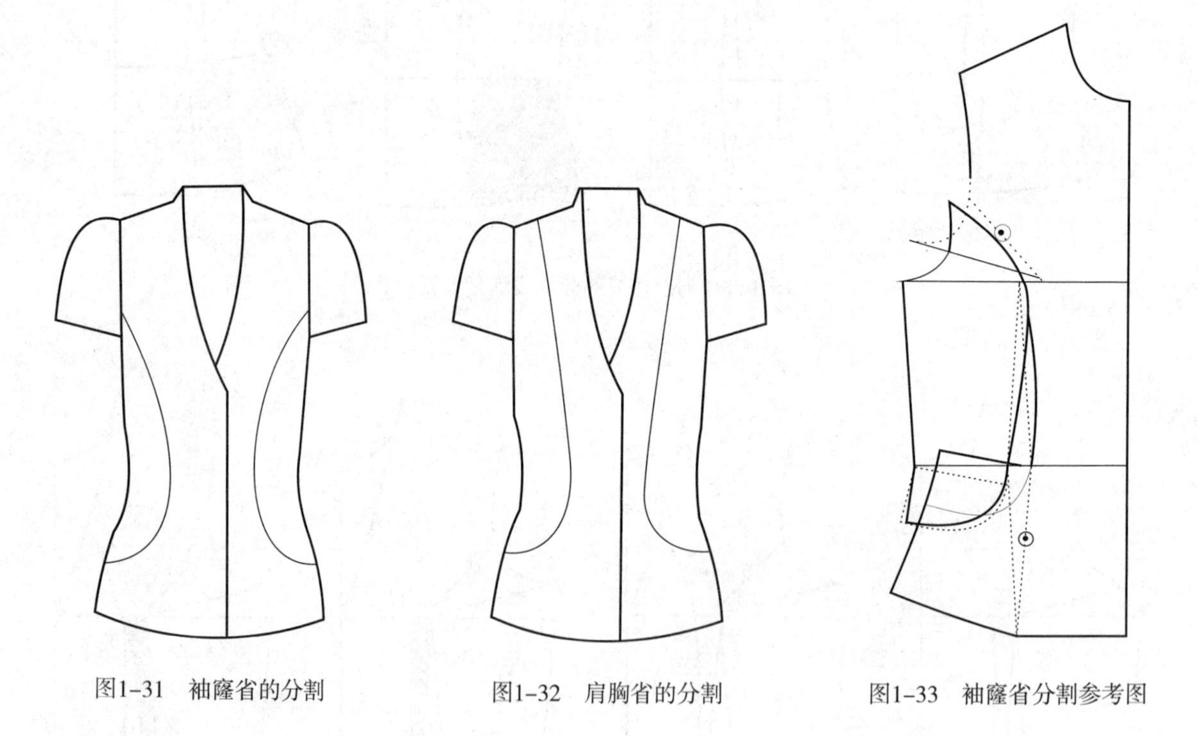

图1-31　袖窿省的分割　　图1-32　肩胸省的分割　　图1-33　袖窿省分割参考图

3. **组合式分割线**

组合式分割线如图1-37～图1-39所示。

触类旁通三

如图1-40、图1-41所示款式中的分割均为组合型分割线，请尝试用上述的方法进行分割线的具体绘制（图1-42、图1-43）。

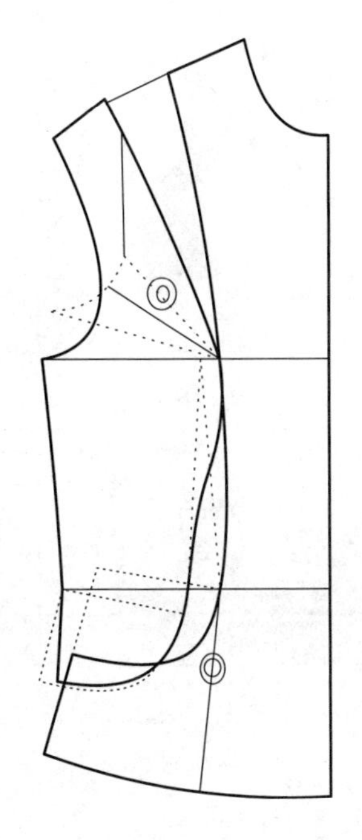

图1-34 肩胸省分割参考图

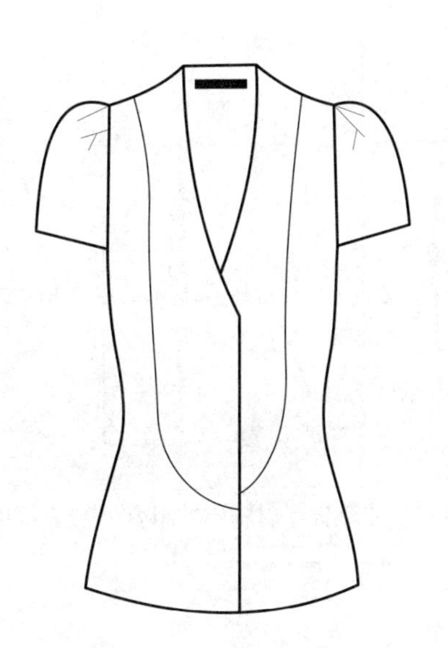

图1-35 肩胸省的分割变化

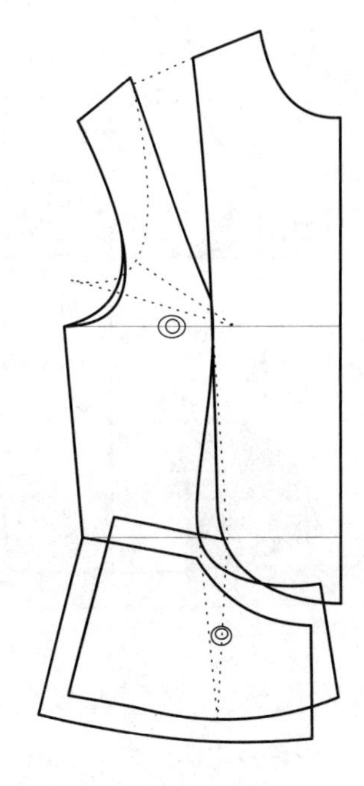

图1-36 肩胸省分割参考图

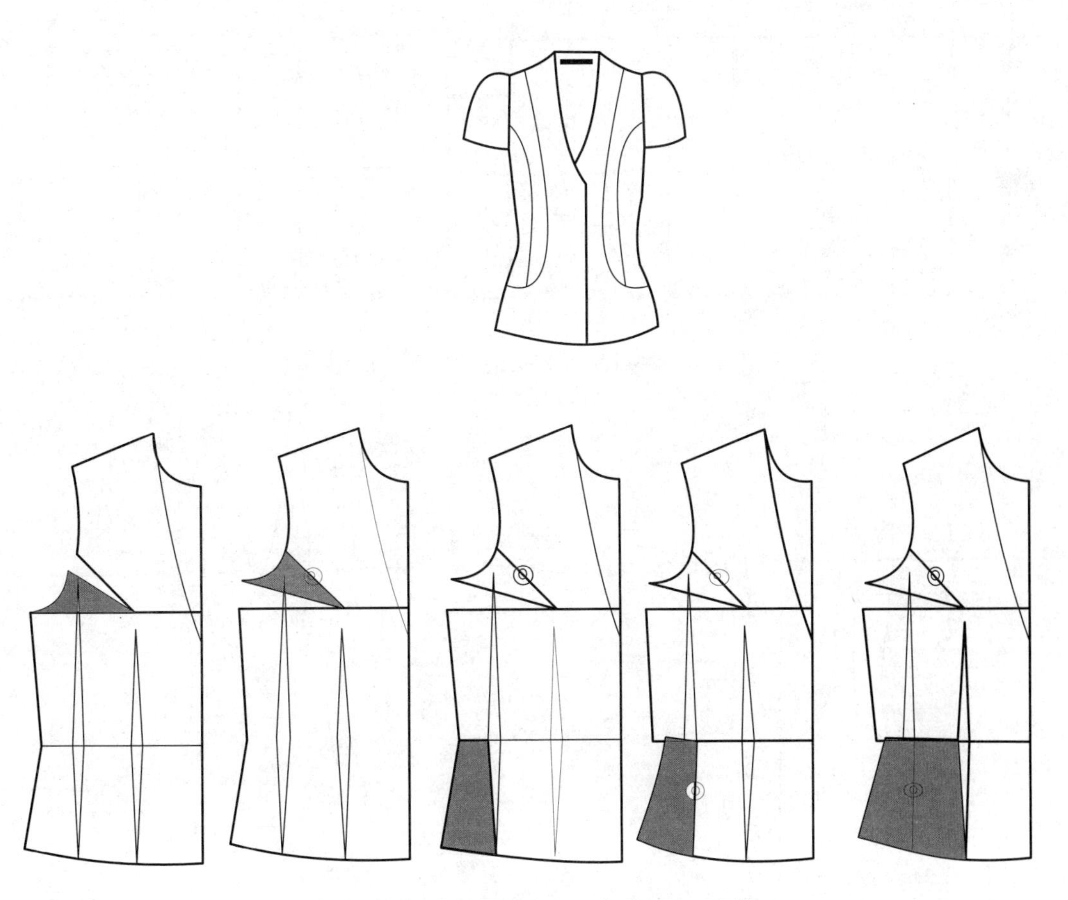

图1-37 袖窿省和肩胸省的组合分割练习步骤1

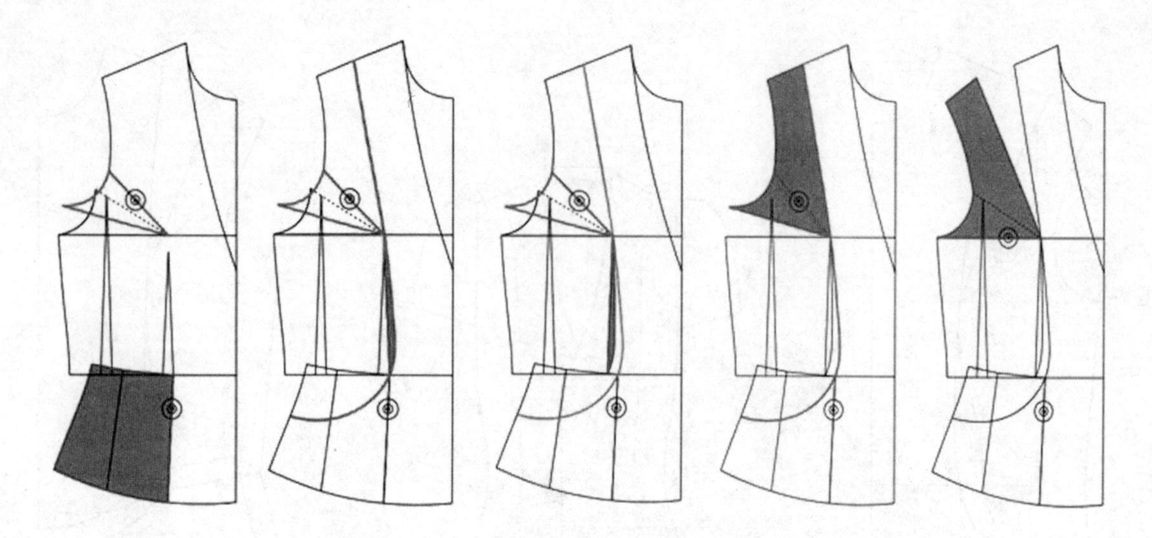

图1-38　袖窿省和肩胸省的组合分割练习步骤2

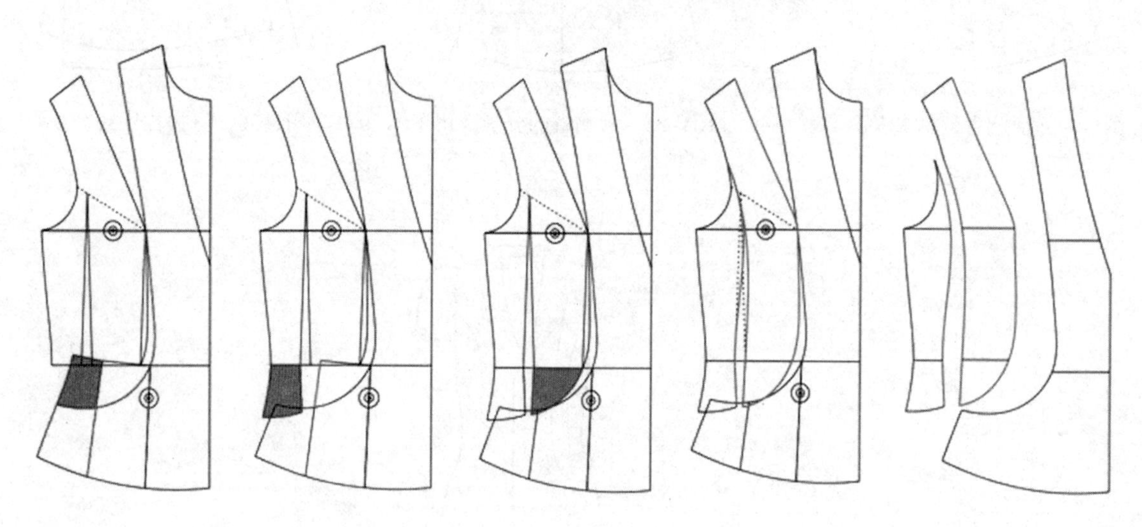

图1-39　袖窿省和肩胸省的组合分割练习步骤3

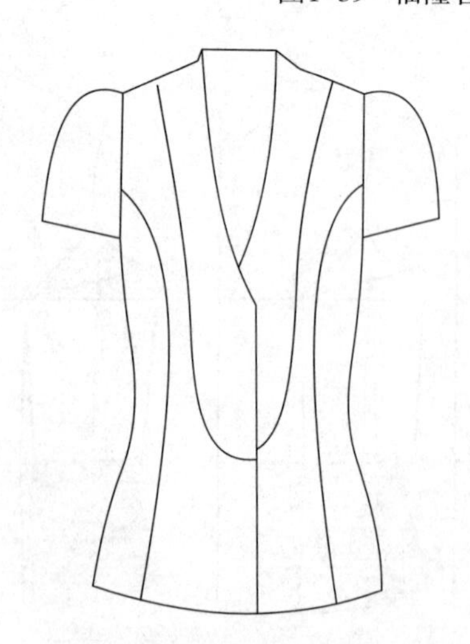

图1-40　袖窿省和肩胸省的组合变化1

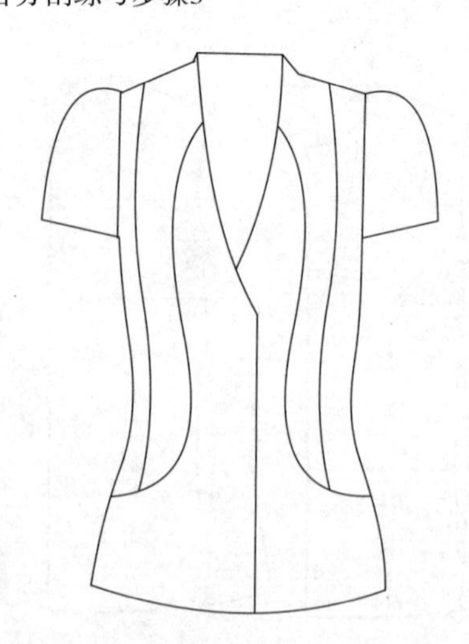

图1-41　袖窿省和肩胸省的组合变化2

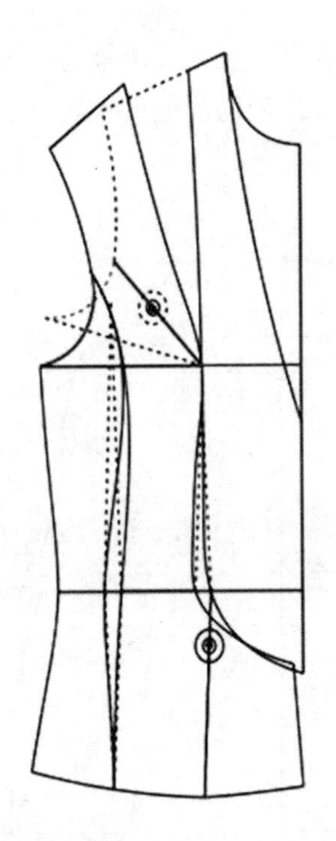

图1–42　袖窿省和肩胸省的组合变化1参考图

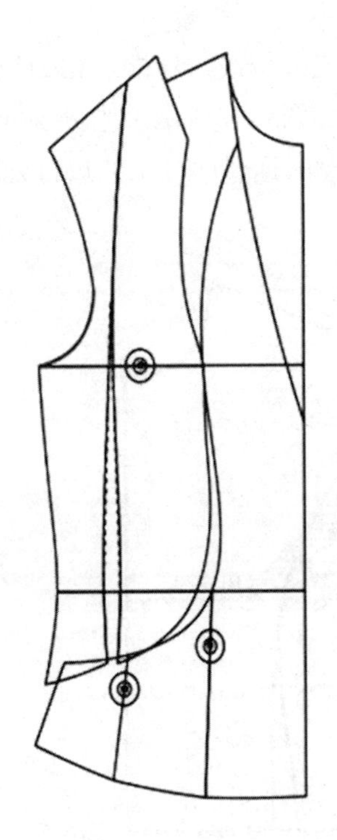

图1–43　袖窿省和肩胸省的组合变化2参考图

4. 交错分割线练习

交错分割线是指对准BP点的领省和侧缝省相连形成的分割线（图1–44）。

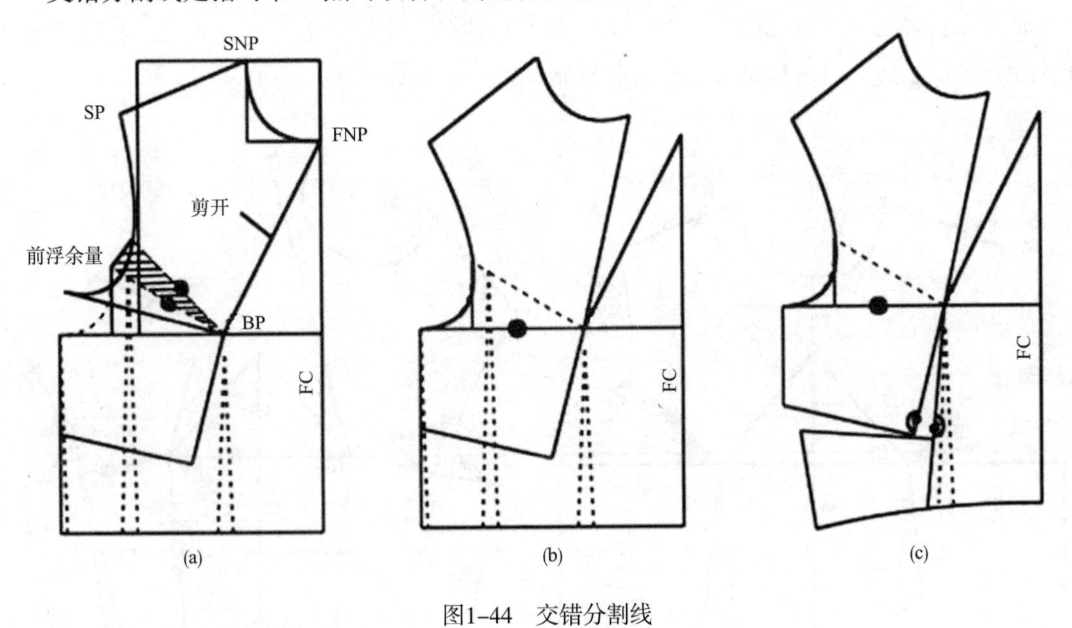

图1–44　交错分割线

5. 不通过省端点的分割线

服装中经常会遇到不通过省端点的分割线，当分割线与省端点相距较近时，可近似用平移原理将原省量平移至分割线处，设辅助线，设法使分割线与省端点相连。

下面以不通过BP点的胸省与腰省相连形成的分割线为例进行讲解（图1–45）。

注意：当分割线与省端点相距较远时，辅助线处的省道量较大，不能忽略不计，必须保留此省道，如图1–46所示。当分割线与省端点相距较近时，辅助线处的省道量较小时，可忽略不计，缝制时通过归烫工艺进行处理，如图1–47所示。

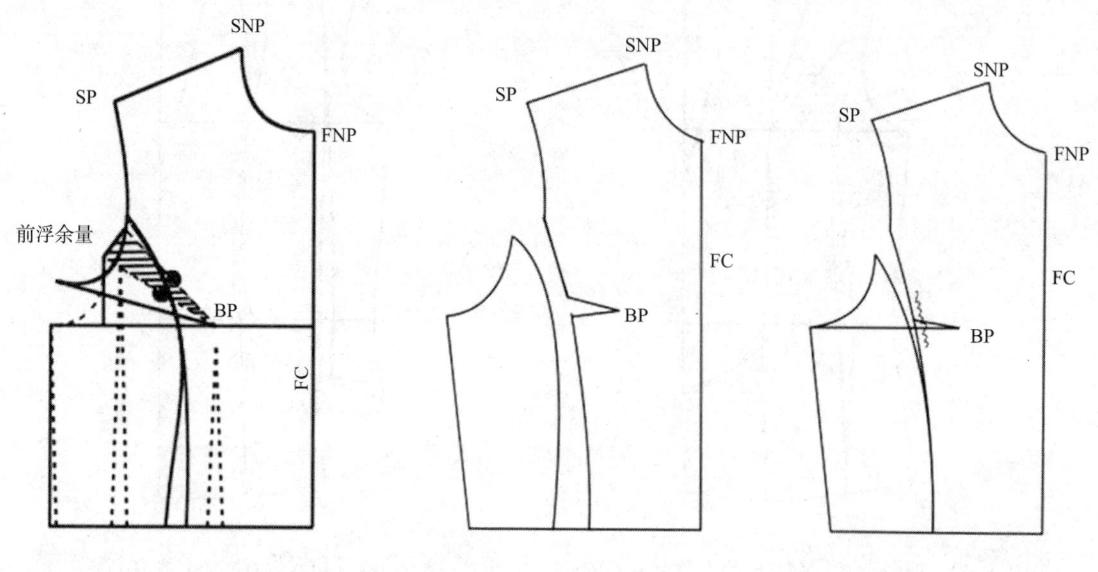

图1–45 胸省与腰省相连形成的分割线　图1–46 省道量较大的情况　图1–47 省道量较小的情况

6. *左右非对称的分割线*

如图1–48所示是由对准BP点的两个胸省组合形成的分割线。展开左右衣片，按效果图作对准BP点的分割线，将前浮余量和腰省分别转移至分割线处（图1–49）。

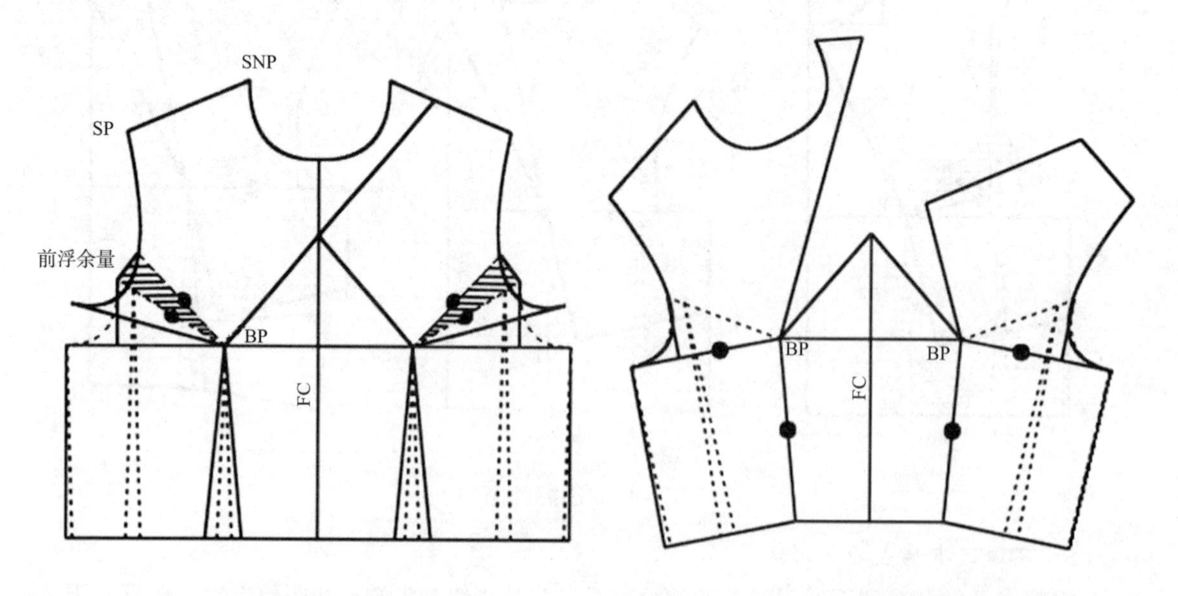

图1–48 左右非对称分割线　图1–49 左右非对称分割线省道转移后

【职业技能鉴定指导试题】

一、单选题（共10题）

1. 服装工业制板的内容下面哪个是正确的（　）。

A. 打制母板　B. 制订成衣系列规格　C. 工艺文件编制　D. 结构设计推档

2. 下面分割线的分类及变化中错误的是（　）。

A. 装饰性分割线　B. 功能分割线　C. 适合人体体型特征　D. 抽褶

3. 省道由省道和省尖两部分组成，按功能和形态进行分类有（　）。

A. 肩省　B. 领口省　C. 曲面省　D. 袖窿省

4. 侧缝省是在侧缝距腰节6cm处设计省位线，将前浮余量和腰省全部转移至（　）。

A. 侧缝省处　B. 肩缝线　C. 领口线　D. BP点

5. 合体上衣为了符合人体造型需要将衣身进行分割主要部位有（　）。

A. 袖身　B. 裙身　C. 公主缝　D. 裤身

6. 装饰性分割线的功能是指为了造型的需要而设计的，分割线所处部位、形态、数量的改变会引起服装造型效果的改变，下列说法正确的是（　）。

A. 引起服装整体结构的改变　B. 不会引起服装整体结构的改变

C. 引起功能分割线的改变　D. 不会引起功能分割线的改变

7. 连省成缝应尽量考虑连接线要通过或接近该部位曲率最大的结构点，对下列方法不正确的是（　）。

A. 纵向和横向的省道工艺角度不用考虑　B. 应以最短路径连接

C. 显示出人体的曲面形态　D. 取代复杂的湿热塑性工艺

8. 分割线的变化应用基本原则不在范围内的是（　）。

A. 可加工性　B. 贴体功能性

C. 美观的艺术造型　D. 造型的整体协调和统一

9. 抽褶的种类及变化，按抽褶的方向可以分为（　）。

A. 水平褶和垂直褶　B. 上衣下摆、领口等用垂直褶

C. 衣身的垂直分割线处用水平褶　D. 合体功能性抽褶

10. 腰部装饰抽褶运用剪开法，转移画一组平行等分线，逐一展开抽褶量为（　）。

A. 2.5～3.5cm　B. 4～5cm　C. 3～4cm　D. 5～6cm

二、判断题（共10题）

1. 功能性分割线的功能是指分割线具有的特点之一是为了适合人体体型。（　）

2. 省道是指为适合人体或造型需要，将一部分衣料缝去，制作出衣片曲面状态或消除衣片浮起余量。（　）

3. 裥是为适合体型及造型的需要将部分衣料折叠熨烫而成，由裥面和裥底组成。

（　）

4. 分割线对服装造型与合体性起着主导作用。（　）

5. 连省成缝，应尽量考虑连接线要通过或接近该部位曲率最大的结构点，以充分发挥

省道的合体作用。 （ ）

6. 按抽褶的外观形态可以分为连续性褶和非连续性褶，抽褶量大小、抽褶部位及抽褶后控制的尺寸量是不用服装款式造型和面料的特性而决定的。 （ ）

7. 刀背分割线是指不对准BP点或背胛骨中心的省道加腰省连省成缝形成的刀背分割线。分割线连省成缝步骤中不用确定新省道的位置及旋转“面”。 （ ）

8. 前门襟抽褶是运用旋转法将前浮余量和腰省转移至门襟处形成抽褶量。 （ ）

9. 利用原型中的省道转移使造型的区域形成完整的曲面。 （ ）

10. 造型线经过胸部的时候，距离BP点不能太大，控制在以BP点为圆心，半径为2.5cm区域内。 （ ）

参考答案：

一、1.（A），2.（D），3.（C），4.（A），5.（C），6.（B），7.（A），8.（B），9.（D），10.（C）

二、1.（√），2.（√），3.（×），4.（√），5.（√），6.（×），7.（×），8.（√），9.（×），10.（×）

模块二　合体女上衣一体化制作技术

模块导读

本模块内容取自于目前市场流行的合体女上衣，共选取立翻领短袖合体女上衣、时尚立领抽褶短袖合体女上衣、单排扣戗驳领哥特袖合体女上衣、郁金香袖合体女衬衫四款具有代表性的上装进行展开讲解和训练。根据下达的生产通知单，进行款式描述、任务分析、特殊部位示意图提示到初样制板、初板确认、坯样试制、服装排料、样板推档放缩等过程进行任务实施，另外通过必备知识的讲解能更快、更好地掌握本模块要点。

能力目标

1. 学会款式分析，能根据款式图写出服装的款式特点，画出款式细节。
2. 会制作工艺单，了解服装工艺单的一般结构和编写方法。
3. 能够根据制图要点进行服装制板、排料和裁剪。
4. 能够对服装进行缝制，检验样板的准确性，并进行纸样修正。
5. 能够进行服装CAD制板与放码。

项目一　立翻领合体女短袖衬衫工业制板一体化制作技术

知识目标

1. 学习立翻领短袖合体女上衣款式分析。
2. 掌握本款服装弧形刀背在分割缝中的比例与造型。
3. 掌握立翻领短袖合体女上衣制板、排料、缝制方法。

能力目标

1. 能够根据服装工艺单进行中间码的服装制板。
2. 能够进行基本工艺单的编制。
3. 能够根据工艺单对服装进行初样设计、样衣试制、初板确认和样板推档。
4. 能够对服装进行缝制，检验样板的准确性，并进行纸样修正。

任务分析

合体女短袖衫是女装中一个重要的品类。本款合体女短袖衫采用V字型门襟，前片弧形分割线至腰节，前胸腰省至衣片底边，后片背中开缝，通肩省分割线，袖子为一片袖造型（图2–1）。本款合体女短袖衫既包括了女上衣基础知识，又有一定的特殊性和代表性，希望通过完成本项目任务，增强对任务的分析能力和实战动手能力。

任务准备

1. 基本的裁剪、制作工具，服装CAD软件操作系统。
2. 此款面料可采用薄型全棉料，适合夏季穿着。
3. 配料有薄型有纺衬、无纺衬若干，纽扣5粒（含备用扣一粒），配色涤棉缝纫线1团。

任务实施

一、技术资料分析

（一）款式描述

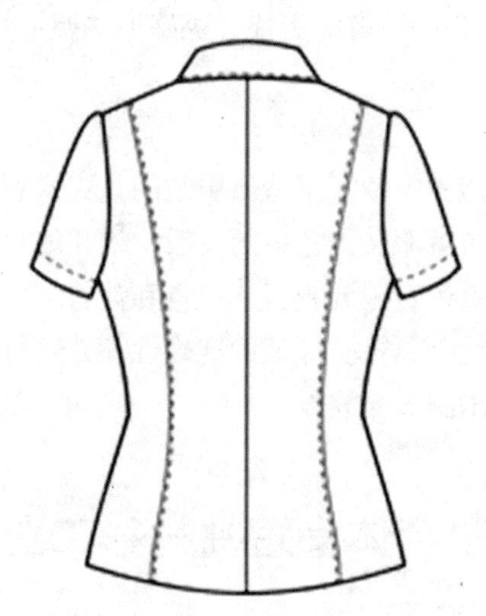

图2–1　合体女短袖衫平面款式图

本款合体女短袖衫的平面款式图如图2–1所示，具体分析如下：

1. **前片**

采用V字型外门襟，门襟钉四粒扣。弧形分割线至腰节，前胸腰省至衣片底边，腰节下开一字嵌线假袋，前片领口处有装饰荷叶边。

2. **后片**

后背中分割线至底边，通肩省分割线。

3. **袖子**

为一片短袖结构。

4. **领子**

立翻领，圆领角。

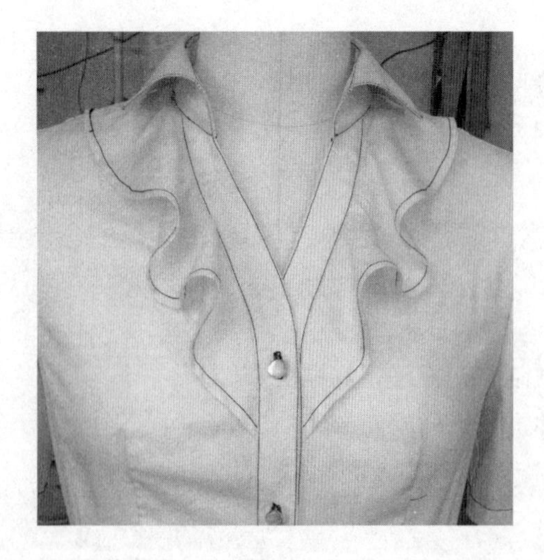

图2–2　前片领口处荷叶边

（二）特殊部位示意图

本款立翻领合体女短袖衫前片领口有装饰荷叶边，成衣示意图如图2–2所示。

（三）服装制作细节分析图

立翻领合体女短袖衫各部位缝制细节分析如图2–3所示。

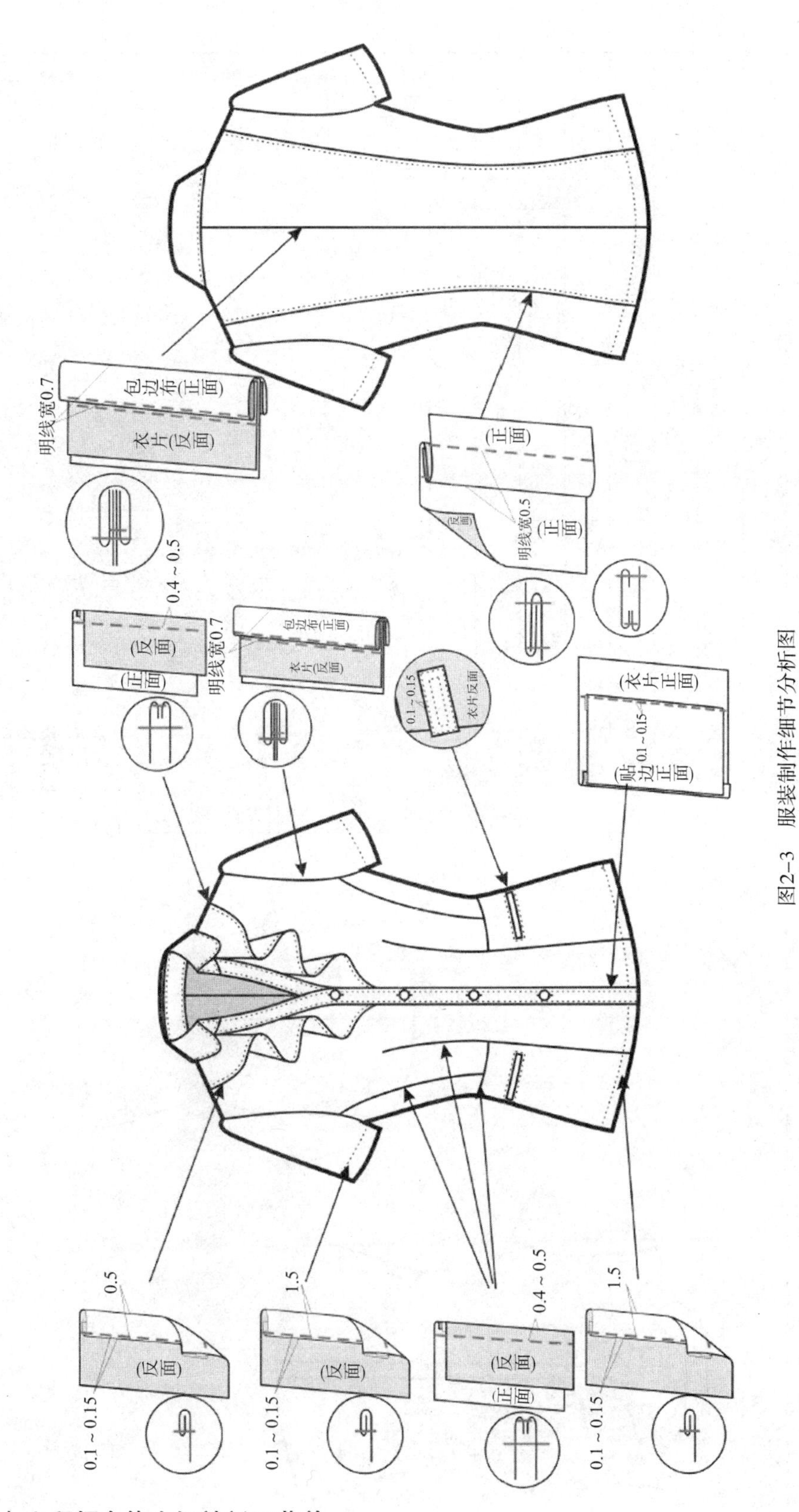

图2-3　服装制作细节分析图

（四）立翻领合体女短袖衫工艺单

立翻领合体女短袖衫工艺单具体数据见表2-1。

表2-1　立翻领合体女短袖衫工艺单

单位：cm

<table>
<tr><td>款式名称</td><td>立翻领合体女短袖衫</td><td colspan="5">系列规格表（5.4）</td></tr>
<tr><td>制单日期</td><td>2013.7.12</td><td>规格</td><td>155/80A</td><td>160/84A</td><td>165/88A</td><td>档差</td></tr>
<tr><td colspan="2" rowspan="8">款式图：
正面
背面</td><td>部位</td><td>S</td><td>M</td><td>L</td><td>—</td></tr>
<tr><td>前衣长</td><td>56</td><td>58</td><td>60</td><td>2</td></tr>
<tr><td>背长</td><td>36</td><td>37</td><td>38</td><td>1</td></tr>
<tr><td>胸围（B）</td><td>88</td><td>92</td><td>96</td><td>4</td></tr>
<tr><td>腰围(W)</td><td>70</td><td>74</td><td>78</td><td>4</td></tr>
<tr><td>肩宽</td><td>37</td><td>38</td><td>39</td><td>1</td></tr>
<tr><td>袖长</td><td>21.5</td><td>23</td><td>24.5</td><td>1.5</td></tr>
<tr><td>袖口</td><td>13.5</td><td>14</td><td>14.5</td><td>0.5</td></tr>
<tr><td colspan="2" rowspan="2">款式说明：参照工艺说明和工艺图</td><td colspan="5">工艺说明：
1．针距为3cm 14～15针
2．领子：立翻领，圆领角，平领头，领座后中宽3cm，领座前宽3cm，翻领后中宽4cm，翻领前宽5cm。领面、领座的止口缉0.15cm宽明线
3．袖子：原装短袖，袖口缉1.5cm宽明线
4．前衣片：弧形分割线至腰节，前胸腰省至衣片底边，门襟宽2.5cm缉0.15cm明线，底边折边1.5cm宽，缉明线，门襟钉4粒纽扣
5．口袋：一字嵌线假袋，四周缉0.15cm明线，袋牙宽0.8cm
6．后衣片：背中分割线至底边，后背中缝包边0.7cm，背部两侧公主线内包缝缉0.5cm明线，底边缉1.5cm宽，缉明线
7．缝型：侧缝、肩缝进行来去缝，袖窿滚边
成品要求：成品符合规定尺寸，缝线平整，缉线宽窄一致；整洁无污渍，无线头</td></tr>
<tr><td colspan="2">面料：门幅宽140cm，长130cm</td><td colspan="3">辅料：无纺衬幅宽90cm，长60cm
纽扣直径1.3cm，4枚
配色涤纶线 1团</td></tr>
</table>

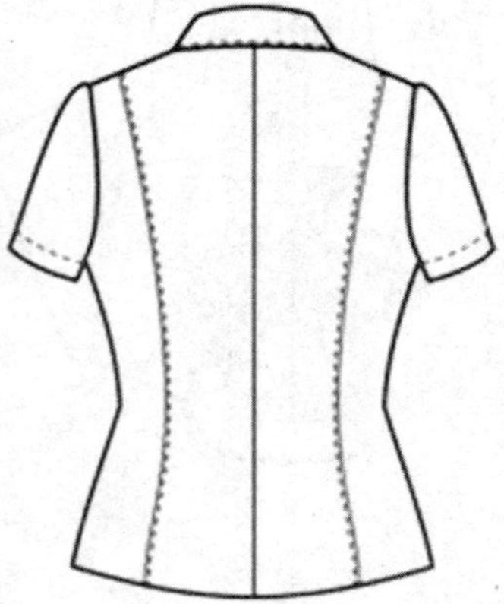

（五）立翻领合体女短袖衫衣片原型结构设计

立翻领门襟四粒扣分体女短袖衫衣片原型结构设计如图2–4所示。

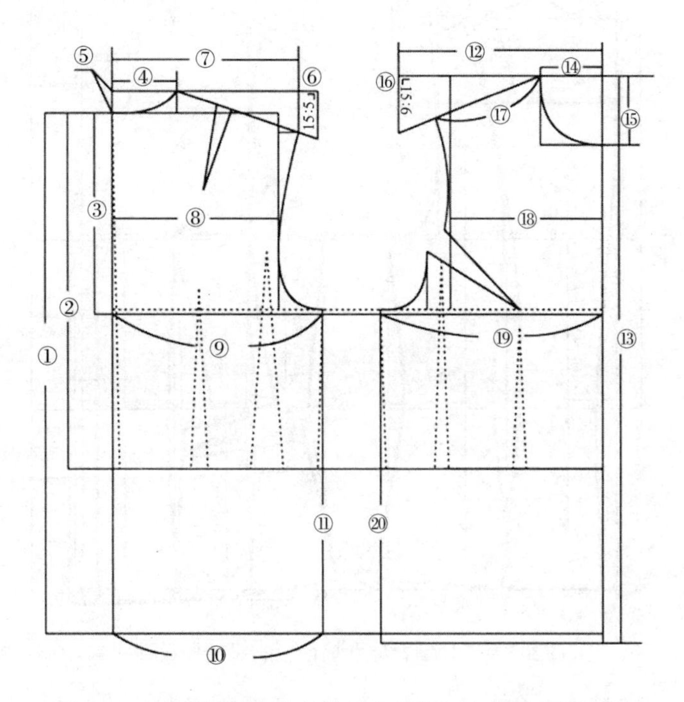

图2–4　立翻领门襟四粒扣合体女短袖衫衣片原型结构设计

1. 后片原型制图画线步骤

①后中长→②后腰节→③后领中点至胸围→④后领宽线→⑤后领深线→⑥后肩斜→⑦肩宽线$\left(\frac{肩宽}{2}\right)$→⑧后背宽→⑨后胸围线→⑩后下摆线→⑪后侧缝。

2. 前片原型制图画线步骤

⑫上平线前衣长→⑬前中线→⑭前领宽线→⑮前领深线→⑯前肩斜→⑰前小肩宽→⑱前胸宽→⑲前胸围大→⑳侧缝。

二、初板制作

（一）衣身结构设计

衣身结构设计如图2–5所示。

1. 结构设计要点

（1）制图时未加面辅料经纬缩率。

（2）考虑到面料与纸样的性能不同，制板时经向加放2%～4%，纬向加放2%缩率。也可直接在衣长上加放1cm，袖长加放0.7cm，胸围加放2cm。

2. 后片结构设计

（1）后中长：后中长为规格尺寸52cm。

（2）后腰节：后领中点至腰节为背长37cm。

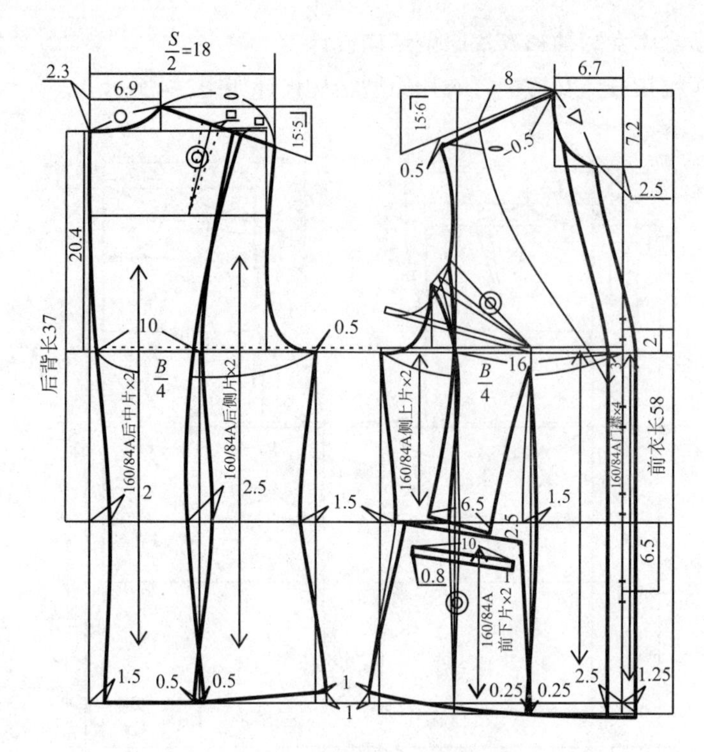

图2–5　立翻领合体女短袖衫衣身结构设计

（3）胸围线：从后领中点向下量20.4cm处，画出胸围线。

（4）后领宽线：由后领中点向右量6cm、9cm定点*a*，过点*a*作后中线的平行线。

（5）后领深线：由后领中点往上量2.3cm作为后领深。

（6）后肩斜：按15∶5的比值确定肩斜度，从后领中点向右量取由后横领宽点*a*向右量取$\frac{肩宽}{2}$。

（7）后背宽：肩宽点向左量1.5cm，垂直往下至胸围线交点处。

（8）后胸围：后中线与胸围线相交点往右量$\frac{胸围}{4}$定点，过该点作下平线的垂直线。

（9）公主线：在后小肩线肩端点向左取$\frac{后肩宽}{3}$定点处定分割线。

（10）收省：肩省大=$\frac{原型省}{2}$。

3．前片结构设计

按新原型进行省道合并，根据款式图确定分割线。

（1）根据原型作上平线，画出前衣长58cm。

（2）前中线：垂直相交于上平线和衣长线。

（3）前领宽线：取6.7cm，由前中线向左量6.7cm定点，过该点，作前中线的平行线。

（4）前领深线：取7.2cm，由上平线向下量7.2cm定点，过该点，作上平线的平行线。

（5）前肩斜：按15∶6的比值确定肩斜度，由前横领宽量进。

（6）前小肩长：在前肩斜线从侧颈点向左取后小肩长-0.7cm为前小肩点。

（7）前胸宽：前小肩长点向右量2.5cm定点，过该点，垂直往下至胸围线。

（8）前胸围大：前中线与胸围线的交点往左量$\frac{胸围}{4}$定点，过该点，作下平线的垂直线。

（9）侧缝：由胸围宽垂直于下平线画线，腰围线处收1.5cm，下摆处放出1cm，起翘1cm。

（10）门襟：由前中心线往右量取1.25cm叠门宽。

（11）在前袖窿下定个点，作前片定省尖点至腰节、前胸腰省至衣片底部。

（12）口袋定位：在前腰围线下2.5cm定点，作口袋位置，袋宽为0.8cm。

（13）纽扣定位：第一粒纽扣位于胸围线上2cm，末粒纽位于腰围线下6.5cm，具体位置可按款式图定。

（二）袖片结构设计

袖片结构设计如图2–6所示，具体步骤如下：

（1）复制出前后袖窿，作为袖子基本原型。

（2）画袖山高为15cm，袖长23cm。

（3）量取前后袖窿长度，作袖山斜线，为后AH、前AH。

（4）后袖山斜线三等分，前袖山斜线二等分。

（5）在后袖山斜线一等分处与前袖山斜线等分下量1cm处作交点，画袖山弧线。

（6）袖山顶点往前偏0.8cm。

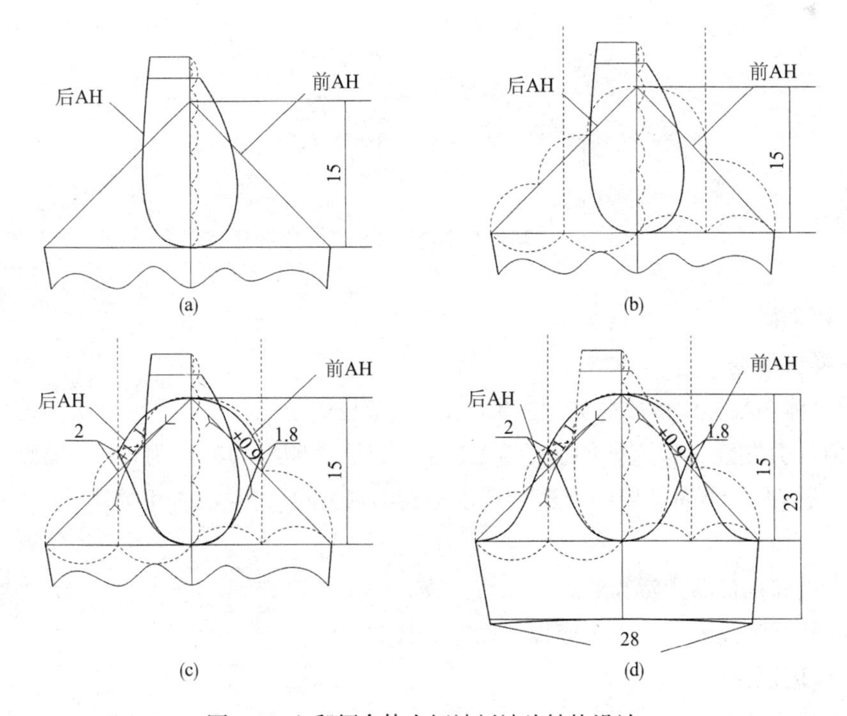

图2–6　立翻领合体女短袖衫袖片结构设计

（7）按一片袖基本原型，往前偏1.8cm，作袖底缝线。

（8）画出袖口大。

（三）零部件结构设计

（1）衣领根据结构制图如图2-7所示。

（2）分割线造型可看图片自行分析。

（3）荷叶边展开图如图2-8所示。

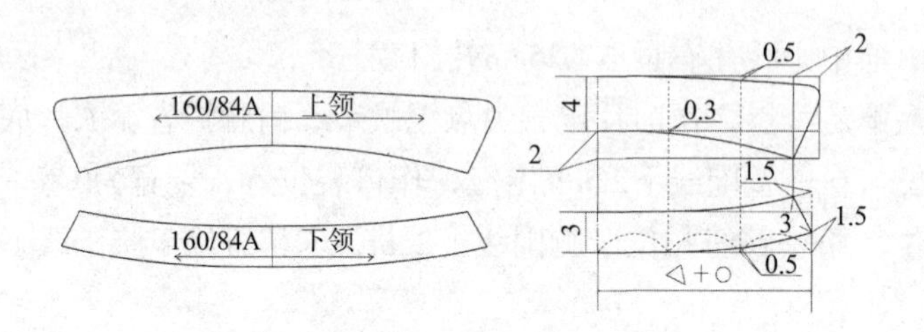

图2-7 立翻领合体女短袖衫领子结构设计

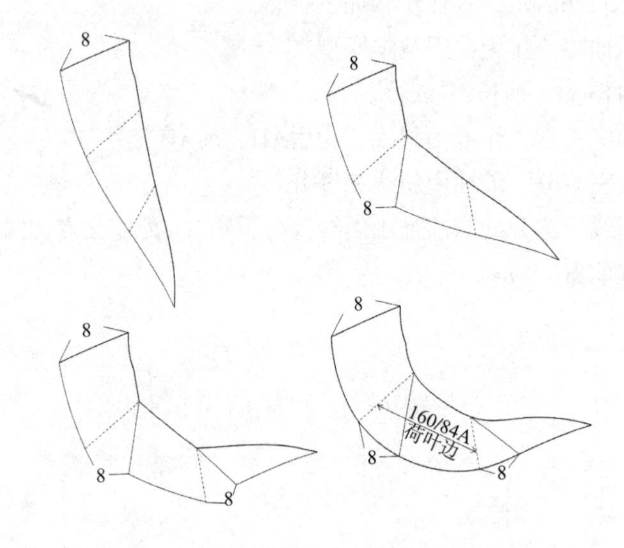

图2-8 立翻领合体女短袖衫荷叶边展开图

三、初板确认

（一）样板放缝

立翻领合体短袖衫样板放缝如图2-9所示。裁片放缝要点如下：

（1）前片分割线、省道处的缝份为1.2cm；肩缝、侧缝的缝份为1cm；袖窿、袖山、领圈等部位弧线缝份为1cm；后中背缝缝份为1cm；后片公主线分割处中片放0.7cm，侧片放1.3cm。

（2）底边和袖口贴边宽为3cm。

（3）放缝时弧线部位的端角要保持与净缝线垂直。

（二）样板标识

（1）样板上标好丝缕线；写上样片名称、裁片数、号型等（不对称裁片应标明上下、

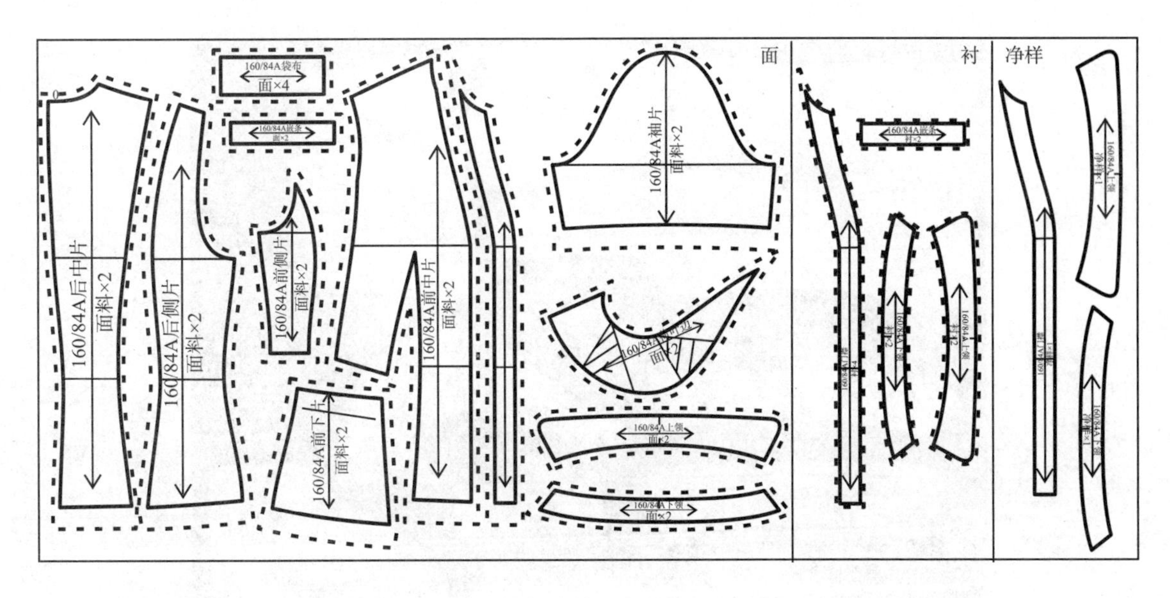

图2-9　立翻领合体女短袖衫样板放缝

左右、正反等信息）。

（2）作好对位标记、剪口。

（三）工业排板（三件套排）

立翻领合体女短袖衫面料排板如图2-10所示。

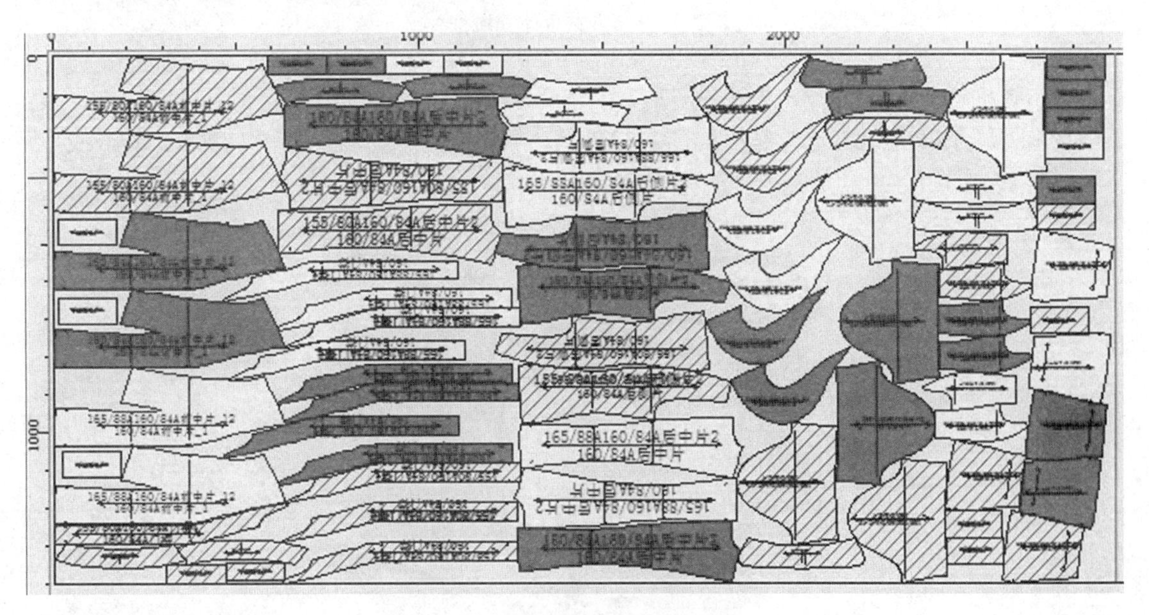

图2-10　立翻领合体女短袖衫面料排板

（四）单件排料裁剪

1. **面料排料裁剪**

立翻领合体女短袖衫面料排料裁剪如图2-11所示。面料：门幅144cm，长度为衣长+袖长+5cm。

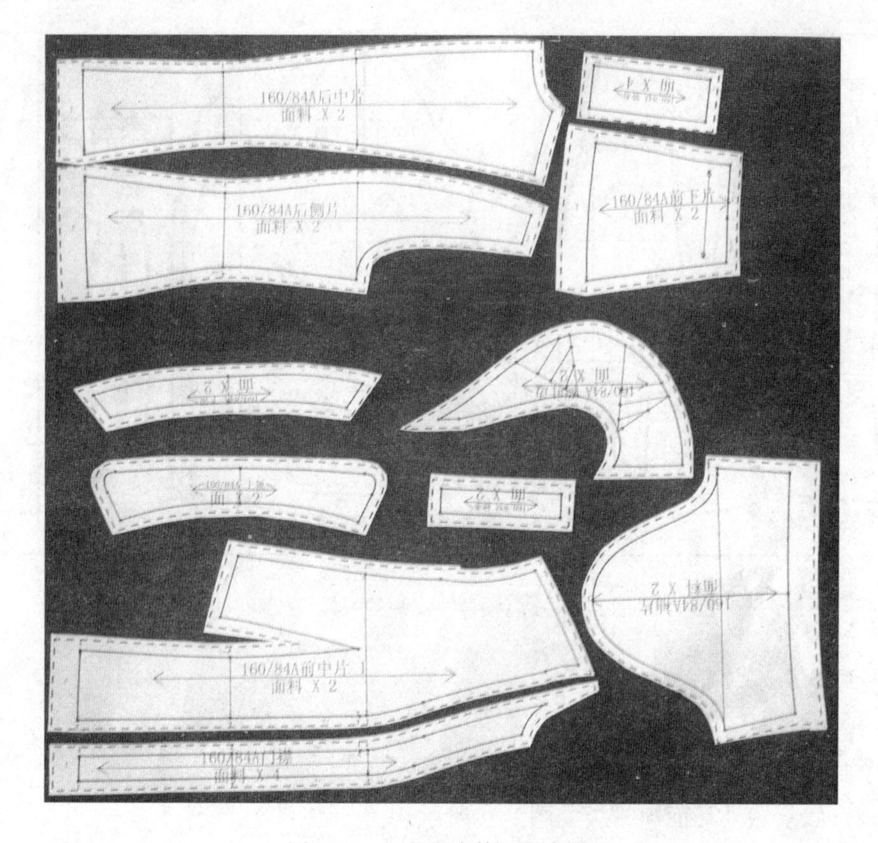

图2-11　立翻领合体女短袖衫

2. 衣片粘衬示意图

立翻领合体女短袖衫衣片粘衬如图2-12所示。粘衬部位为门襟、翻领、领座、袋嵌线。

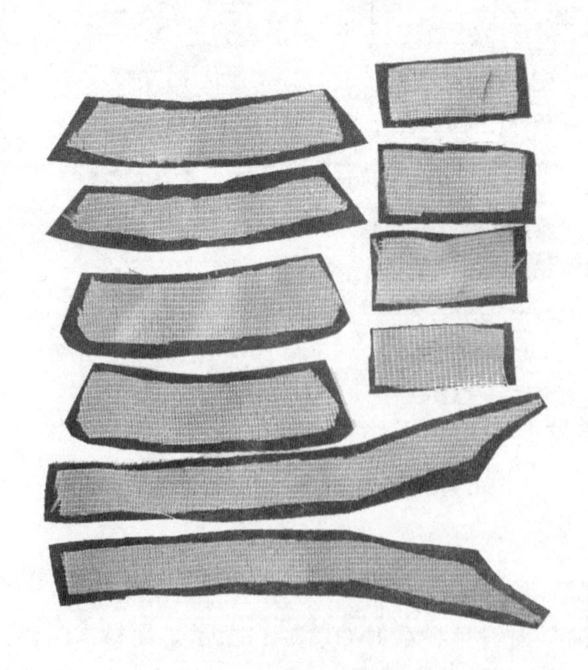

图2-12　立翻领合体女短袖衫

（五）坯样试制

坯样的缝制应严格按照样板操作。具体的缝制工序如下：检查裁片→作缝制标记→粘衬→收省→拼前侧片→前片嵌线袋→装门襟→做花边→拼后侧片→合后中缝→合肩缝→做领→绱领→合摆缝→缝袖底缝→装袖→做底边→锁纽眼→钉纽扣→整烫→检验。

1. **配衬**

（1）领子配衬如图2-13所示。

（2）领子烫衬如图2-14所示。

（3）前片定省位如图2-15所示。

（4）前片定袋位如图2-16所示。

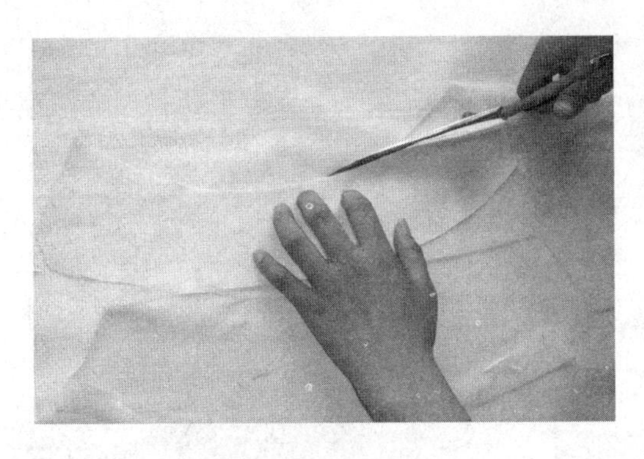

图2-13　领子配衬

图2-14　领子烫衬

图2-15　前片定省位

图2-16　前片定袋位

2. **前片主要部位制作**

立翻领合体女短袖衫前片主要部位制作，如图2-17～图2-34所示。

（1）荷叶边卷边，距边缘0.3cm车缝（图2-17）。

（2）卷好边车缝后的荷叶边效果（图2-18）。

（3）作袋嵌线，根据袋位固定下嵌条（图2-19）。

（4）剪切袋嵌线，并在嵌线两端剪开三角，只剩一根丝即可（图2-20）。

（5）封三角（图2-21）。

（6）缝袋布，沿袋布四周距边缘0.5cm平缝（图2-22）。

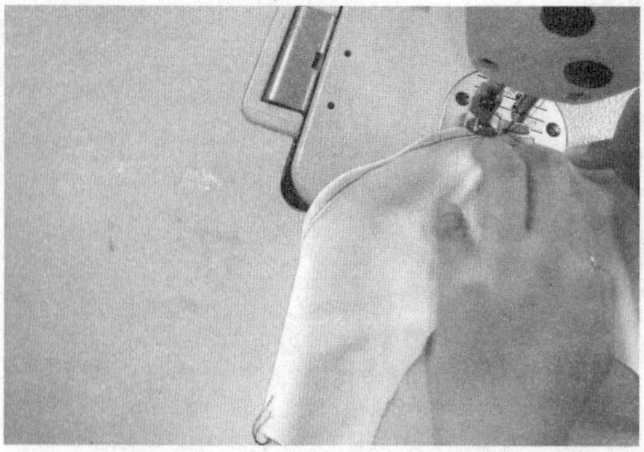

图2-17　卷边

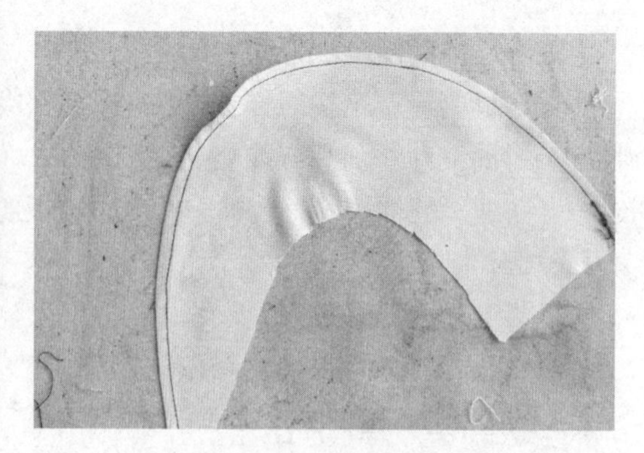

图2-18　卷好车缝后的荷叶边

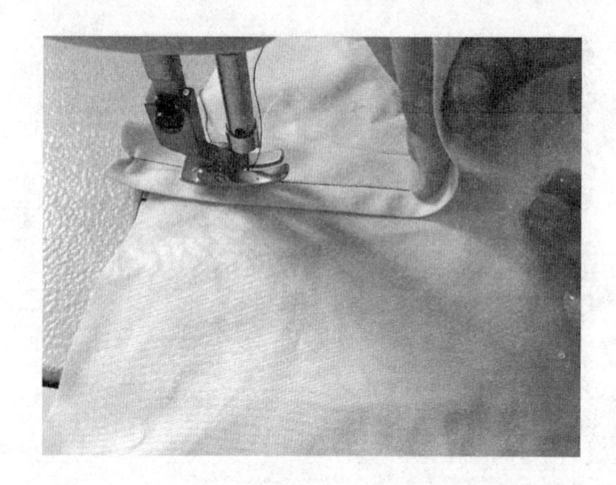

图2-19　固定下嵌条

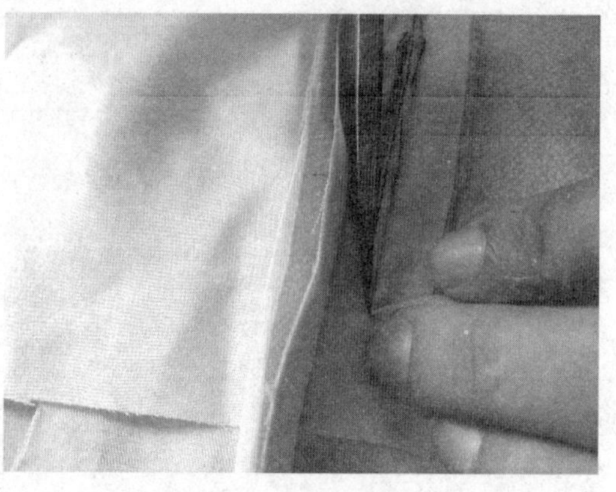

图2-20　剪三角

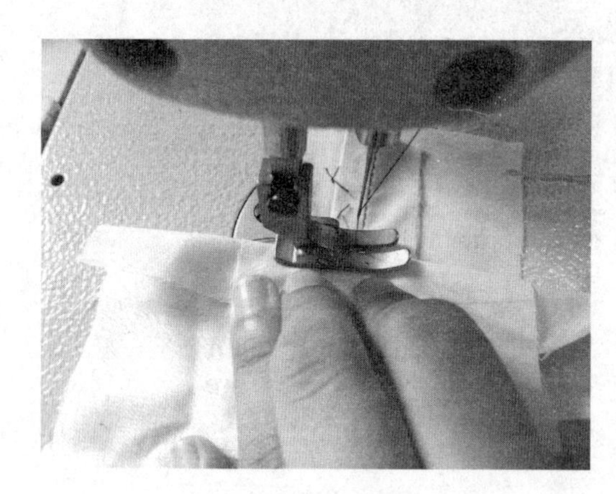

图2-21　封三角

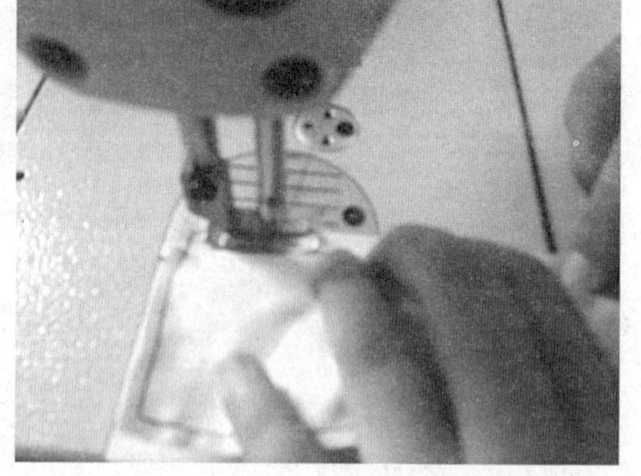

图2-22　缝袋布

（7）修剪袋布周边剩0.3cm缝份（图2-23）。

（8）在袋布处压线0.1cm（图2-24）。

（9）口袋反面（图2-25）。

（10）袋口正面缉0.15cm明线（图2-26）。

（11）袋口正面（图2-27）。

（12）门襟正面相对平缝1cm（图2-28）。

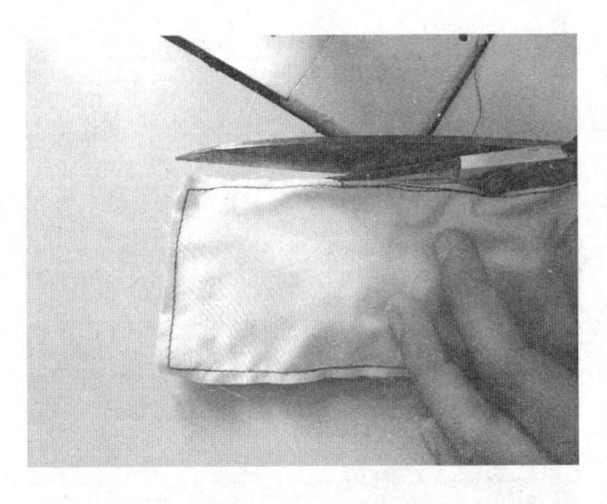

图2-23　修剪袋布四周

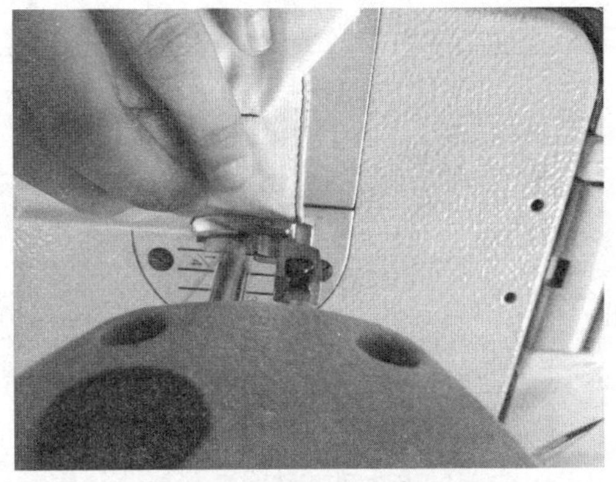

图2-24　袋布压线

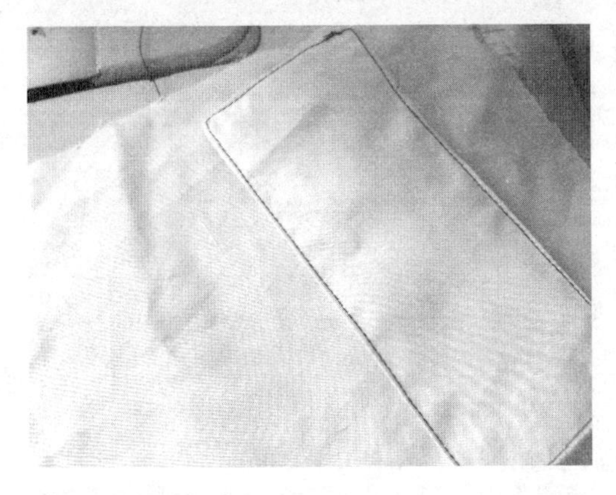

图2-25　口袋反面

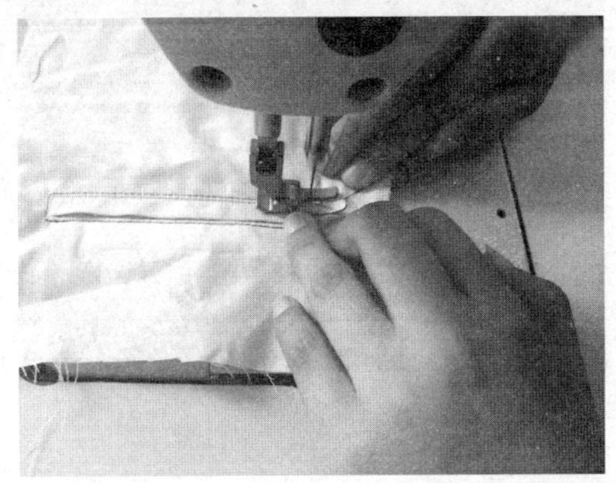

图2-26　袋口缉线

图2-27　袋口正面

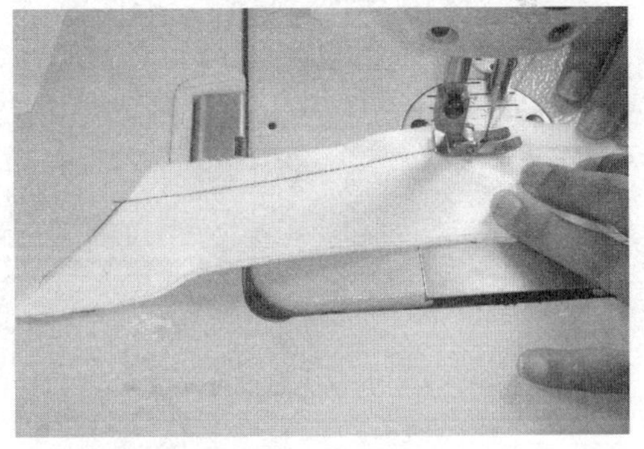

图2-28　门襟平缝

（13）烫门襟（图2-29）。

（14）画门襟净样（图2-30）。

（15）按照净样烫门襟（图2-31）。

（16）荷叶边与前片固定，缉0.5cm（图2-32）。

（17）门襟缉0.1cm明线（图2-33）。

（18）装门襟（图2-34）。

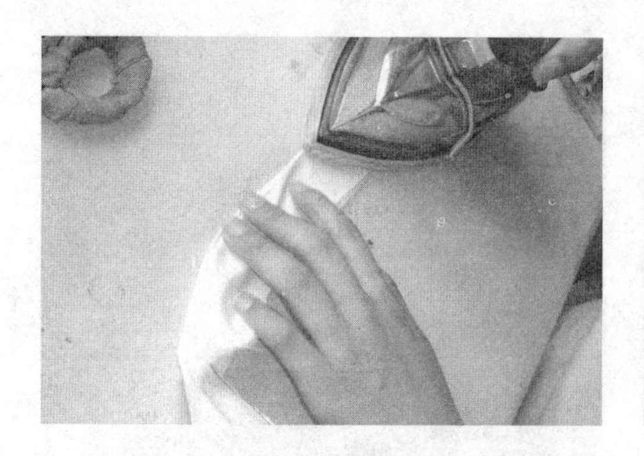

图2-29　烫门襟

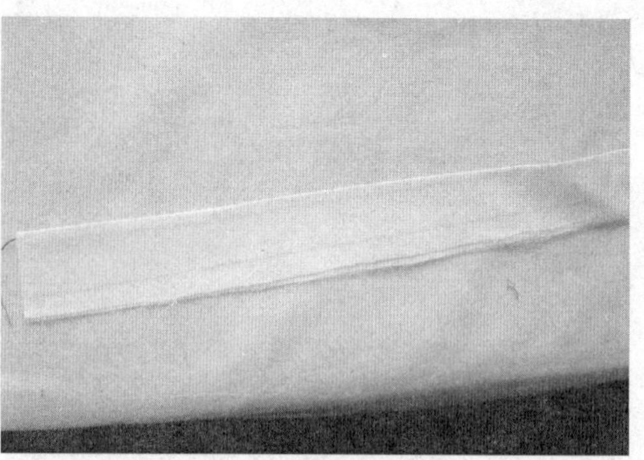

图2-30　画门襟净样

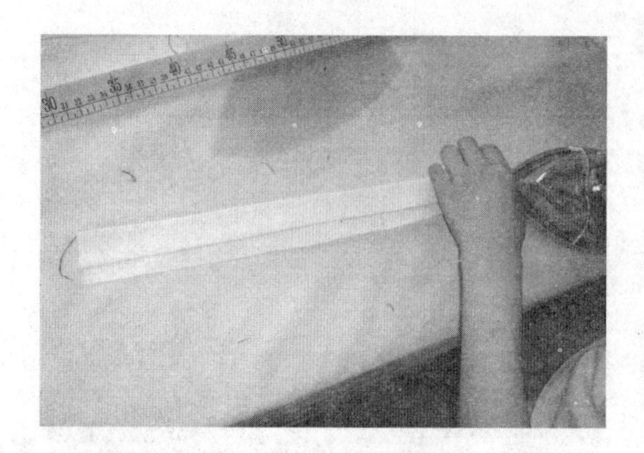

图2-31　照净样烫门襟

图2-32　固定缉线

图2-33　门襟缉线

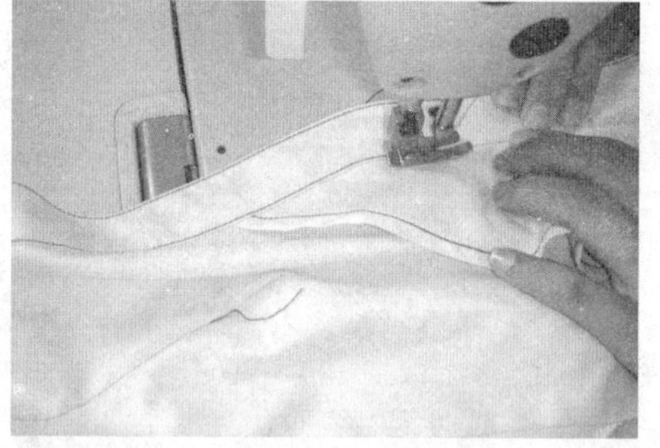

图2-34　装门襟

3. 后片制作

立翻领合体女短袖衫后片制作，如图2-35～图2-38所示。

（1）后中片衣片正面相对，距后中衣片边缘1cm平缝（图2-35）。

（2）后中缝缝滚边（图2-36）。

（3）将缝份烫倒向左边，在衣片正面距后中缝0.7cm缉明线（图2-37）。

（4）后中片与后侧片衣片正面相对，侧片包中片缉线0.6cm（图2-38）。

4. 领子制作

立翻领合体女短袖衫领子制作，如图2-39、图2-40所示。

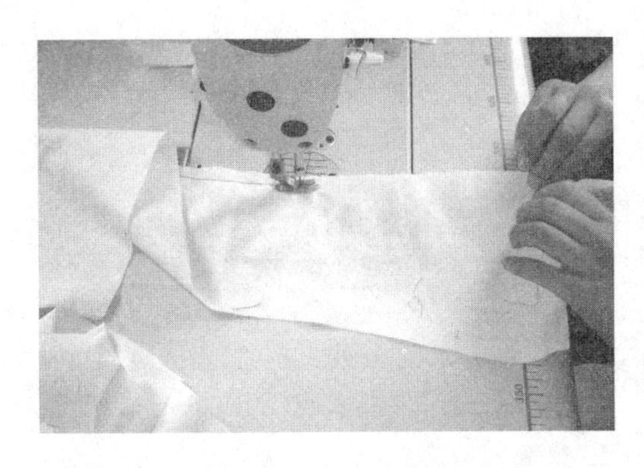

图2-35　平缝后中缝

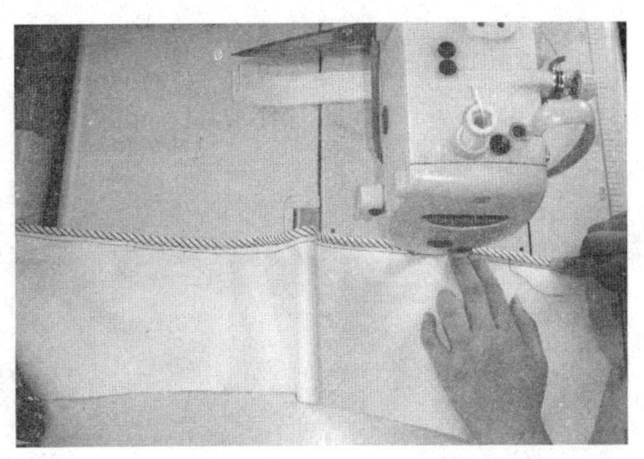

图2-36　后中缝缝份滚边

图2-37　缝份缉明线

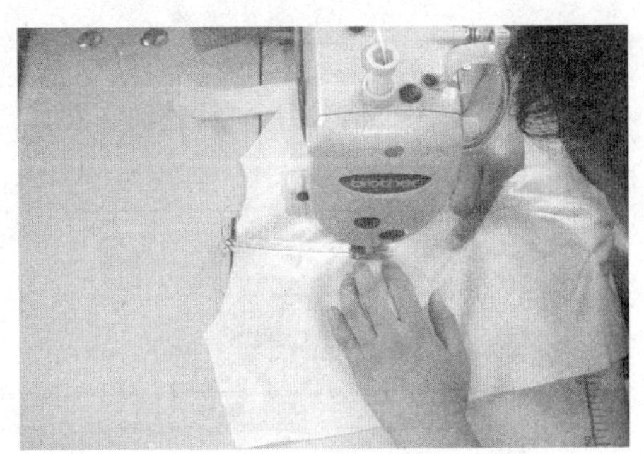

图2-38　侧片包中片缉线

（1）翻领面与翻领里正面相对按照净样距边缘1cm平缝（图2-39）。

（2）修剪翻领缝份剩0.5cm。

（3）领子与领座缝合，装领子（图2-40）。

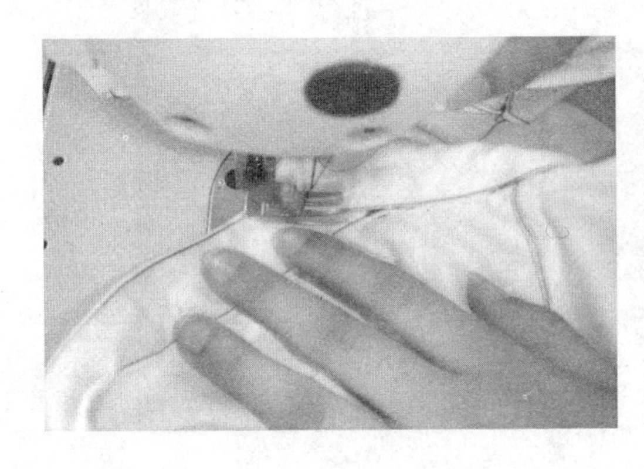

图2-39　领子平缝

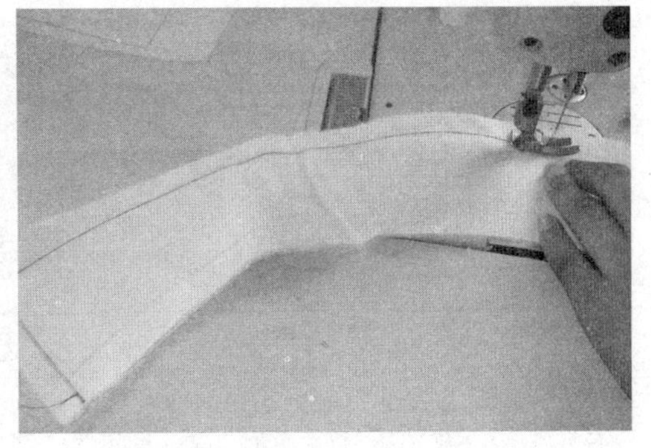

图2-40　装领

5. **袖子制作**

立翻领合体女短袖衫袖子制作，如图2-41、图2-42所示。

（1）袖片正面相对，距边缘0.4cm车缝（图2-41）。

（2）缝合的袖片翻向反面，距边缘0.5cm车缝（图2-42）。

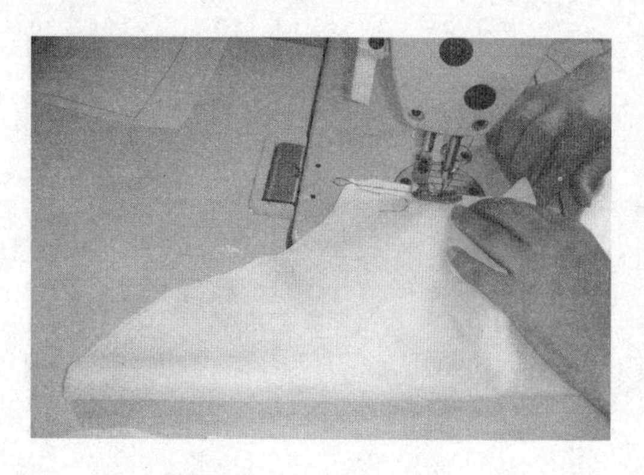

图2-41　袖子来去缝

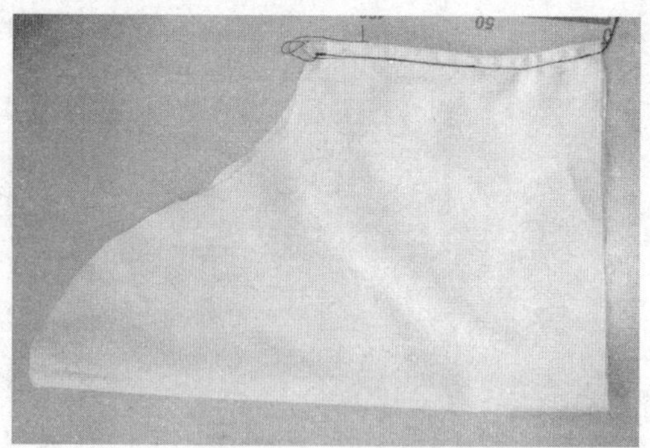

图2-42　反面缉线

（六）熨烫整理

立翻领合体女短袖衫熨烫部位，如图2-43～图2-45所示。

（1）后片熨烫。

（2）熨烫袖子（图2-43）。

（3）下摆卷边1.5cm（图2-44）。

（4）锁扣眼，钉纽扣。

（5）成衣前片（图2-45）。

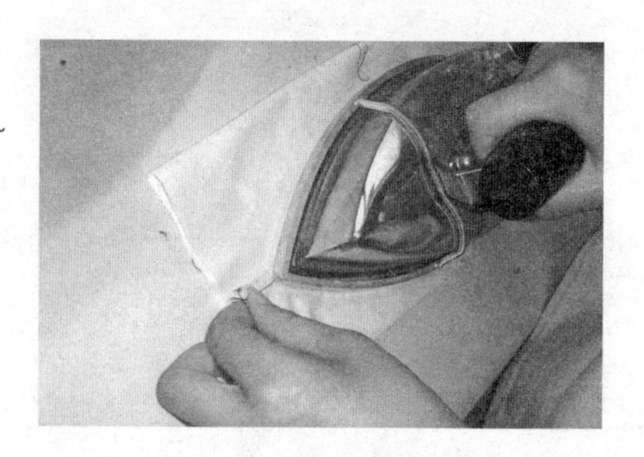

图2-43　熨烫袖子

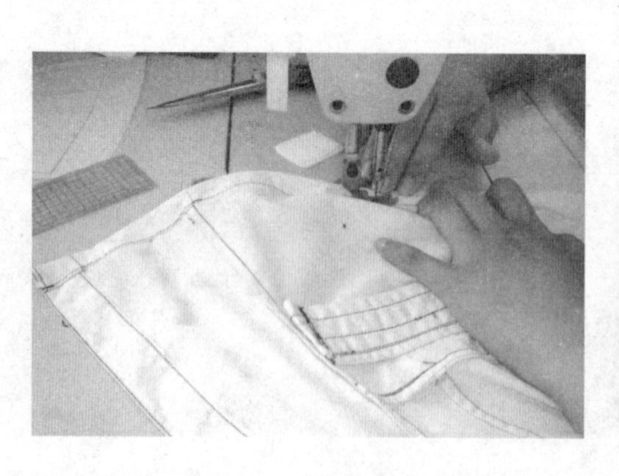

图2-44　下摆卷边

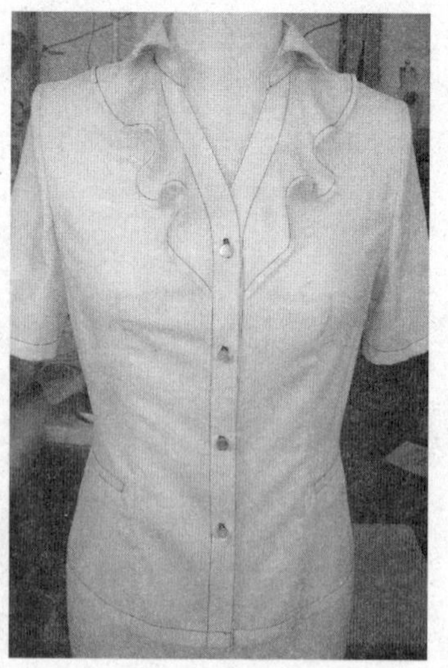

图2-45　成衣前片

四、系列样板

（一）档差与系列规格设计

根据国家号型标准中标准体号型的系列档差设计系列，具体规格见表2-2。

表2-2　系列规格表　　单位：cm

系列规格表（5.4）				
规格	155/80A	160/84A	165/88A	档差
部位	S	M	L	
前衣长	56	58	60	2
背长	36	37	38	1
胸围	88	92	96	4
腰围	70	74	78	4
肩宽	37	38	39	1
袖长	21.5	23	24.5	1.5
袖口	13.5	14	14.5	0.5

（二）样板推档

1. 前片推档

立翻领合体女短袖衫前片推档量见表2-3，推档图如图2-46所示。

表2-3　前片推档数据及放缩说明

代号	推档量（单位：cm）		放缩说明
A	↕	0.7	袖窿至领口横向分割，衣长档差为2cm，将其分配在前颈肩点位0.7cm，所以分割线的点为0.5m
	⟷	0.2	
B	↕	0.65	
	⟷	0.5	
C	↕	0.3	占袖窿的$\frac{1}{3}$，所以推0.3cm
	⟷	0.5	胸围档差的$\frac{1}{4}$
D	↕	0	坐标基准线上的点，不放缩
	⟷	0.5	胸围档差的$\frac{1}{4}$
E	↕	0.3	腰节档差为$\frac{2}{7}$，所以推0.3cm
	⟷	0.5	胸围档差的$\frac{1}{4}$
F	↕	1.3	衣长档差为2cm，减去0.7cm，为1.3cm
	⟷	0.5	分割线占整个胸围档差的$\frac{1}{2}$，所以推0.5cm

续表

代号	推档量（单位：cm）		放缩说明
G	↕	0.3	腰节档差为$\frac{2}{7}$，所以推0.3cm
	⟷	0	坐标基准线上的点，不放缩
H	↕	0	坐标基准线上的点，不放缩
	⟷	0	坐标基准线上的点，不放缩
$C1$	↕	0.3	同C点
	⟷	0.5	同C点
$D1$	↕	0	坐标基准线上的点，不放缩
	⟷	0.5	分割线占整个胸围档差的$\frac{1}{2}$，所以推0.5cm
$D2$	↕	0	坐标基准线上的点，不放缩
	⟷	1	胸围档差的$\frac{1}{4}$
$E1$	↕	0.3	同E点
	⟷	0.5	同E点
$E2$	↕	0.3	腰节档差为$\frac{2}{7}$，所以推0.3cm
	⟷	1	胸围档差的$\frac{1}{4}$
$F1$	↕	1.3	衣长档差为2cm，减去0.7cm，为1.3cm
	⟷	0.5	分割线占整个胸围档差的$\frac{1}{2}$，所以推0.5cm
$F2$	↕	1.3	衣长档差为2cm，减去0.7cm，为1.3cm
	⟷	1	胸围档差的$\frac{1}{4}$
$G1$	↕	0.3	腰节档差为$\frac{2}{7}$，所以推0.3cm
	⟷	0.5	胸围档差的$\frac{1}{4}$
$G2$	↕	0.3	腰节档差为$\frac{2}{7}$，所以推0.3cm
	⟷	1	胸围档差的$\frac{1}{4}$
$H1$	↕	0	同H点
	⟷	0	同H点

续表

代号	推档量（单位：cm）		放缩说明
*H*2	↕	0	同*H*点
	⟷	0	同*H*点

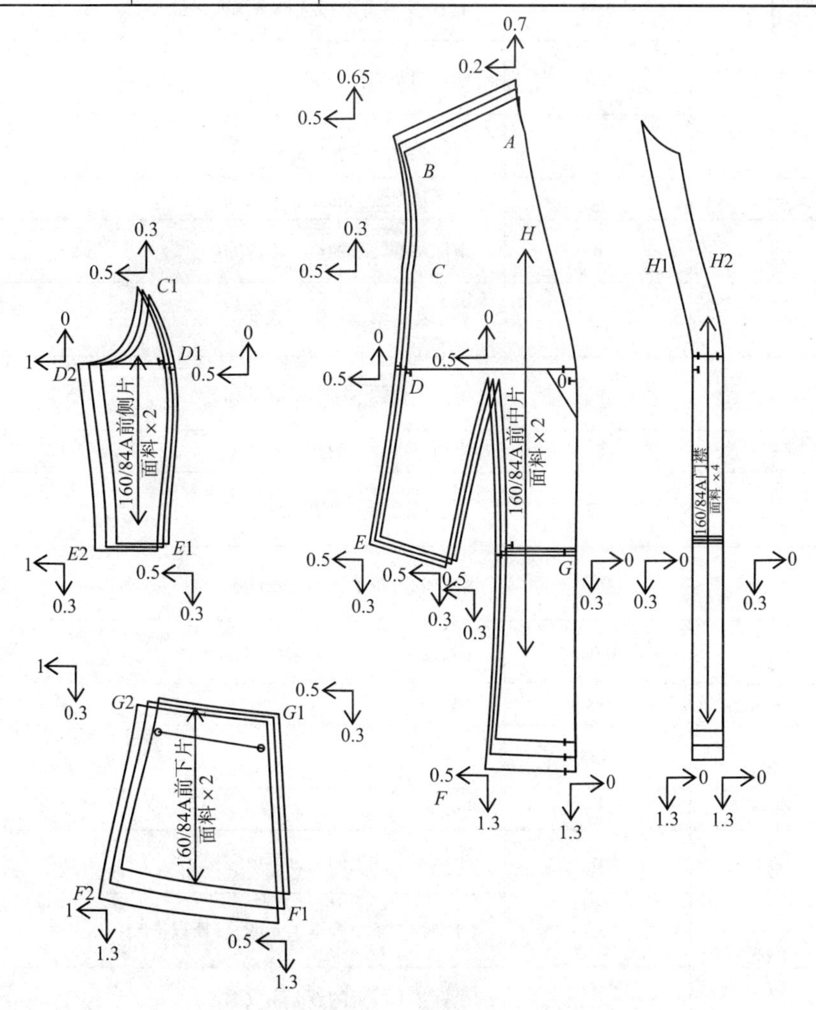

图2-46　前片推档

2. **后片推档**

立翻领合体女短袖衫后片推档量见表2-4，推档图如图2-47所示。

表2-4　后片推档数据及放缩说明

代号	推档量（单位：cm）		放缩说明
A	↕	0.65	衣长档差为2cm，将其分配，比颈肩点低，所以推0.65cm
	⟷	0	坐标基准线上的点，不放缩
B	↕	0.7	袖窿深档差为胸围档差的$\frac{1}{6}$，等于0.67cm，推0.7cm

续表

代号	推档量（单位：cm）		放缩说明
B	⟷	0.2	直开领为颈围档差的$\frac{1}{5}$，即$\frac{0.8}{5}$=0.16cm，推0.2cm
C	↕	0.65	B点纵向变化量减去袖窿深变化量
	⟷	0.5	肩宽档差的$\frac{1}{2}$
E	↕	0	坐标基准线上的点，不放缩
	⟷	0	坐标基准线上的点，不放缩
F	↕	0	坐标基准线上的点，不放缩
	⟷	0.5	分割线占整个胸围档差的$\frac{1}{2}$，所以推0.5cm
G	↕	0.3	腰节档差为$\frac{2}{7}$，所以推0.3cm
	⟷	0	坐标基准线上的点，不放缩
J	↕	0.3	腰节档差为$\frac{2}{7}$，所以推0.3cm
	⟷	0.5	分割线占整个胸围档差的$\frac{1}{2}$，所以推0.5cm
$C1$	↕	0.65	同C点
	⟷	0.5	同C点
$C2$	↕	0.65	同C点
	⟷	0.5	同C点
$F1$	↕	0	坐标基准线上的点，不放缩
	⟷	0.5	分割线占整个胸围档差的$\frac{1}{2}$，所以推0.5cm
$F2$	↕	0	坐标基准线上的点，不放缩
	⟷	1	胸围档差的$\frac{1}{4}$
$J1$	↕	0.3	腰节档差为$\frac{2}{7}$，所以推0.3cm
	⟷	0.5	分割线占整个胸围档差的$\frac{1}{2}$，所以推0.5cm
$J2$	↕	0.3	腰节档差为$\frac{2}{7}$，所以推0.3cm
	⟷	1	胸围档差的$\frac{1}{4}$
$I1$	↕	1.3	衣长档差为2cm，减去0.7cm，为1.3cm

续表

代号	推档量（单位：cm）		放缩说明
*I*1	⟷	0.5	分割线占整个胸围档差的$\frac{1}{2}$，所以推0.5cm
*I*2	↕	1.3	同*I*1点
	⟷	0.5	同*I*1点
*I*3	↕	1.3	衣长档差为2cm，减去0.7cm，为1.3cm
	⟷	1	胸围档差的$\frac{1}{4}$

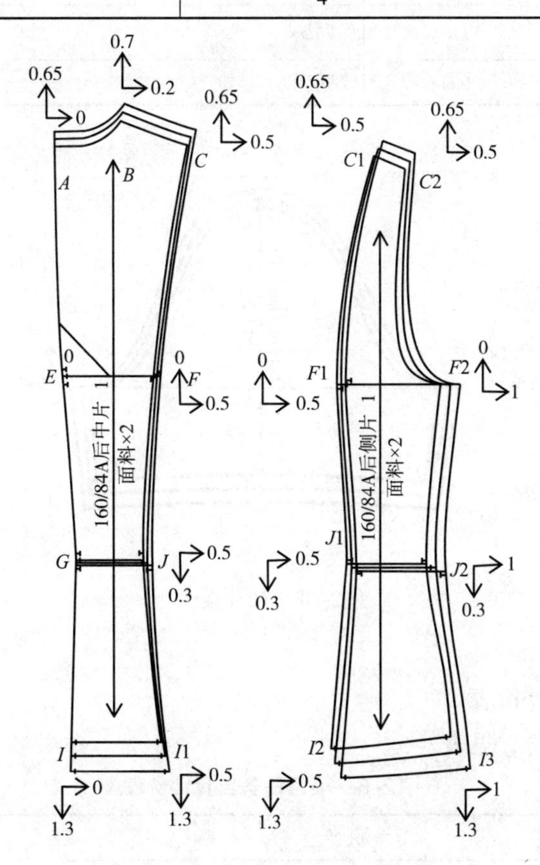

图2-47　后片推档

3. 袖片推档

立翻领合体女短袖衫袖片推档量见表2-5，推档图如图2-48所示。

表2-5　袖片推档数据及放缩说明

代号	推档量（单位：cm）		放缩说明
A	↕	0.4	袖长档差为1.5cm，将其分配，推0.4cm
	⟷	0	坐标基准线上的点，不放缩

续表

代号	推档量（单位：cm）		放缩说明
B	↕	0	坐标基准线上的点，不放缩
	⟷	0.8	袖底点推0.8cm
D	↕	1.1	袖长档差为1.5cm，去除顶点的0.4cm，所以推1.1cm
	⟷	0.5	袖口档差为1cm，所以推0.5cm
*B*1	↕	0	同*B*点
	⟷	0.8	同*B*点
*D*1	↕	1.1	同*D*点
	⟷	0.5	同*D*点

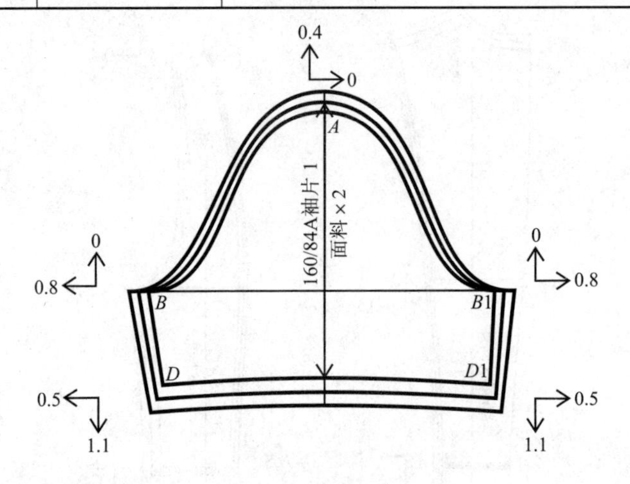

图2–48　袖片推档

任务评价：

一、项目任务自我评价表

本项目任务自我评价，见表2–6。

表2–6　项目任务自我评价表

姓名		班级		小组代号	
项目名称			活动时间		
序号	评价指标			分值	本项得分
1	能够理解项目任务的操作规范和要求			10	
2	能够积极承担小组分配的任务			10	
3	能够在项目任务完成的过程中提出有价值的建议			10	
4	能够根据项目推进主动学习相关知识			10	
5	能够按时完成小组分配的任务，不拖拖拉拉			10	
6	项目任务完成情况得到小组成员的认可			10	
7	能够清晰表述项目任务完成的过程和问题的解决方法			10	

续表

姓名		班级		小组代号	
项目名称			活动时间		
序号	评价指标			分值	本项得分
8	在尊重他人观点的基础上，能表达自己的观点			10	
9	能够帮助小组成员解决遇到的难题或提出合理化建议			10	
10	我能将项目活动中的经验教训记录下来与他人分享			10	
合计得分					

二、项目任务小组互评表

本项目任务小组互评，见表2-7。

表2-7　项目任务小组互评表

评价对象		班级		小组代号	
项目名称			活动时间		
序号	评价指标			分值	本项得分
1	小组成员对项目任务的理解要准确、到位，并能清晰表达自己的认识			10	
2	小组成员能够服从小组分配，积极承担自己应完成的任务			10	
3	小组成员能够积极参加小组讨论，并能提出有价值的意见和建议			10	
4	小组成员在小组讨论陷入困境时，能够提出解决问题的方法			10	
5	小组成员能够安时完成小组分配的任务			10	
6	小组成员任务完成情况符合小组工作的要求和标准			10	
7	小组成员能够对自己完成的工作任务进行条理清晰地陈述和总结			10	
8	小组成员能够与大家和睦相处，没有发生摩擦和矛盾			10	
9	小组成员能够提出合理的建议，与大家一起解决工作任务中遇到的问题			10	
10	小组成员能够虚心接受意见和建议，并对自己的问题能进行改正			10	
合计得分					

三、项目任务教师评价表

本项目任务教师评价，见表2-8。

表2-8　项目任务教师评价表

评价对象		所在班级		小组代号	
项目名称			活动时间		
评价模块	评价指标			分值	本项得分
学习态度 （10分）	能完整参加项目的全过程，不缺席，不早退			3	

续表

评价对象		所在班级		小组代号	
项目名称			活动时间		
评价模块	评价指标			分值	本项得分
学习态度（10分）	能按照老师或小组要求完成任务，不做与项目无关的事			3	
	积极承担任务，积极参与小组讨论，与小组成员友好相处			4	
知识运用（25分）	能够认真学习与项目开展有关的知识			4	
	能根据项目的推进主动学习新知识			6	
	能运用所学的知识解决项目中遇到的问题			10	
	对所学知识能够融会贯通、举一反三			5	
操作能力（25分）	能根据项目的实践要求选择合适的材料、工具和设备			5	
	操作步骤规范、有序，操作细节符合要求			8	
	操作中遇到问题时能想办法解决			8	
	能够按时完成项目任务			4	
展示评价（30分）	能够利用多媒体教学手段对自己的项目任务介绍和展示，介绍要具体，表达要清晰流畅			6	
	项目作品在材料运用、颜色搭配、工艺细节等方面达到规定的标准			8	
	项目汇总的书面材料规范、齐全，上交及时			6	
	展示过程中能积极协调、沟通，舞台展示效果好			10	
附加奖励分（20分）	项目作品质量好，有一定的销售价值			10	
	项目作品具有一定的创新性，设计方案被企业录用			10	
项目小结（10分）	能将项目操作过程中的经验、教训及时记录下来			4	
	能够将自己的经验、教训与他人分享			4	
	能够按时提交项目小结			2	
合计得分					

触类旁通：

1．根据如图2–49所示的款式拓展后片。

2．根据如图2–49所示的款式进行规格设计、结构设计、成衣制作。

图2–49

项目二　时尚立领抽褶合体女短袖衫工业制板一体化制作技术

知识目标：

1．学习运用原型进行衣身前浮余量的消除。

2．掌握弧形刀背分割缝和胸部抽褶放松量与造型的把握。

3．学习时尚立领的制板与推档。

能力目标：

1．能够根据服装工艺单进行中间码的服装制板。

2．能够进行基本工艺单的编制。

3．能够根据工艺单对服装进行初样设计、样衣试制、初板确认和系列样板推档。

任务分析：

衣身采用箱形平衡的合体方式，希望通过本项任务的完成，增强学生对任务的分析能力和动手实践能力，掌握衣身结构平衡方法。

任务准备：

1．基本的裁剪、制作工具，服装CAD软件操作系统。

2．面料为化纤、全棉、混纺面料，长约120cm。

3．配料有薄型有纺衬、无纺衬若干，纽扣两粒（含备用扣一粒），配色涤棉缝纫线1团。

任务实施：

一、技术资料分析

（一）款式描述

时尚立领抽褶合体女短袖衫款式图如图2-50所示。

1．前片

前衣片胸部收褶，左右衣片有弧线分割，距分割线0.5cm缉明线。

2．后片

后衣片左右弧线分割，距分割线0.5cm缉明线，后背中缝下摆开衩，左片在上，右片在下。

3．袖子

一片袖，袖口拼接处翻贴边，贴边缉0.5cm明线。

4．领子

时尚立领，参数以净板为准。

5. 里子

此款上衣无夹里。

图2-50 时尚立领抽褶合体女短袖衫款式图

（二）特殊部位示意图

前片胸高点处抽褶、后中下摆开衩，效果图如图2-51、图2-52所示。

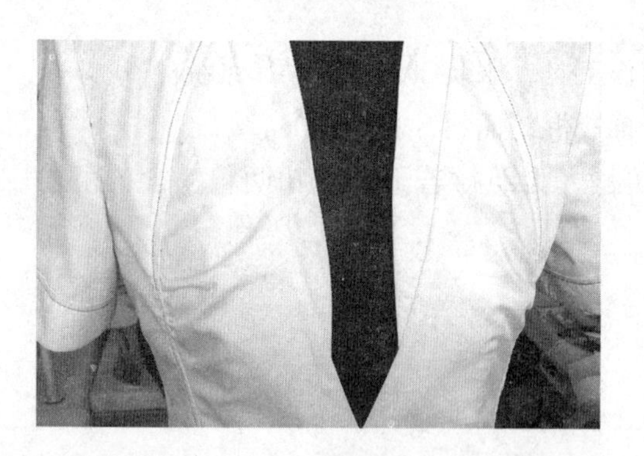

图2-51 胸高点处抽褶

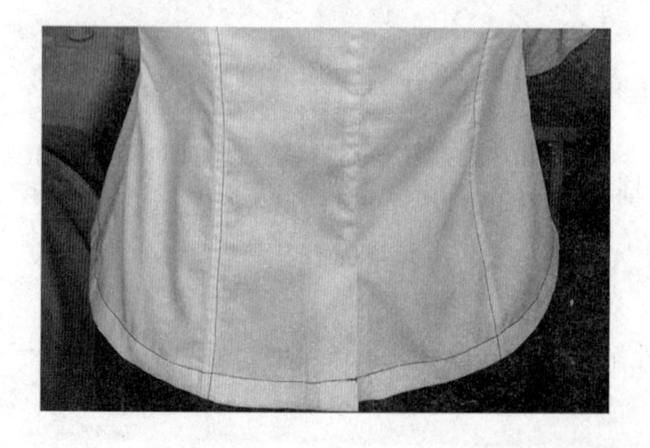

图2-52 后中下摆开衩

（三）工艺单

时尚立领抽褶合体女短袖衫工艺单，具体数据见表2-9。

表2-9　时尚立领抽褶合体女短袖衫工艺单

单位：cm

款式名称	时尚立领抽褶合体女短袖衫
制单日期	2013.7.15
款式图	正面　背面

系列规格表（5.4）				
规格	155/80A	160/84A	165/88A	档差
部位	S	M	L	—
后中长	51	53	55	2
背长	36	37	38	1
胸围	88	92	96	4
腰围	70	74	78	4
肩宽	37	38	39	1
袖长	26.5	28	29.5	1.5
袖口	13.5	14	14.5	0.5
后领宽	4.5	4.5	4.5	0

工艺说明：

1. 针距为3cm14～15针
2. 领子：时尚立领，参数以净板为准
3. 袖子：一片袖，袖口拼接处翻贴边，贴边缉0.5cm明线
4. 前衣片：前衣片胸部收褶，左右弧线分割，缉压0.5cm明线
5. 后衣片：后衣片左右弧线分割，缉压0.5cm明线，背中缝下摆开衩，左片在上，右片在下
6. 缝型：前后片分割线为内包缝，明线宽0.5cm；肩缝、侧缝为来去缝；后中缝、摆衩、袖窿、过面、后领托为滚边，宽度为0.7cm；底边卷边，宽度为2cm

成品要求：成品符合规定尺寸，前片止口处钉一粒纽扣，背衩顺直平直，缝线平整，缉线宽窄一致，整洁无污迹、无线头

面料：全棉面料门幅宽144cm，长120cm	辅料：无纺衬60cm，幅宽90cm 纽扣直径1.5cm，1枚 配色涤纶线1团

二、初板制作

（一）衣身结构设计

衣身结构设计，如图2–53所示。

1. 结构设计要点

（1）制图时未加经纬缩率。

（2）考虑到面料与纸样的性能不同，制板时衣长加放1cm，袖长加放0.7cm，胸围加放2cm。

2. 后片结构设计

后片结构设计以M码为依据（图2–53）。

（1）先画原型。

（2）后衣长：后衣长为53cm。

（3）后腰节：后领至腰节，为背长37cm。

（4）胸围线：从后领至胸围20.4cm处，画出胸围线。

（5）后领宽线：取原型领宽加1cm，由后中线向右量定点，过该点作后中线的平行线。

（6）后领深线：取后直开领2.3cm，由后颈点往上量。

后肩斜：按15∶5的比值确定肩斜度。

（7）量取$\frac{肩宽}{2}$。

（8）后背宽：肩宽点向左量1.5cm定点，过该点垂直往下至胸围线。

（9）后胸围大：后中线与胸围线相交点往右量$\frac{胸围}{4}$，作下平线的垂直线。

（10）后中腰节处省量为2cm，侧缝处收1.5cm。

（11）后片刀背缝，腰节处省量为2.5cm，造型参照款式图。

3. 前片结构设计

前片结构设计应按照新原型进行省道合并后，再根据款式图确定分割线（图2–53）。

（1）根据原形上平行线作前衣长点。

（2）前中线：垂直相交于上平线和衣长线。

（3）前领宽线：取原型领宽加1cm。由前中线向左量定点，过该点作前中线的平行线。

（4）前领深线：取7.2cm，由上平线向下量定点，过该点作上平线的平行线。

（5）前肩斜：按15∶6的比值确定肩斜度，从前颈点量取。

（6）前小肩长：取后小肩长–0.5cm。

（7）前胸宽：从前小肩长点向右量2.5cm定点，过该点做垂线往下至胸围线。

（8）前胸围大：前中线与胸围线相交点往左量$\frac{胸围}{4}$，作下平线的垂直线。

（9）侧缝：由胸围宽垂直于下摆画线，腰节处收1.5cm，下摆侧缝处向上4cm，起翘 1cm。

（10）门襟：由前中心线往右量取2cm叠门宽。

（11）在领口处至底边收领口省，腰节处收省2.5cm。

（12）按款式图造型画出纽扣位。

（13）前小肩撇去0.5cm。

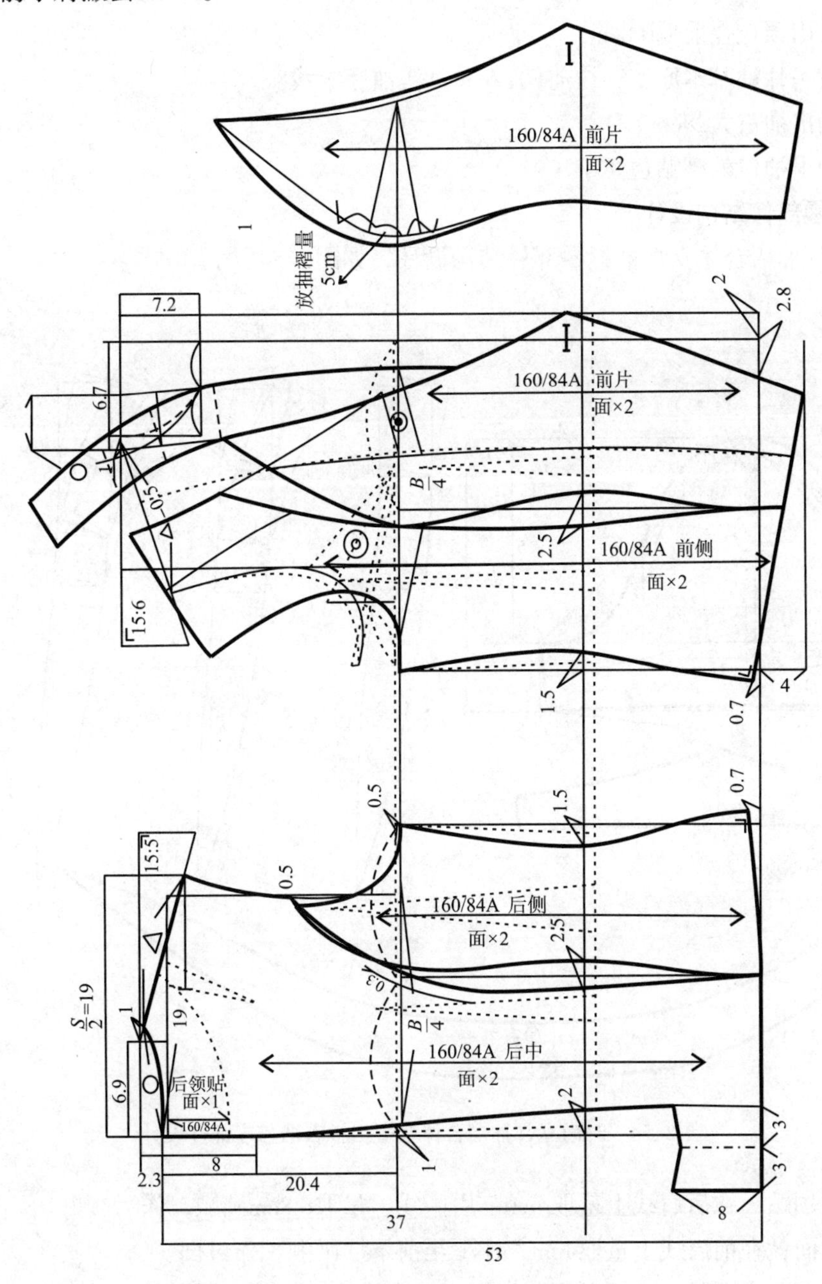

图2-53　时尚立领抽褶合体女短袖衫衣身结构设计

（二）袖片结构设计

时尚立领抽褶合体女短袖衫袖片结构设计，如图2-54所示。

（1）把前后袖窿复制出，作袖子基本原型。

（2）画袖山高为15cm，袖长20cm。

（3）量取前、后袖窿长度，作袖山斜线，后AH+1.1cm吃势，前AH+0.9cm吃势。

（4）后袖山斜线三等分，前袖山斜线二等分。

（5）在后袖山斜线一等分处与前袖山斜线等分点向下量1cm处的交点，画袖山弧线。

（6）袖山顶点往前偏0.8cm。

（7）按一片袖基本原型，往前偏1.5cm，作袖底缝线。

（8）画出袖口大28cm。

（9）画出袖口外翻贴边。

（三）零部件结构设计

时尚立领抽褶合体女短袖衫零部件结构设计，如图2-54所示。

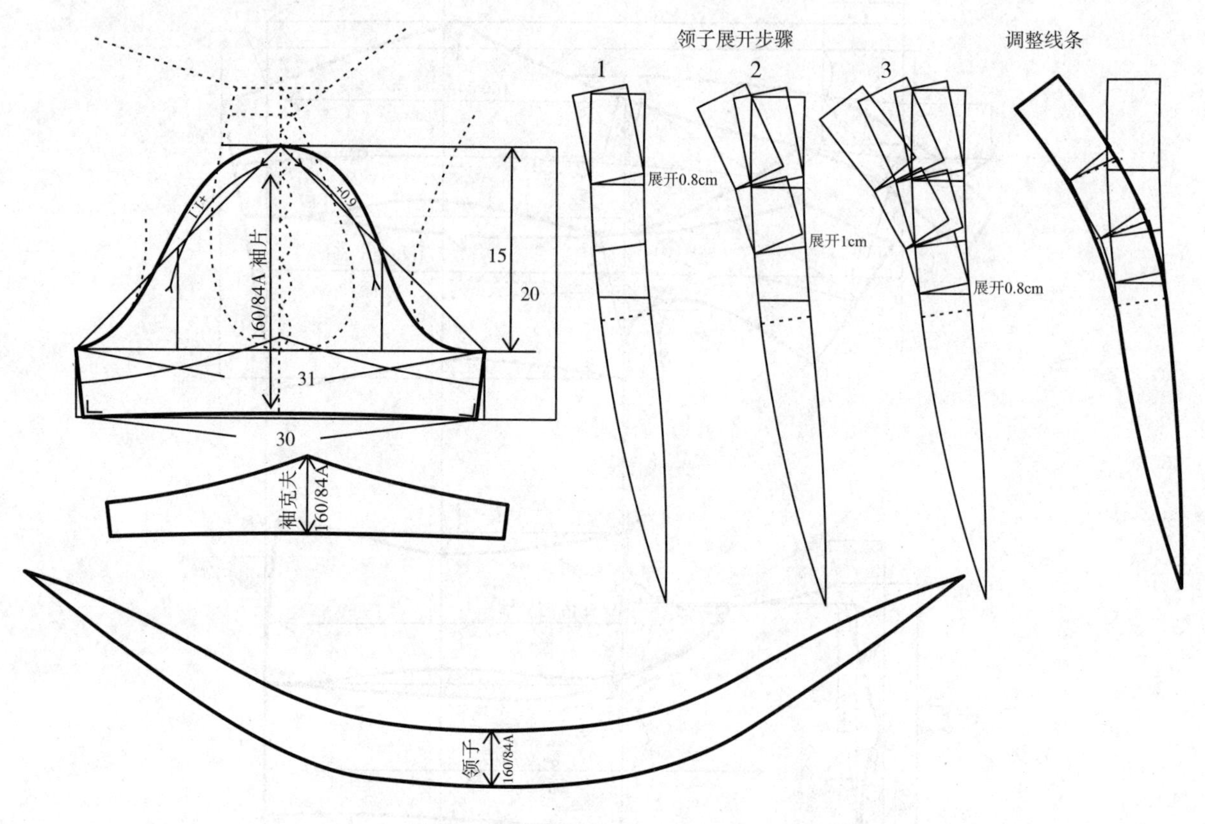

图2-54　时尚立领抽褶合体女短袖衫衣袖与零部件设计

（1）后领贴：在后肩线上量取4cm，后中线上量取6.8cm画顺，作后领贴。

（2）过面：在前肩线上量取4cm，往下至前下摆画顺，作过面。

（3）衣领：根据图2-53所示复制衣领，分割线造型，可根据图示或自行设计。

三、初板确认

（一）样板放缝

时尚立领抽褶合体女短袖衫样板放缝，如图2-55所示。

（1）常规情况下，衣身分割线后侧片放缝1.3cm、后中片放缝0.8cm，前中片放缝

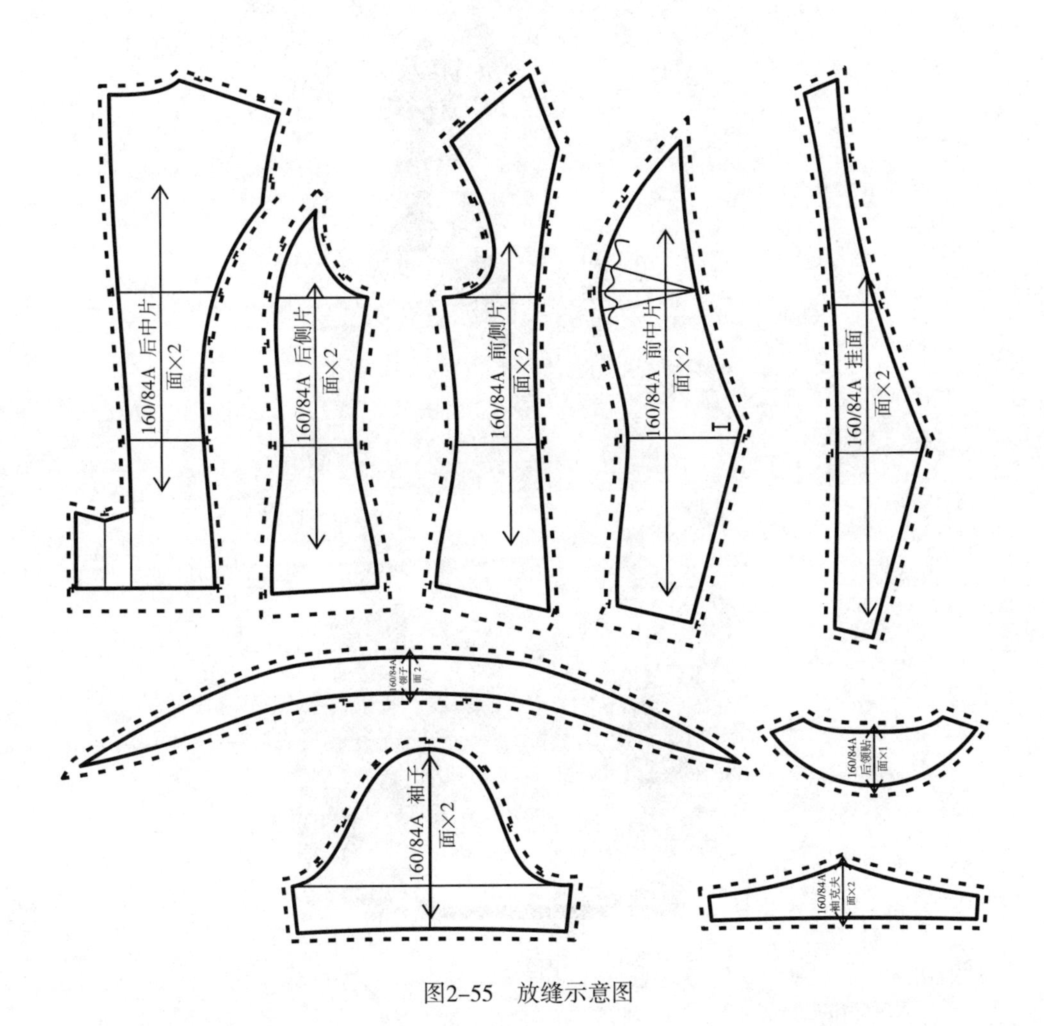

图2-55　放缝示意图

1.3cm、前侧片放缝0.8cm；肩缝放缝1.2cm；侧缝放缝1.2cm；袖窿的缝份为1cm；袖山、领圈等弧线部位缝份为1cm；后中背缝缝份为1cm。

（2）下摆贴边宽为2.5cm。

（3）放缝时弧线部位的端角要保持与净缝线垂直。

（二）样板标识

（1）样板上标好丝缕线，写上样片名称、裁片数、号型等（不对称裁片应标明上下、左右、正反等信息）。

（2）标好对位标记、剪口。

触类旁通：

1．根据图2-56所示的款式拓展后片。

2．根据图2-56所示的款式进行规格设计、结构设计、成衣制作。

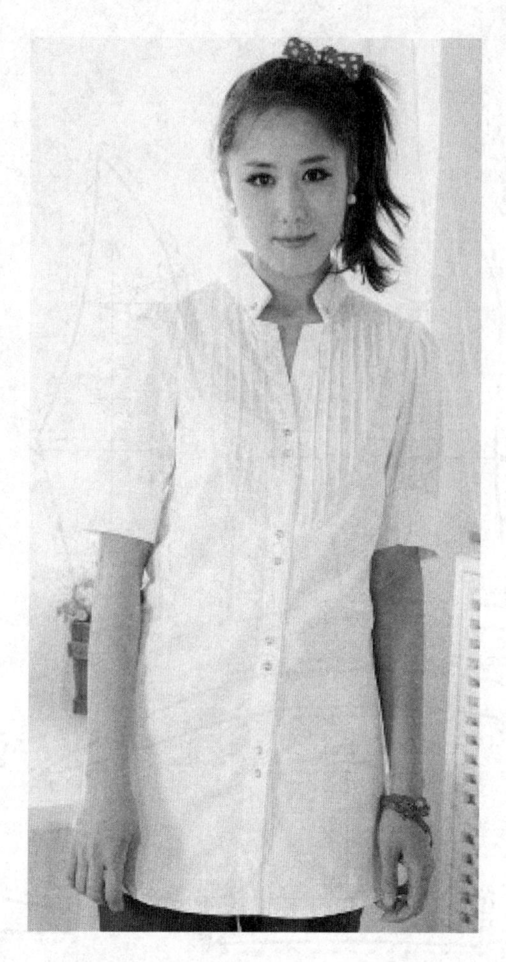

图2-56

项目三　单排扣戗驳领哥特袖合体女衫衣工业制板一体化制作技术

知识目标：

1．学习运用原型进行衣身前浮余量的消除。

2．学习领口省、腰省浮余量分配与造型的把握。

3．掌握哥特式袖头分割制板与推档。

能力目标：

1．能够根据服装工艺单进行中间码的服装制板。

2．能够进行基本工艺单的编制。

3．能够根据工艺单对服装进行初样设计、样衣试制、初板确认和样板推档。

任务分析：

衣身采用箱形平衡的合体方式，希望通过本项任务的综合完成，增强学生对任务的分析能力和动手实战能力，掌握衣身结构的平衡方法。

任务准备：

1. 基本的裁剪、制作工具，服装CAD软件操作系统。
2. 此款面料可采用全棉斜纹，涤棉类。
3. 配料为无纺衬若干，纽扣2粒（含备用扣一粒），配色涤棉缝纫线1团。

任务实施：

一、技术资料分析

（一）款式概述

单排扣戗驳领哥特袖分体女衫平面款式图，如图2-57所示。

1. **前片**

单排扣、戗驳领、偏门襟一粒扣、圆下摆，前片有领口省、前腰省，装双折袋盖，假袋。

2. **后片**

后片开背中缝，从后领中点至腰节的横向分割线处，后腰节下摆有两个褶裥，后片刀背分割线从袖窿至下摆。

3. **袖子**

袖子采用一片袖结构，袖山头为哥特式分割。

图2-57　平面款式图

4．里子

此款服装无夹里。

（二）特殊部位示意图

单排扣戗驳邻哥特袖合体衫特殊部位示意图如图2–58~图2–60所示。

（1）领口省（图2–58）。

（2）双层装饰袋盖（图2–59）。

（3）后片褶方面（图2–60）。

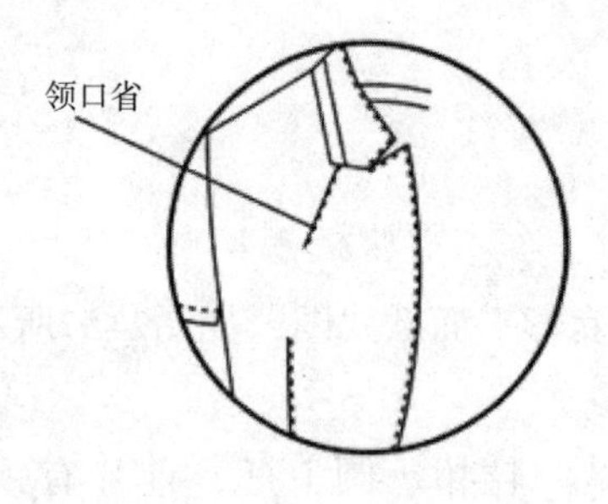

图2–58　领口省

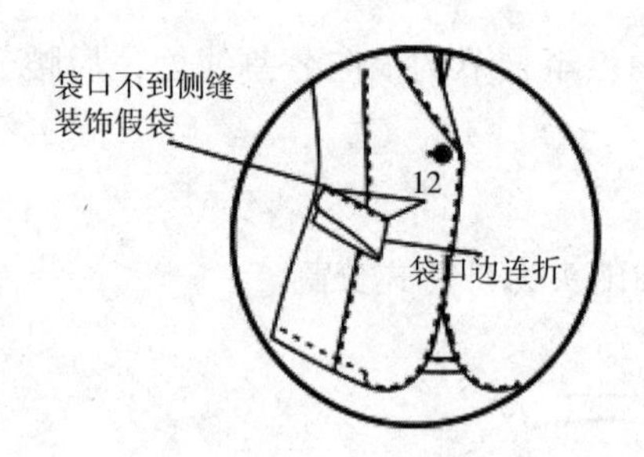

图2–59　装饰假袋

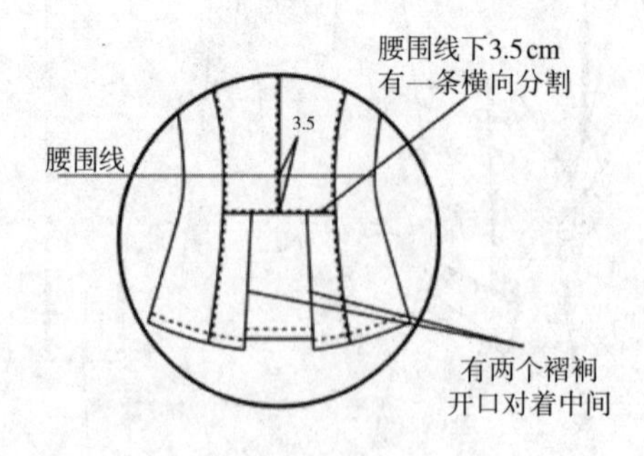

图2–60　后片褶裥

（三）工艺单

单排扣戗驳领哥特袖合体女衫工艺单，具体数据见表2–10。

表2-10　单排扣戗驳领哥特袖合体女衫工艺单

单位：cm

款式名称	单排扣戗驳领哥特袖合体女上衣
制单日期	2018.7.12

款式图：

正面　背面

款式细节

后下摆对称折裥

哥特袖细节部位

系列规格表（5.4）

规格	155/80A	160/84A	165/88A	档差
部位	S	M	L	
后中长	50	52	54	2
背长	35.5	36.5	37.5	1
胸围	88	92	96	4
腰围	70	74	78	4
肩宽	33	34	35	1
袖长	21	22.5	24	1.5
袖口	29	29.5	30	0.5

工艺说明：

1. 针距长3cm14～15针
2. 领子：领子为戗驳领，门襟以净样板为准
3. 袖子：袖头为哥特式分割，按样板制作，袖口折边宽2cm
4. 前衣片：前片领口省、前腰省通底
5. 袋盖：前片不对称双层装饰袋盖，长14cm，宽5cm
6. 后衣片：后衣片左右刀背分割至底边，开背中缝，从后领中点至腰节的横向分割线处，后腰节下设有两个褶裥，具体参照款式图

成品要求：成品符合规定尺寸，前片止口处钉一粒扣；缝线平整，缉线宽窄一致，整洁无污渍，无线头

面料：全棉斜纹布，210g/m，门幅宽144cm，长100cm

辅料：无纺衬60cm，幅宽90cm
纽扣直径2cm，共2粒（含备用扣1粒）

二、初板制作

（一）衣身结构设计

衣身结构设计，如图2-61所示。

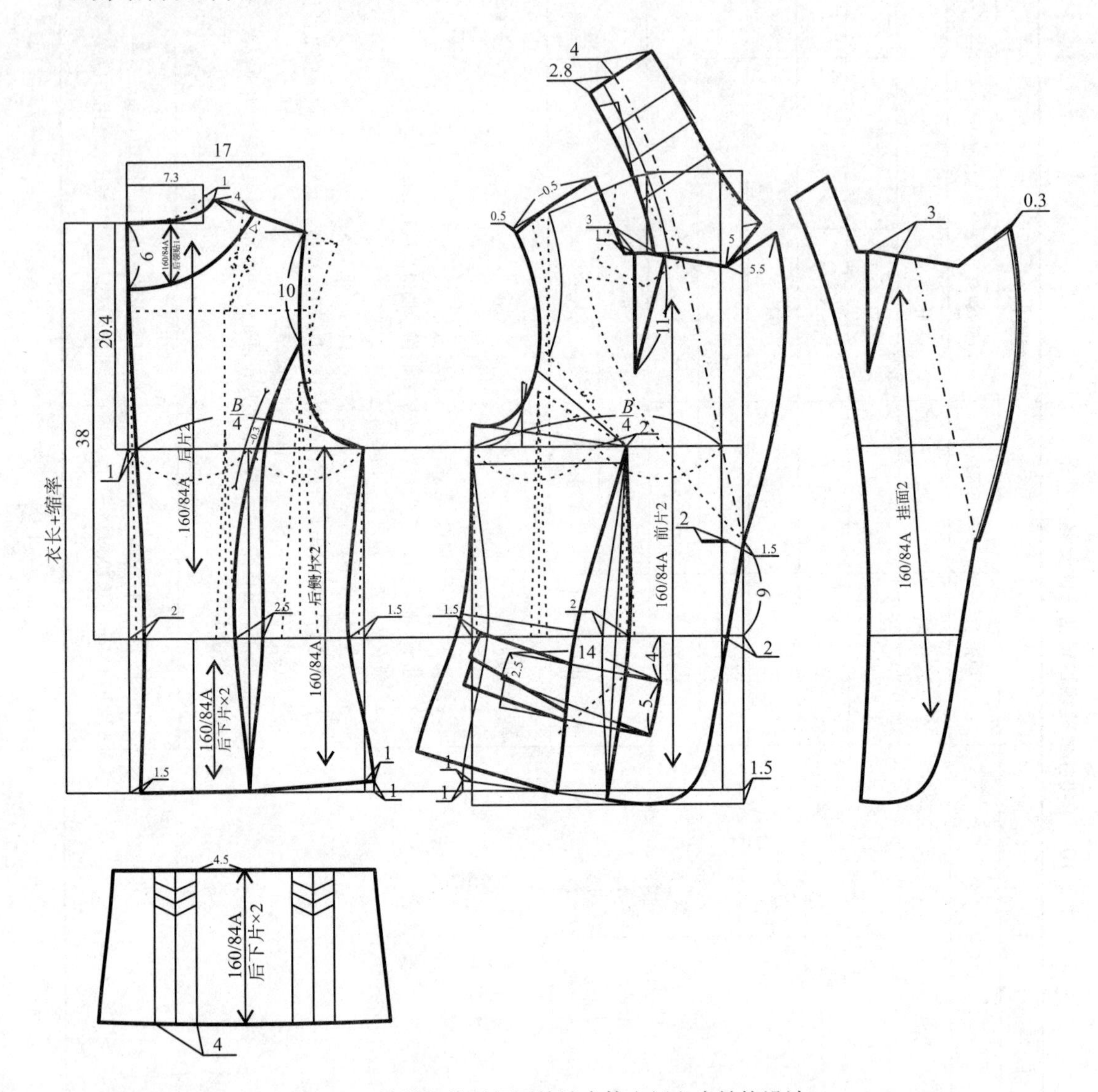

图2-61 单排扣戗驳领哥特袖合体女衫衣身结构设计

1. 结构设计要点

（1）制图时未加经纬缩率。

（2）考虑到面料与纸样的性能不同，制板时衣长、袖长、胸围加放2%伸缩率或直接在衣长加1cm，袖长加0.7cm，胸围加2cm。

2. 后片结构设计

（1）先画原型。

（2）后衣长：后衣长为规格52cm。

（3）后腰节：后领中点至腰节为背长36.5cm。

（4）胸围线：后领中点至胸围20.4cm，画出胸围线。

（5）后领宽线：取原型领宽加1cm，由后中线向右量取点，过该点作后中线的平行线。

（6）后领深线：取2.3cm，由后颈点往上量。

（7）后肩斜：按15：5的比值确定肩斜度。

（8）量取$\frac{\text{肩宽}}{2}$。

（9）后背宽：肩宽点向左量1.5cm定点，过该点垂直往下画线至胸围线。

（10）后胸围大：后中线与胸围线相交点往右量$\frac{\text{胸围}}{4}$，作下平线的垂直线。

（11）刀背线：在后袖窿从高端点向下量10cm处定点画分割线。

（12）收肩省：肩省大=$\frac{\text{原型肩省}}{2}$。

3. 前片结构设计

前片结构设计不按新原型进行省道合并，根据款式图确定分割线。

（1）根据原型作上平线，画出前衣长52cm。

（2）前中线：垂直相交于上平线和衣长线。

（3）前领宽线：取原型领宽加1cm。由前中线向左量定点，过该点作前中线的平行线。

（4）前领深线：取原型加1cm，由上平线向下量，作上平线的平行线。

（5）前肩斜：按15：6的比值确定肩斜度。

（6）前小肩长：取后小肩长-0.5cm。

（7）前胸宽：前小肩端点回量2.5cm，垂直往下至胸围线。

（8）前胸围大：前中线与胸围线相交点往左量$\frac{\text{胸围}}{4}$，作下平线的垂直线。

（9）侧缝：由胸围线宽垂直于底边画线，在腰节处收1.5cm，下摆处放出1cm，起翘1cm。

（10）门襟：由前中心线往右量取2cm叠门宽。

（11）作前片定省尖点至腰节作前胸腰省至衣片底边。

（12）袋盖定位：在前腰节向下量4cm定点，作袋口大14cm。

（13）纽扣定位：扣位腰节上9cm，按款式图定。

（二）袖片结构设计

（1）把前后袖窿复制出，作袖子基本原型。

（2）画袖山高为15cm，袖长22.5cm。

（3）量取前后袖窿长度，作袖山斜线、后AH、前AH。

（4）后袖山斜线三等分，前袖山斜线二等分。

（5）在后袖山斜线一等分处与前袖山斜线等分点向下量1cm处作交点，画袖山弧线。

（6）画出袖口大。

（7）袖山进行加量如图2-62所示，合并省道如图2-63所示。

根据款式特征抬高袖山（1/2袖深切开）
后（1+2+12）
前（1+2+10.9）
160/84A 袖子×2
展开后修顺袖山
160/84A 袖子×2
确定抬袖的宽度及造型
160/84A 袖子×2
用省道将袖山增加的量进行消除分散
160/84A 袖子×2

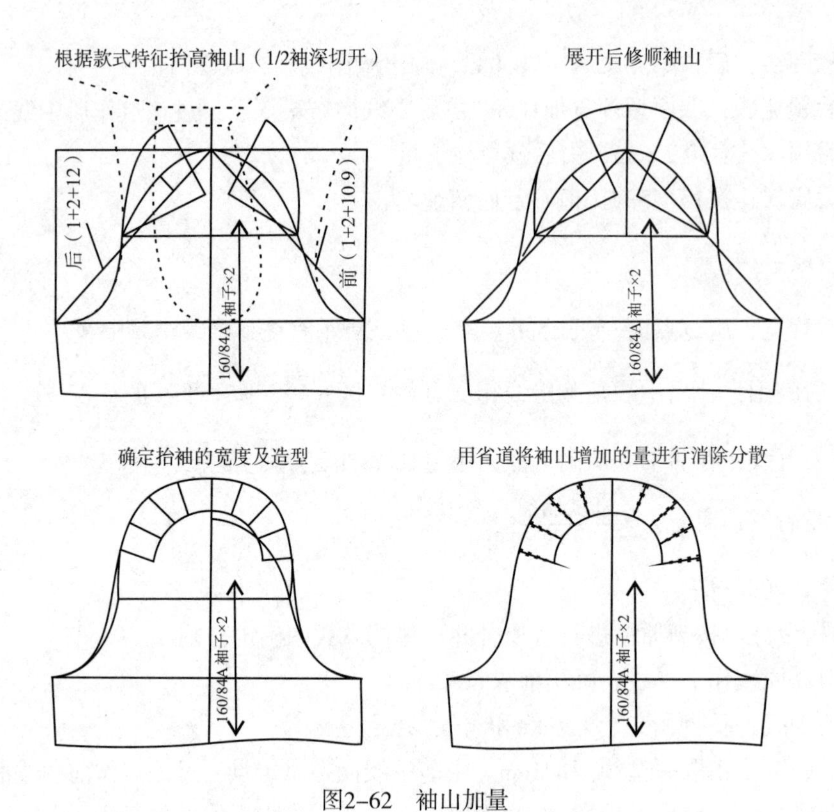

图2-62　袖山加量

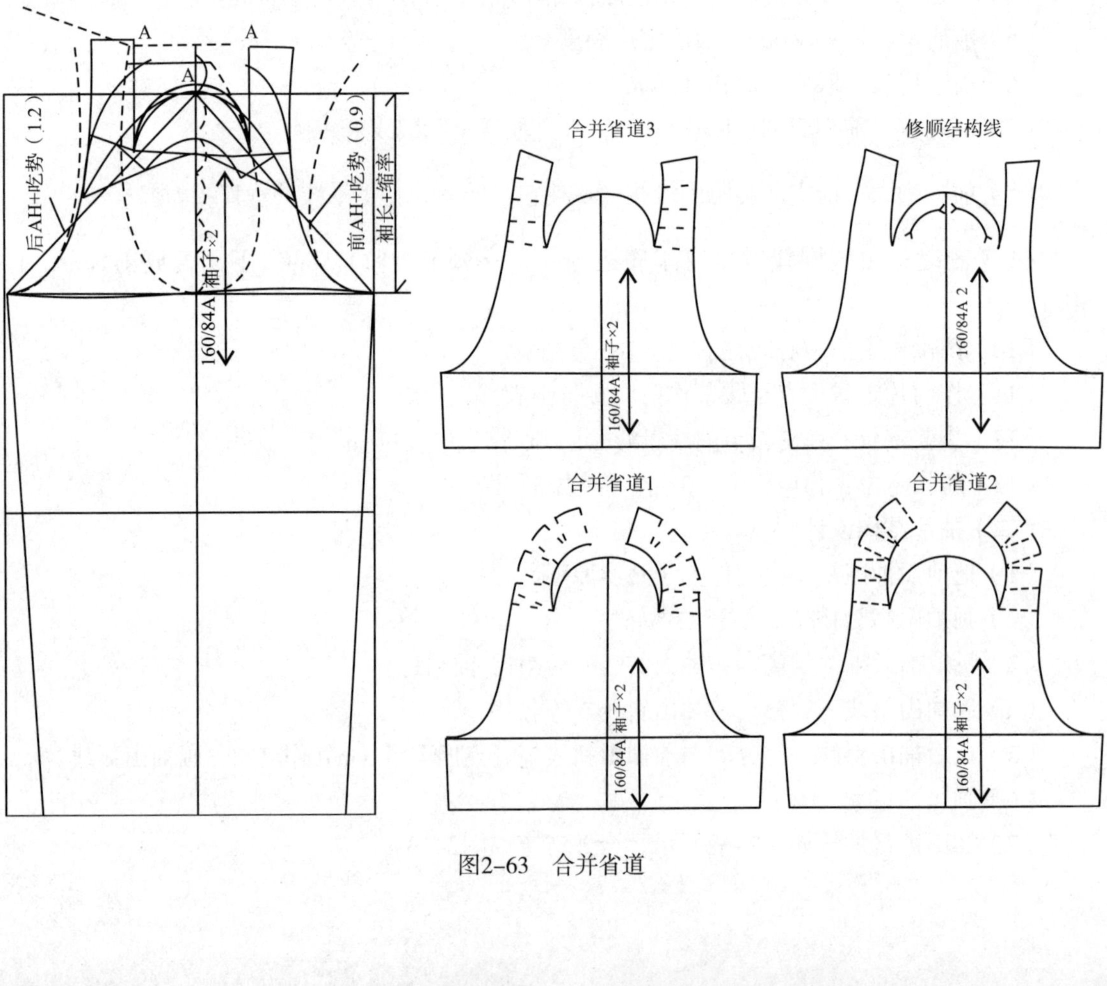

A
A
A
后AH+吃势（1.2）
前AH+吃势（0.9）
袖长+缩率
160/84A 袖子×2
合并省道3
160/84A 袖子×2
修顺结构线
160/84A 2
合并省道1
160/84A 袖子×2
合并省道2
160/84A 袖子×2

图2-63　合并省道

（三）零部件结构设计

1. 领子

（1）领子：根据结构制图2-61，将领子复制，如图2-64所示。

（2）分割线造型看图片自行分析。

2. 袋盖

袋盖结构设计如图2-65所示。

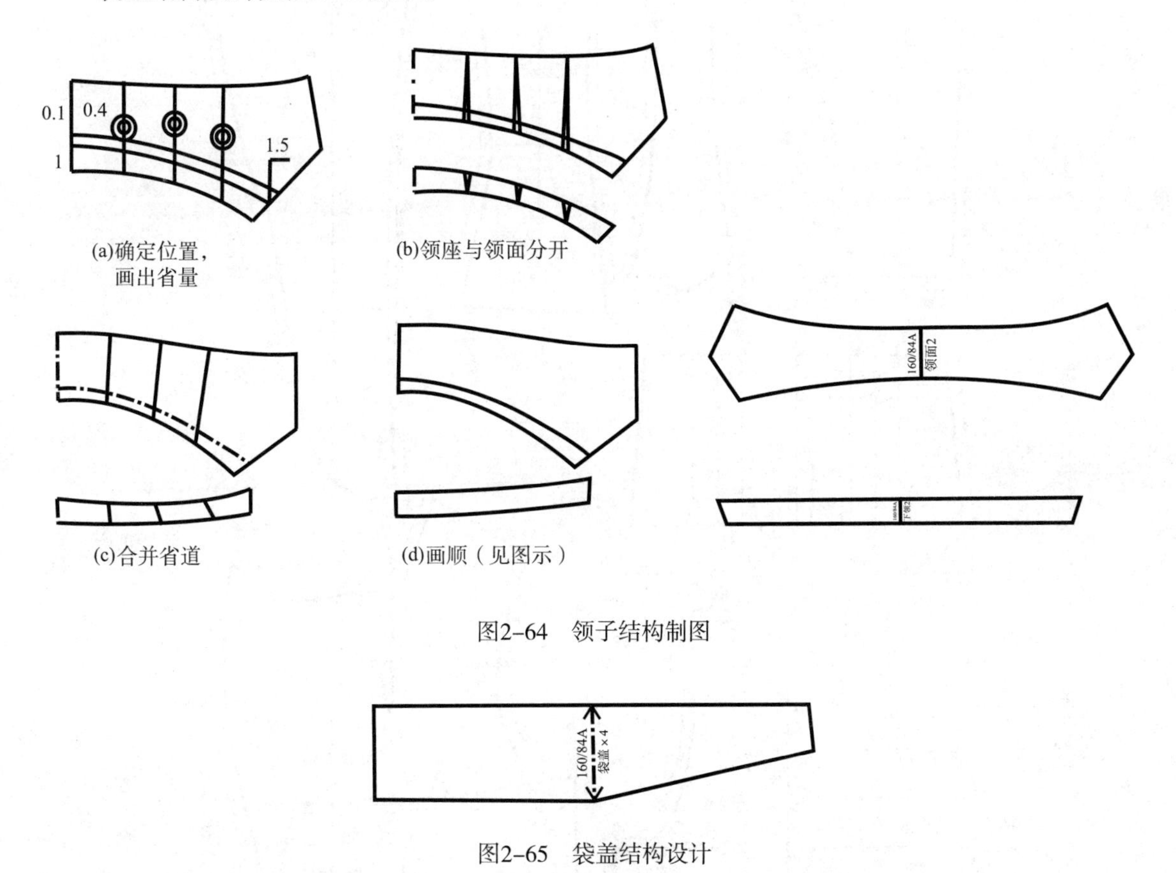

图2-64　领子结构制图

图2-65　袋盖结构设计

三、初板确认

（一）样板放缝

单排扣戗驳领哥特袖合体女衫裁片放缝，如图2-66所示。

（1）前片分割省道处的缝份为1.2cm；肩缝、侧缝的缝份为1cm；袖窿、袖山、领圈等弧线部位缝份为1cm；后片后中背缝缝份为1cm；后片刀背分割处后片一侧放缝份0.7cm，后侧片一侧放1.3cm。

（2）底边和袖口贴边宽为3cm。

（3）放缝时弧线部位的端角要保持与净缝线垂直。

（二）样板标识

（1）样板上标好丝缕线，写上样片名称、裁片数、号型等（不对称裁片应标明上下、左右、正反等信息）。

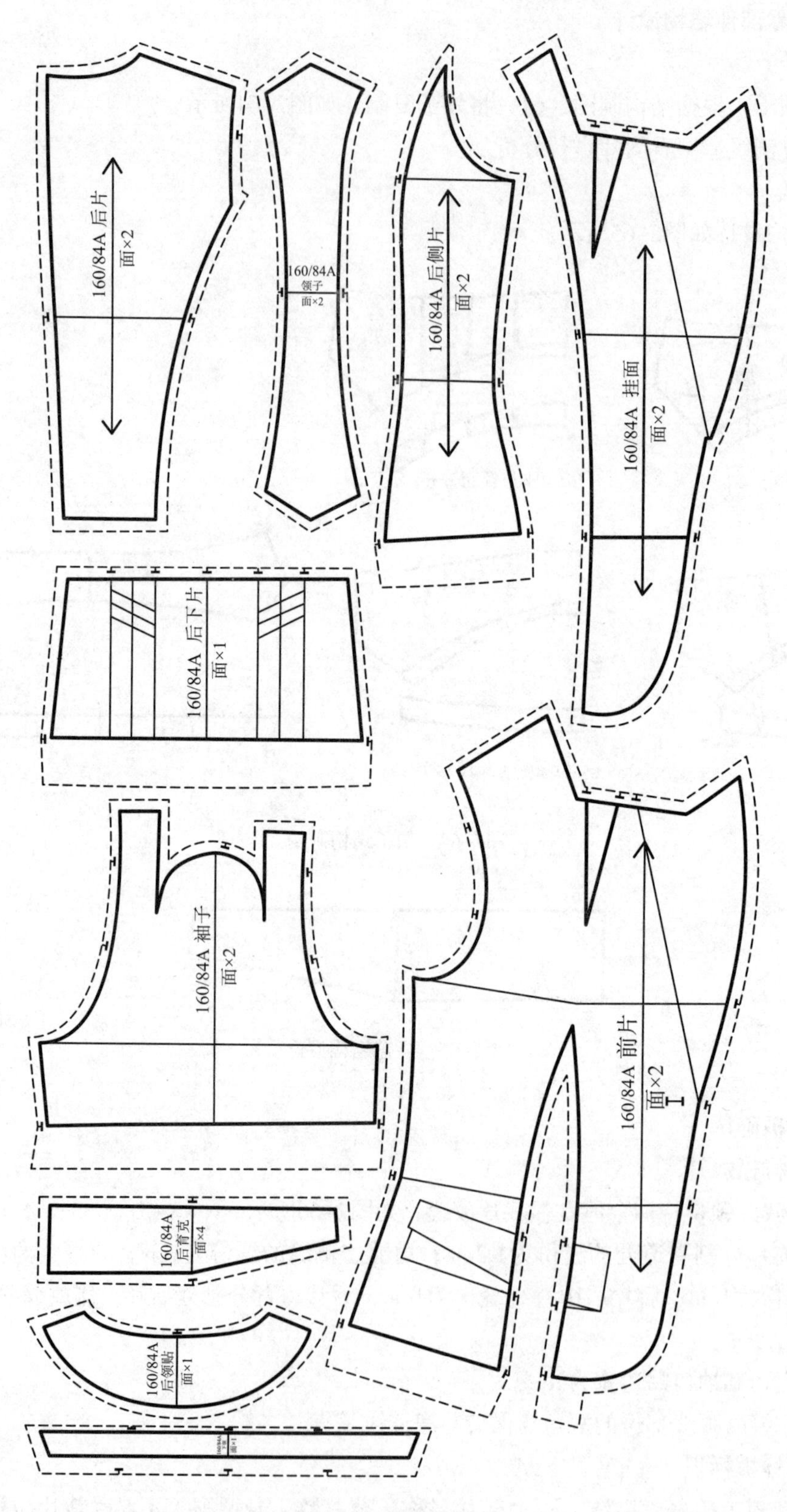
160/84A 后片
面×2
160/84A
领子
面×2
160/84A 后侧片
面×2
160/84A 挂面
面×2
160/84A 后下片
面×1
160/84A 袖子
面×2
160/84A 前片
面×2
160/84A
后育克
面×4
160/84A
后领贴
面×1

图2-66 样板放缝

（2）标好对位标记、剪口。

（三）样板推档

1. 前片推档

前片推档时，前中心线、前胸围线不移动（图2–67）。

2. 后片推档

后片推档时，后中心线、后胸围线不移动（图2–68）。

3. 零部件推档

零部件推裆时，袖山深线不移动（图2–69）。

触类旁通：

根据图2–70所示的款式拓展袖子。

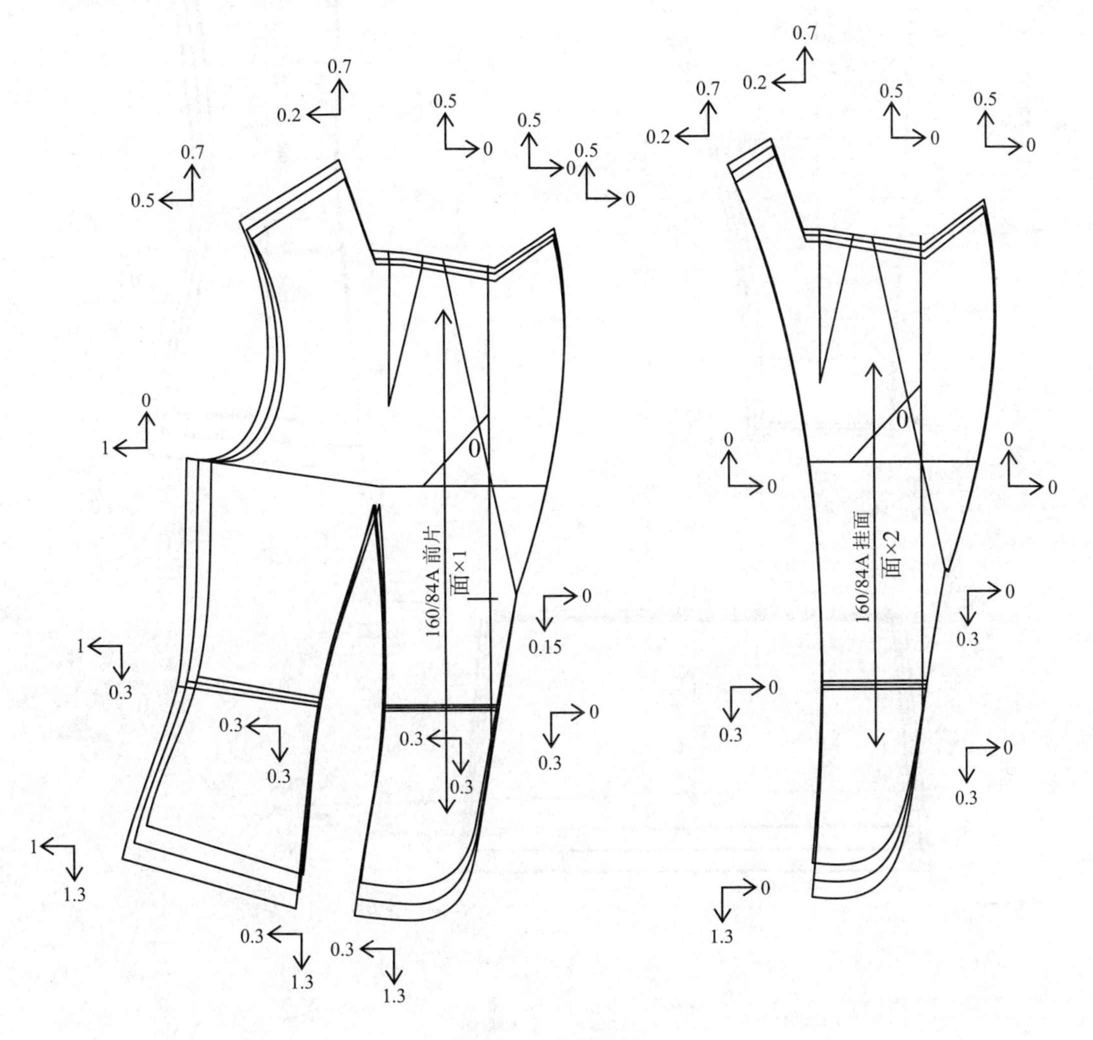

图2–67　前片推档

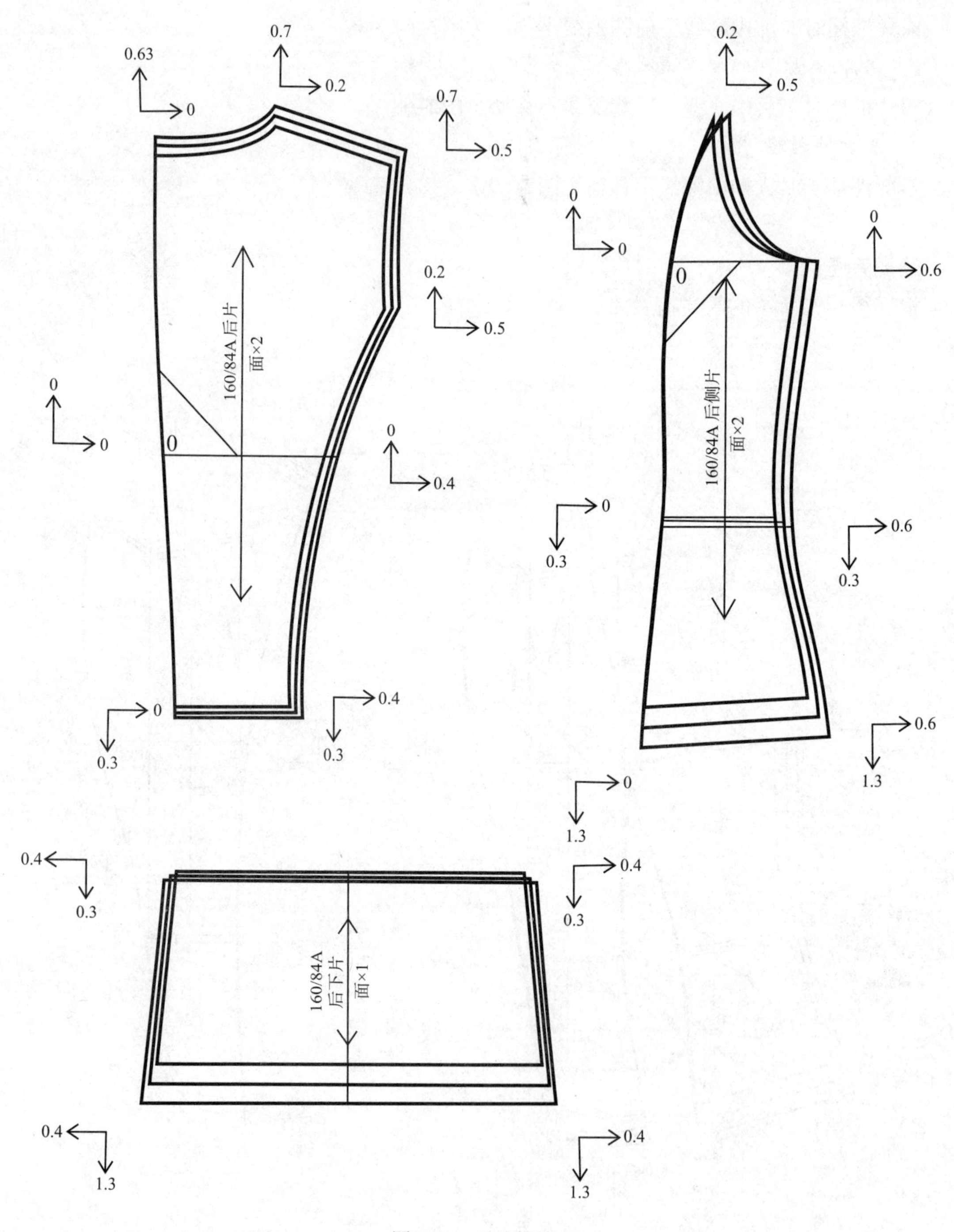
0.63
0
0.7
0.2
0.7
0.5
0.2
0.5
0
0
0
0
0.4
160/84A后片
面×2
0
0.3
0.4
0.3
0.2
0.5
0
0
0
0
0.6
160/84A 后侧片
面×2
0
0.3
0.6
0.3
0.6
1.3
0
1.3
0.4
0.3
0.4
0.3
160/84A
后下片
面×1
0.4
1.3
0.4
1.3

图2-68　后片推档

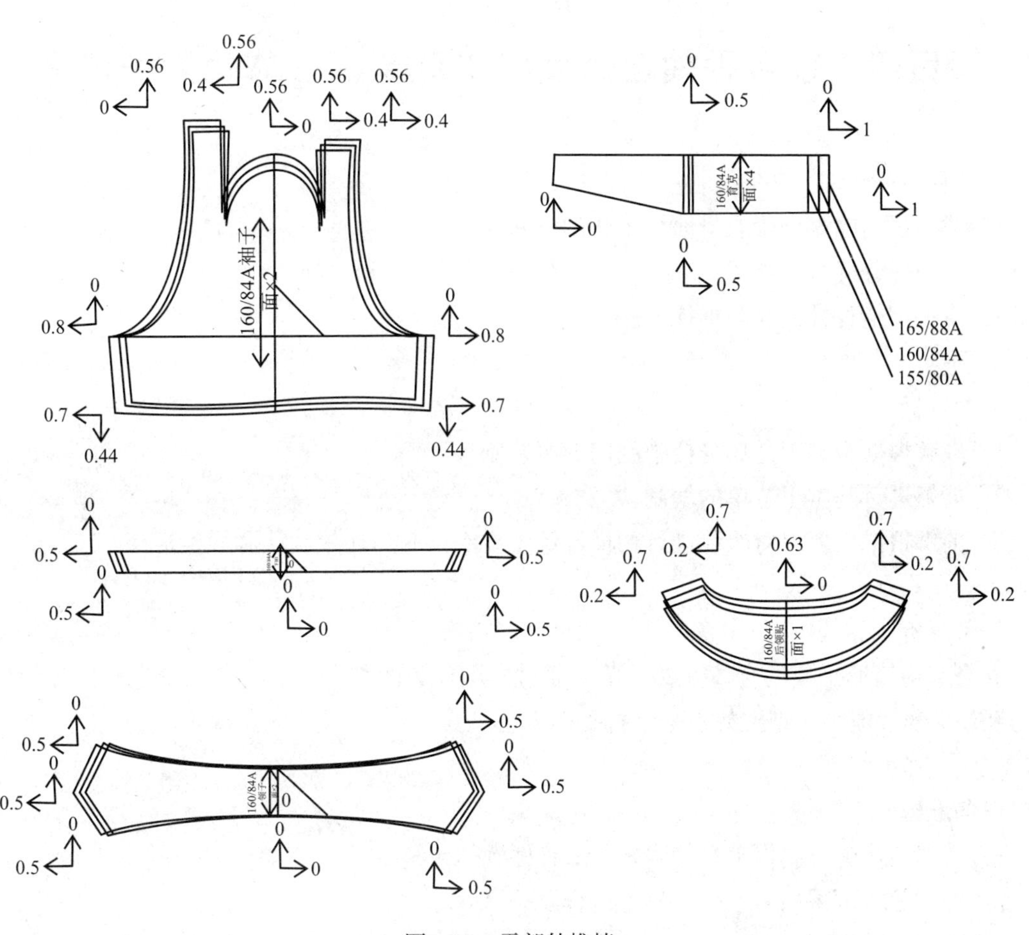

图2-69　零部件推档

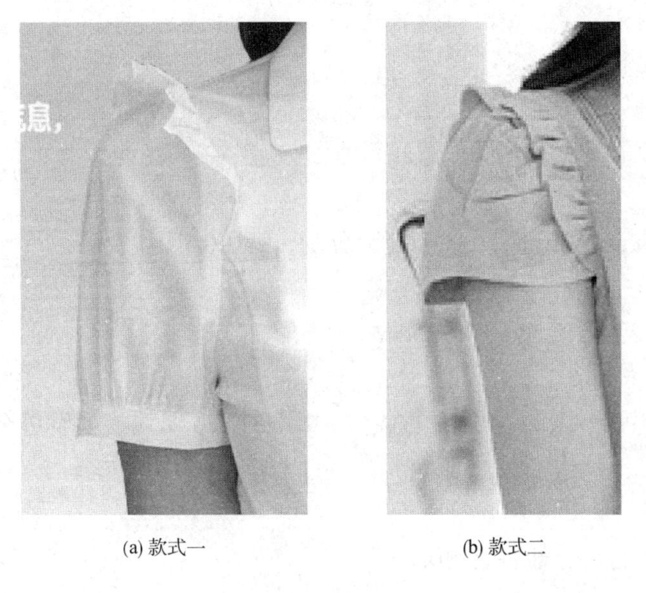

(a) 款式一　　(b) 款式二

图2-70

项目四　郁金香袖合体女衫工业制板一体化制作技术

知识目标：

1．学习运用原型进行衣身前浮余量的消除。

2．学习刀背缝分割连省成缝、腰省浮余量分配与造型的把握。

3．掌握郁金香袖制板与推档方法。

能力目标：

1．能够根据服装工艺单进行中间码的服装制板。

2．能够进行基本工艺单的编制。

3．能够根据工艺单对服装进行初样设计、样衣试制、初板确认和样板推档。

任务分析：

衣身采用箱形平衡的合体方式，希望通过本项任务的综合完成，增强学生对任务的分析能力和动手实战能力，把握好衣身结构平衡方法。

任务准备：

1．基本的裁剪、制作工具，服装CAD软件操作系统。

2．此款面料可采用薄型全绵料，适合夏季穿着。

3．配料有薄型有纺衬、无纺衬若干，纽扣2粒（含备用扣一粒），配色涤棉缝纫线1团。

任务实施：

一、技术资料分析

（一）款式描述

郁金香袖合体女衫平面款式图如图2-71所示。

1．*前衣片*

前衣片前胸收省，缉压0.1明线，刀背缝分割，缉压0.5明线。

2．*口袋*

前片开一字假袋，长12.5cm，宽1.5cm。

3．*后衣片*

后衣片为上下片分割，后上片左右收省，缉压0.1cm明线，刀背缝分割，缉压0.5cm明线，其余参照款式图。

4．*袖子*

两片袖，按样板打褶，袖口卷边0.5cm。

图2-71　郁金香袖合体女衫平面款式图

5. **里料**

此款上衣无夹里。

（二）特殊部位示意图

郁金香袖合体女衫特殊部位示意图如图2-72所示。

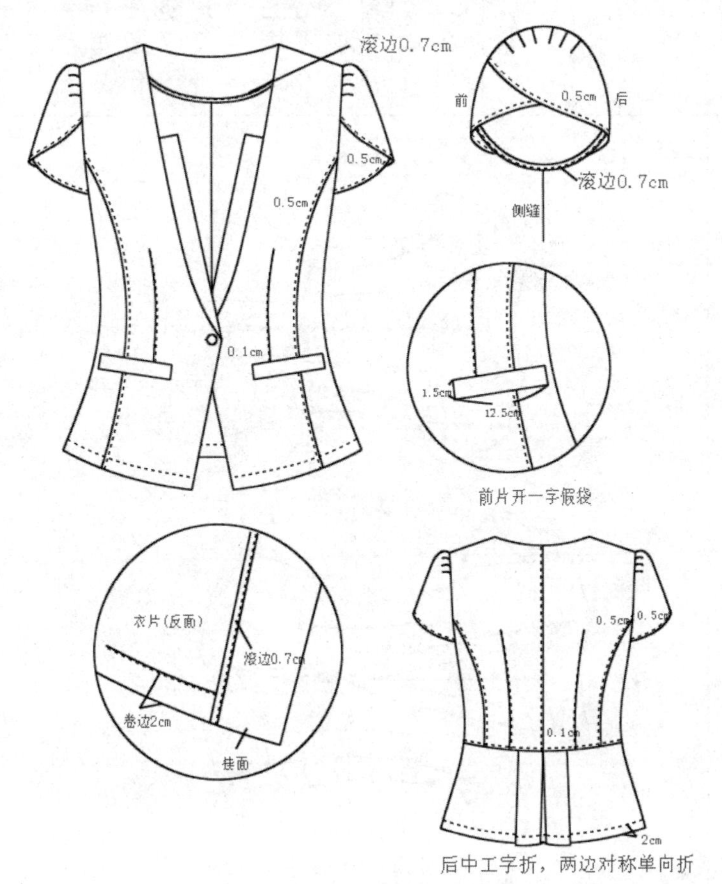

图2-72　特殊部位示意图

（三）工艺单

郁金香袖合体女衬衫工艺单具体数据见表2-11。

表2-11　郁金香袖合体女衬衫工艺单

单位：cm

款式名称	郁金香袖合体女衫
制单日期	2013.7.12

款式图：

正面　　背面

系列规格表（5.4）

规格	155/80A	160/84A	165/88A	档差
部位	S	M	L	—
后中长	49	51	53	2
背长	36	37	38	1
胸围	88	92	96	4
腰围	70	74	78	4
肩宽	35	36	37	1
袖长	14	15.5	17	1.5

工艺说明：

1. 针距为3cm14～15针
2. 领子：领子为无领，门襟装饰片参数以净样板为准
3. 袖子：两片袖，按样板打褶，袖口卷边0.5cm
4. 前衣片：前衣片收前胸腰省，缉压0.1cm明线，刀背缝分割，缉压0.5cm明线
5. 口袋：前片设一字假袋，长12.5cm，宽1.5cm
6. 后衣片：后衣片为上下片分割，后上片左右收省，缉压0.1cm明线，刀背缝分割，缉压0.5cm明线，其余参照款式图
7. 缝型：前片收省来去缝，明线宽0.1m，前、后片刀背缝为包缝，明线宽0.5cm 后中缝、肩缝、侧缝来去缝，袖窿、过面、后领贴为滚边，宽度为0.7cm，底边卷边，宽度为2cm

成品要求：成品符合规定尺寸，前片止口处钉一粒纽扣，缝线平整，缉线宽窄一致，整洁无污渍，无线头

面料：门幅宽140cm，长130 cm	辅料：无纺衬60cm，幅宽90cm 滚边条0.5cm宽 纽扣直径2cm，2粒（含备用扣一粒） 配色涤纶线 1团

（四）郁金香袖合体女衬衫衣片结构设计

1. **后片制图步骤**

后中长→后腰节→后领至胸围→后领宽线→后领深线→后肩斜→$\frac{肩宽}{2}$→后背宽→后胸围线→后下摆→后侧缝。

2. **前片制图步骤**

上平线→前衣长→前中线→前领宽线→前领深线→前肩斜→前小肩长→前胸宽→前胸围大→侧缝。

二、初板制作

（一）衣身结构设计

衣身结构设计如图2–73所示。

1. **结构设计要点**

（1）制图时未加面辅料经纬缩率。

（2）考虑到面料与纸样的性能不同，制板时衣长、袖长、胸围加放2%伸缩率，或衣长加放1cm，袖长加放0.7cm，胸围加放2cm。

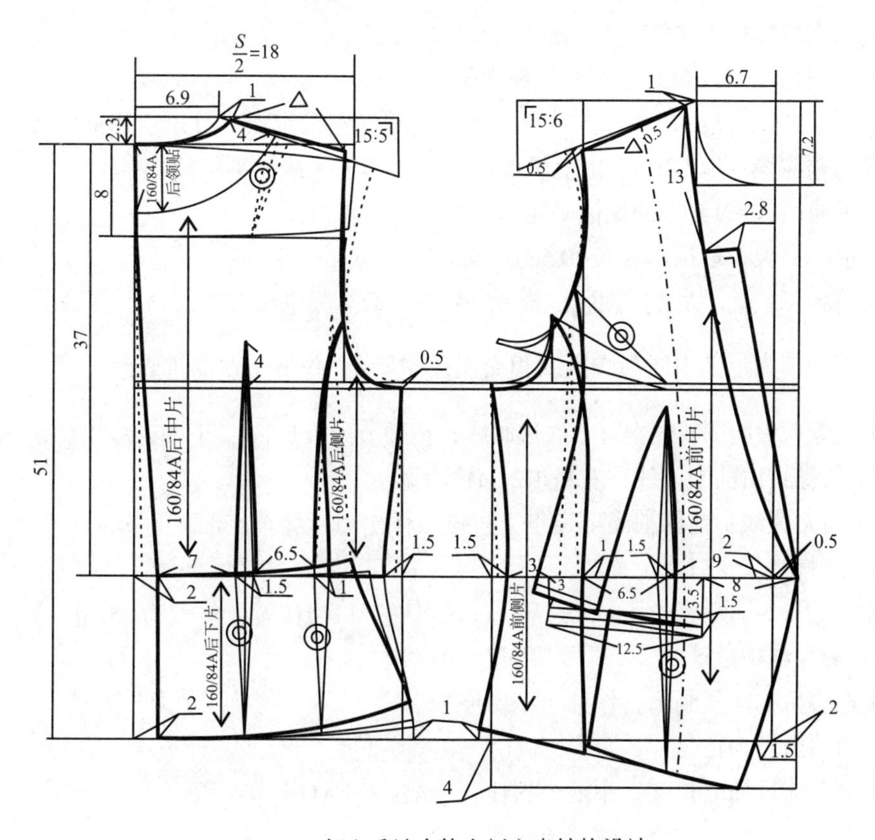

图2–73　郁金香袖合体女衫衣身结构设计

2. 后片结构设计

（1）先画原型。

（2）后中长：后中长为规格51cm。

（3）后腰节：后领中点至腰节为背长37cm。

（4）后领宽线：按原型领宽加1cm，由后中线向右量取点，过该点作后中线的平行线。

（5）后领深线：由后颈点往上量2.3cm。

（6）后肩斜：按15∶5的比值确定肩斜度，由后横领宽量进。

（7）量取肩宽$\frac{S}{2}$。

（8）后背宽：肩宽点向左量1.5cm定点，过该点垂直往下画线至胸围线。

（9）后胸围大：后中线与胸围线相交点往右量$\frac{B}{4}$，作下平线的垂直线。

（10）刀背线：在后袖窿从肩端点向下量20.7cm定点，确定分割线。

（11）收省：肩省大$=\frac{原型省}{2}$。

3. 前片结构设计

前片结构设计，按新原型进行省道合并，根据款式图确定分割线。

（1）根据原型做上平线，画出前衣长51cm。

（2）前中线：垂直相交于上平线和衣长线。

（3）前领宽线：取原型领宽加1cm。由前中线向左量定点，过该点作前中线的平行线。

（4）前领深线：取7.2cm，由上平线向下量，作上平线的平行线。

（5）前肩斜：按15∶6的比值确定肩斜度。

（6）前小肩长：取后小肩长−0.5cm。

（7）前胸宽：前小肩端点回量2.5cm，垂直往下至胸围线。

（8）前胸围大：前中线与胸围线相交点往左量$\frac{B}{4}$，作下平线的垂直线。

（9）侧缝：由胸围线宽垂直于底边画线，在腰节处收1.5cm，下摆处放出1cm，起翘1cm。

（10）门襟：由前中心线往右量取2cm叠门宽。

（11）前刀背线：在前袖窿下定点，过该点作出刀背缝至底部。

（12）前胸腰省至口袋位置。

在前腰节下3.5cm距前中线8cm定点，过该点确定口袋位置，袋宽为1.5cm。

（二）袖片结构设计

（1）把前后袖窿复制出，作袖子基本原型。

（2）画袖山高为15cm。

（3）量取前后袖窿长度，作袖山斜线、后AH、前AH。

（4）后袖山斜线二等分，前袖山斜线二等分。

（5）在后袖山斜线下一等分处与前袖山斜线等分点向下量1cm处定点，画袖山弧线。

（6）在一片袖基本原型上，沿袖中线将一片袖剪开，按图2–74（b）所示，前、后袖片各往上展开3.5cm，画顺袖窿弧线。

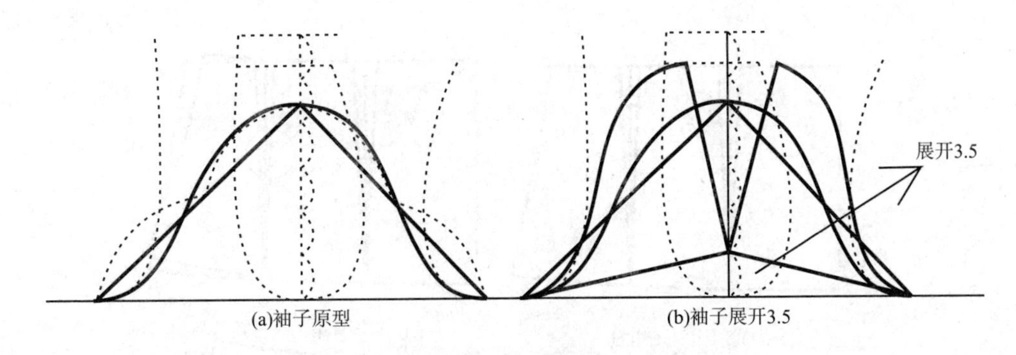

图2–74　袖片展开

（7）距离前袖底缝5cm定点与后袖窿两等分点相连，画出造型线，另一片亦同（图2–75）。

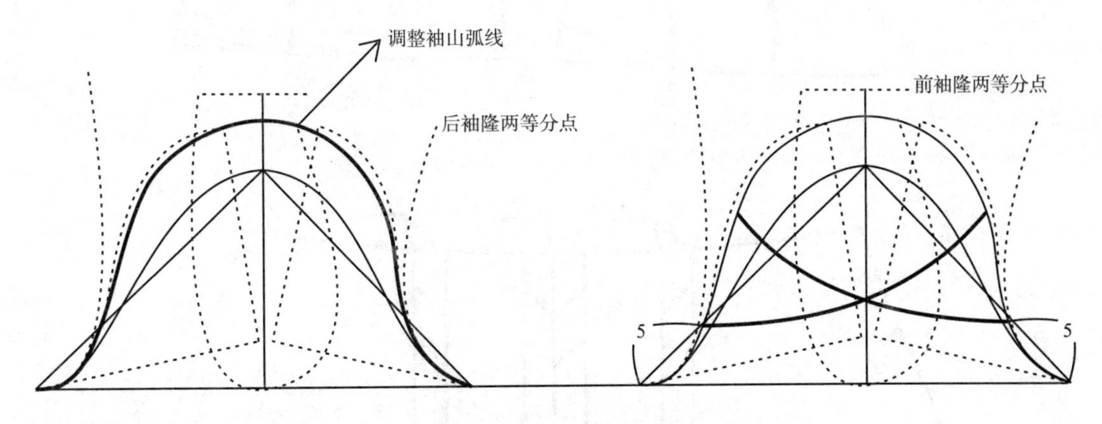

图2–75　画出造型线

（8）根据衣片袖窿与袖窿弧线差，在袖山弧线上画出褶裥（图2–76）。

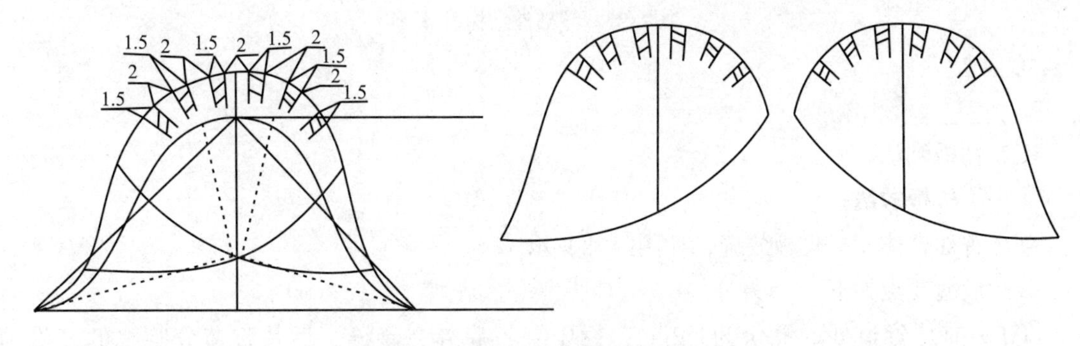

图2–76　画出褶裥

（三）零部件结构设计

（1）领子根据结构制图为准。

（2）分割线造型看图片自行分析。

（3）下摆合并做褶裥（图2–77）。

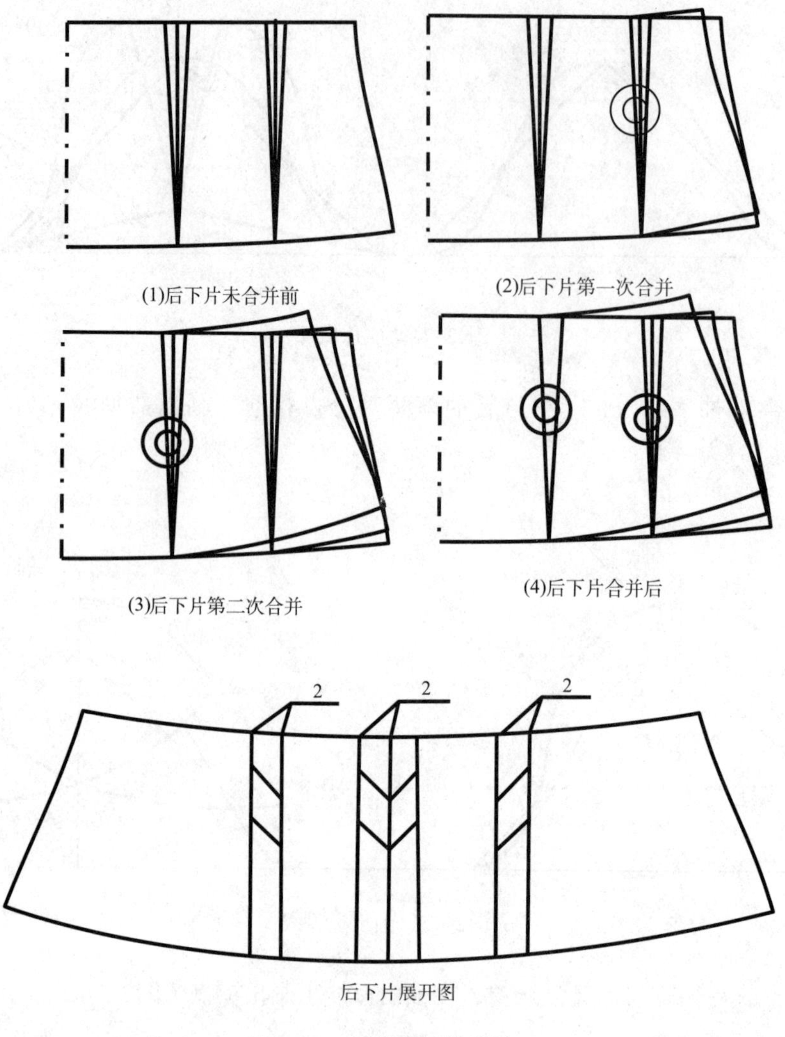

图2–77　零部件结构设计

三、初板确认

（一）样板放缝

郁金香袖合体女衫样板放缝，如图2–78所示。

裁片放缝要点如下：

（1）前片省道处的缝份为1.2cm；后中缝、肩缝、侧缝、后片腰节分割线的缝份为1.2cm；袖窿、袖山、领圈缝份为1cm；前、后片刀背缝为包缝，前、后片刀背分割处，前、后中片放0.7cm缝份，侧片放1.3cm缝份。

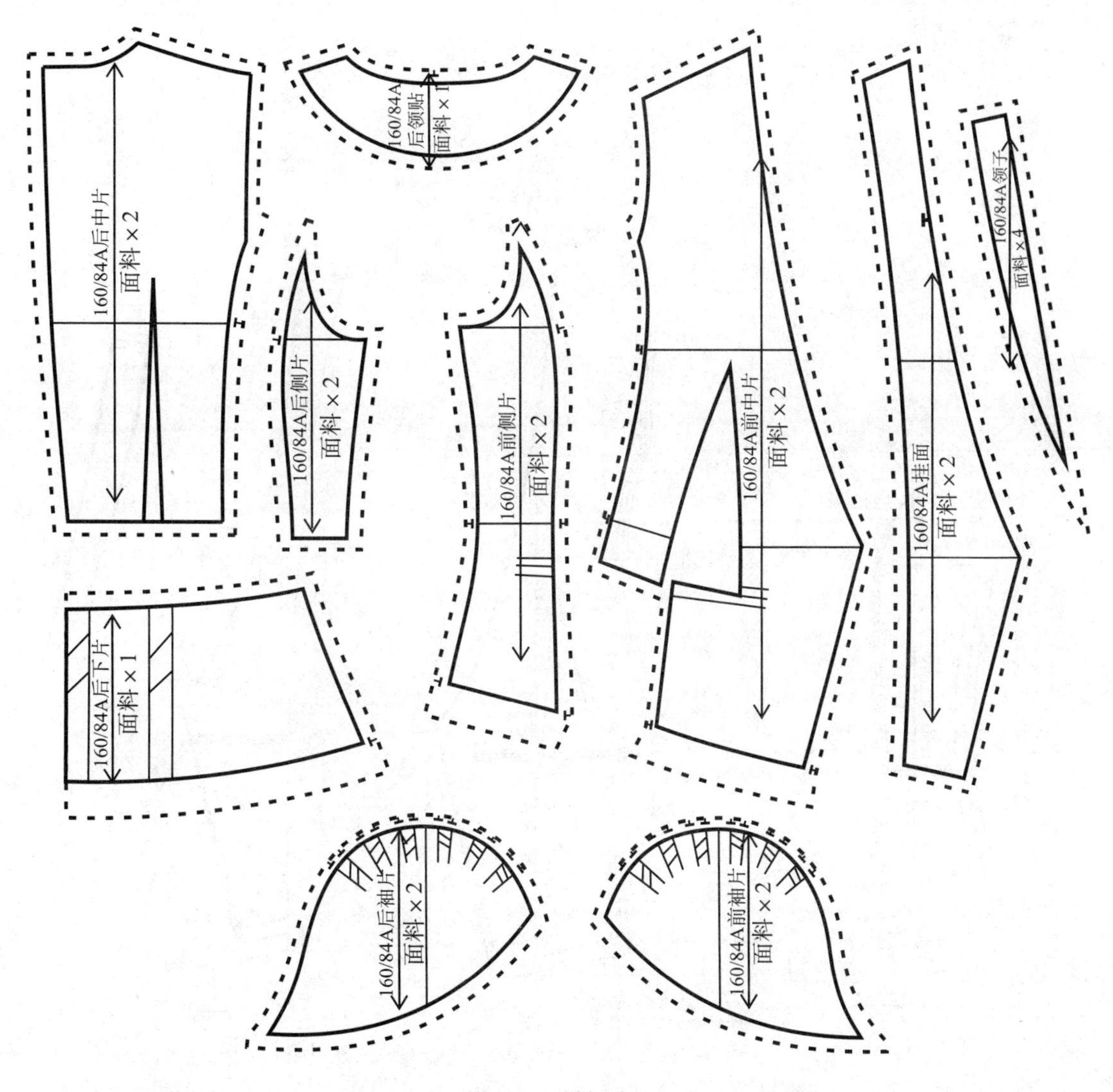

图2-78　样板放缝

（2）底边贴边宽为3cm。

（3）袖口底边1.5cm。

（4）放缝时弧线部位的端角要保持与净缝线垂直。

（二）样板标识

（1）样板上作好丝缕线；写上样片名称、裁片数、号型等（不对称裁片应标明上下、左右、正反等信息）。

（2）标好对位标记、剪口。

（三）样板推档

1. 前片推档

前片推档时，前中心线、前胸围线不移动（图2-79）。

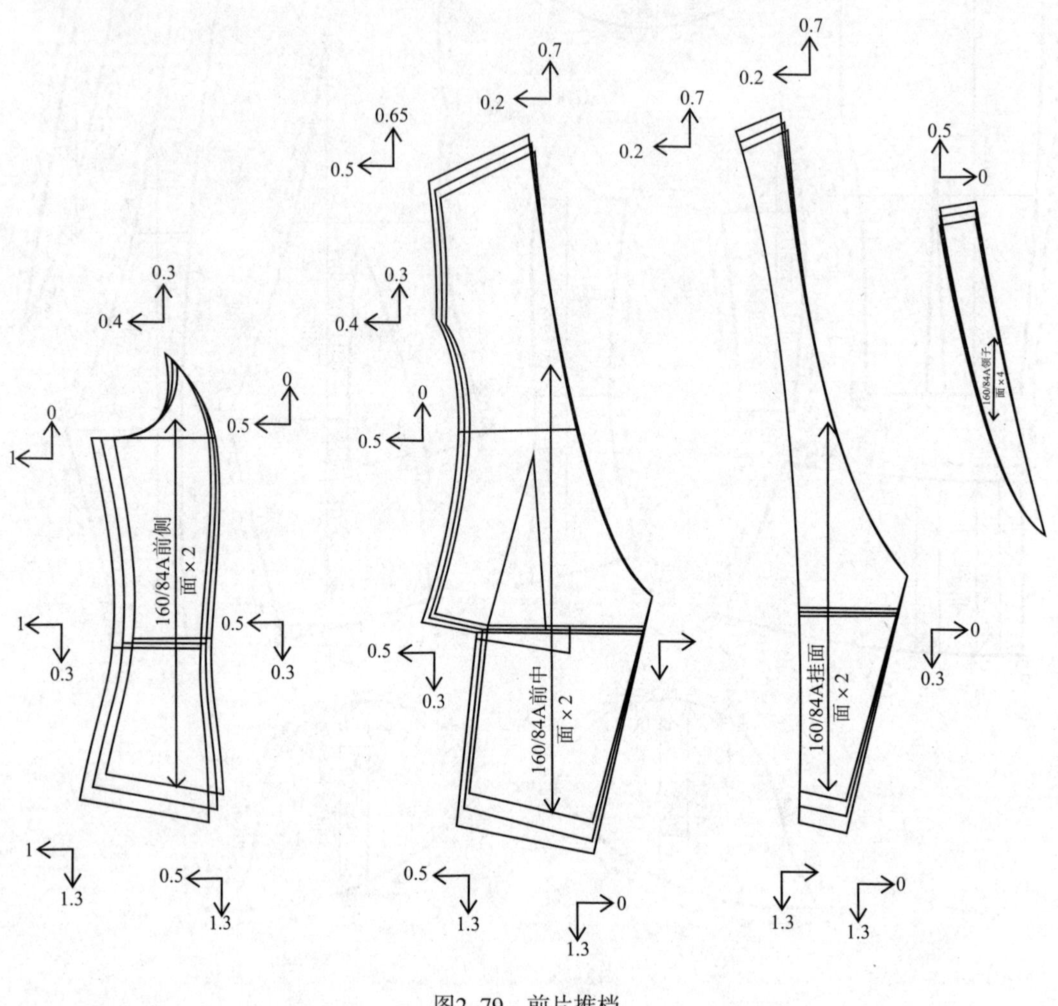

图2-79 前片推档

2. 后片推档

后片推档时，后中心线、后胸围线不移动（图2-80）。

3. 袖片推档

袖片推档如图2-81所示。

触类旁通：

如图2-82所示的女装袖子采用花苞袖造型，领子为无领，进行结构设计与成衣制作。

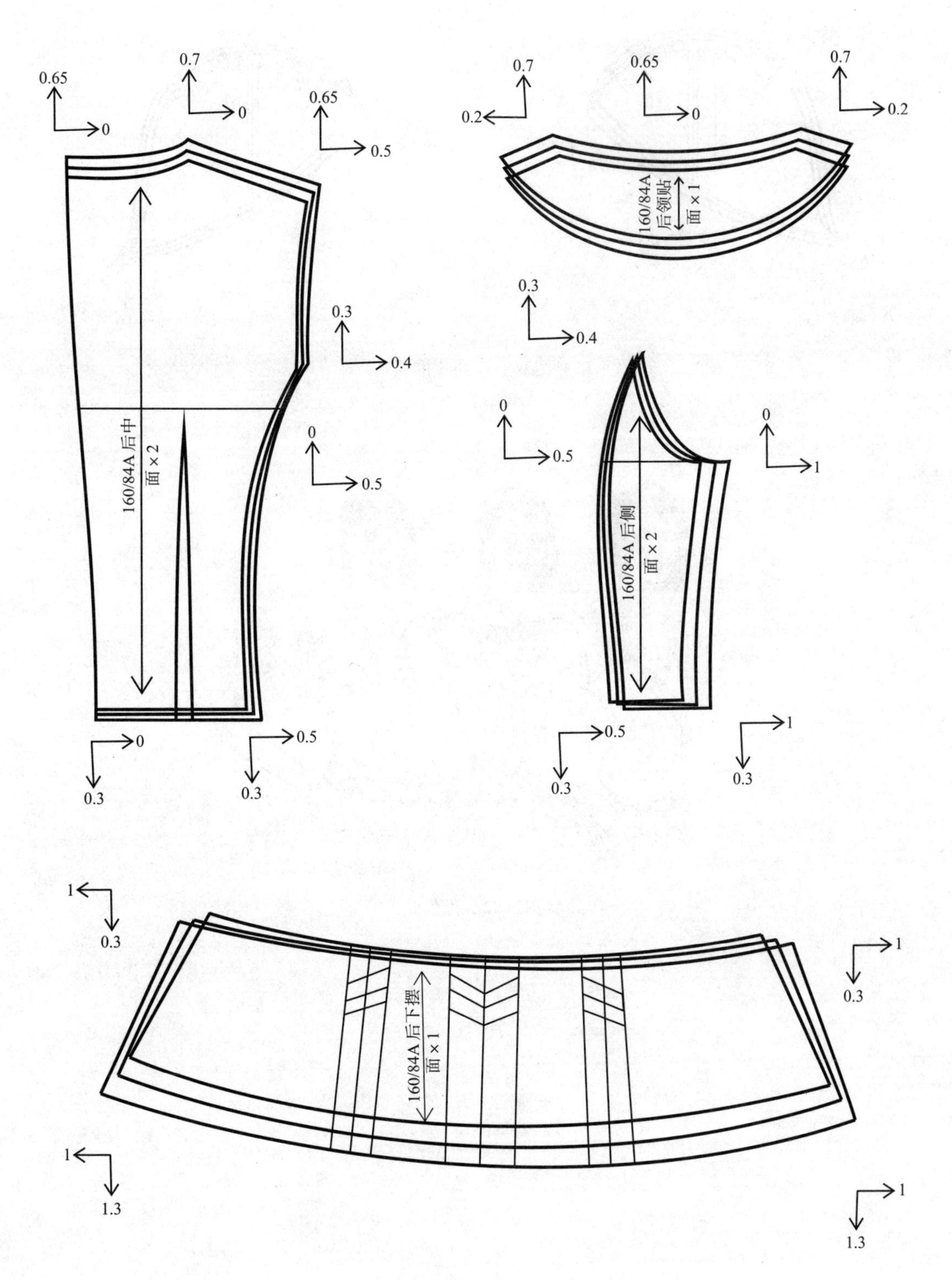
0.65
0
0.7
0
0.65
0.5
160/84A后中
面×2
0.3
0.4
0
0.5
0
0.3
0.5
0.3
0.7
0.2
0.65
0
0.7
0.2
160/84A
后领贴
面×1
0.3
0.4
0
0.5
0
1
160/84A后侧
面×2
0.5
0.3
1
0.3
1
0.3
160/84A后下摆
面×1
1
0.3
1
1.3
1
1.3

图2-80　后片推档

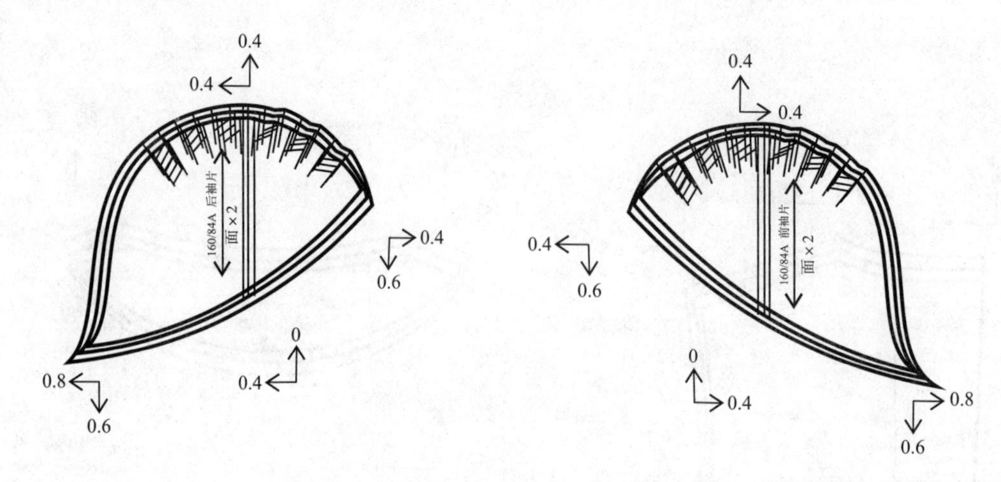

图2-81　袖片推档

图2-82　花苞袖

模块三　合体长袖女上衣一体化制作技术

项目一　单排扣无领刀型长驳头合体女上衣工业制板一体化制作技术

知识目标：

1．学习运用原型对本款式进行衣身前浮余量的消除。

2．学习单排扣无领刀型长驳头合体上衣分割连省成缝，腰省浮余量分配与造型的把握。

3．掌握单排扣无领刀型长驳头合体上衣制板、推档、缝制要点。

能力目标：

1．能够根据服装工艺单进行中间码的服装制板。

2．能够进行基本码和系列规格的设计。

3．能够根据工艺单对服装进行初样设计、样衣试制、初板确认和样板推档。

任务分析：

衣身采用箱形平衡的合体方式，希望通过本项目任务的完成，增强学生对任务的分析能力和动手实践能力，把握衣身结构平衡方法。在分割线与造型尺寸把握上先以造型为主。

任务准备：

1．基本的裁剪、制作工具，服装CAD软件操作系统。

2．面料为化纤或毛涤混纺面料130cm。

3．配料有薄型有纺衬、无纺衬50cm，纽扣2粒（含备用扣一粒），配色涤棉缝纫线1团。

任务实施：

一、技术资料分析

（一）款式描述

单排扣无领刀型长驳头合体女上衣平面款式，如图3-1所示。

（1）前片：无领V领口，门襟单排一粒扣。前片有两条分割线，一条从袖窿至腰节为L型交于侧缝，另一条从袖窿中点以Z型交于腰节前中线处。

（2）后片：后中开缝下摆有12 cm长的开衩。后片刀背分割线从袖窿至下摆。

（3）袖子采用两片袖结构，袖口有长7cm的袖衩。

（4）此款上衣无夹里。

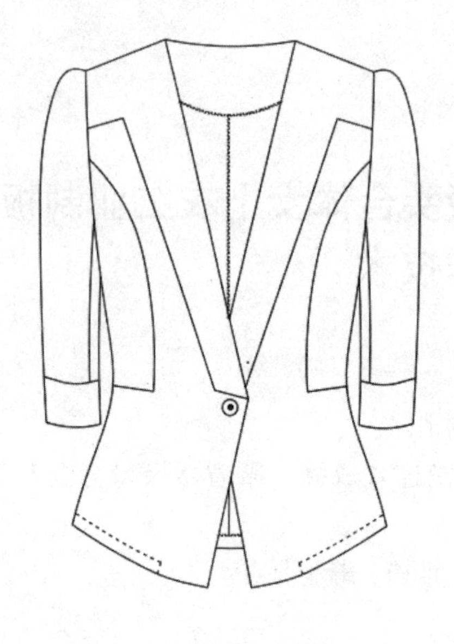

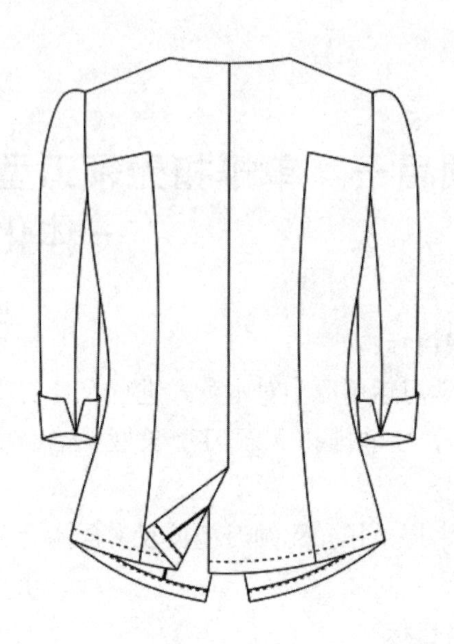

图3-1　单排扣无领刀型长驳头合体女上衣平面款式图

（二）特殊部位示意图

单排扣无领力型长驳头合体女上衣。

成品袖开衩效果，如图3-2所示；领子效果图，如图3-3所示。

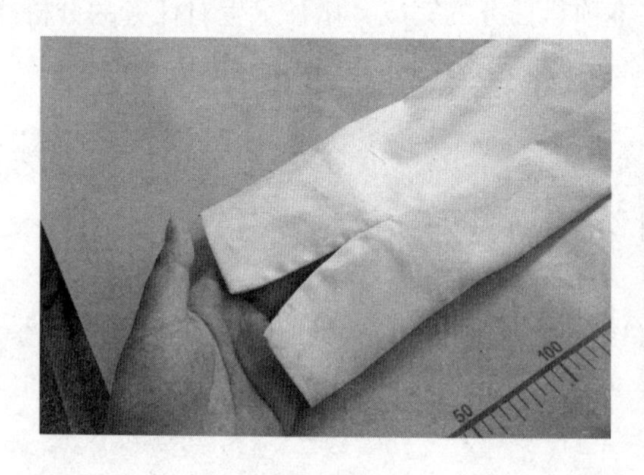

图3-2　袖衩

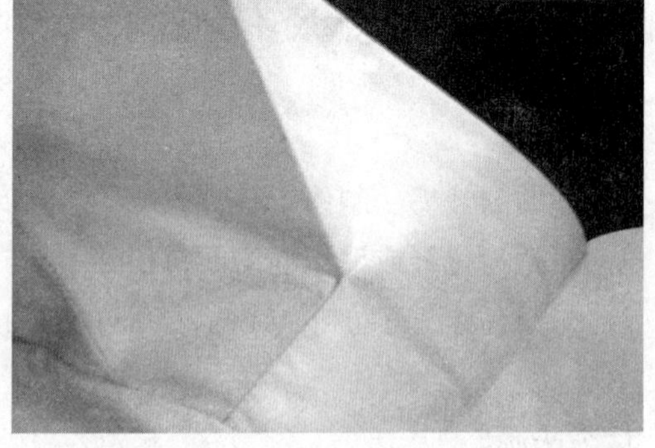

图3-3　领子

（三）工艺单

单排扣无领刀型长驳头合体女上衣工艺单具体数据见表3-1。

表3-1　单排扣无领刀型长驳头合女上衣工艺单

款号	2013003	款名		单排扣无领刀型长驳头合女上衣			日期	2018年8月
面料	全棉	辅料	无纺衬	用线	配色线	纽扣		针号：12
		克重	160g					针距：每3cm14～15针
		用量	50cm	数量	1			类别：

号型 / 部位	S	M	L	款式图： 正面　背面
后中长	49	55	57	
背长	36	38	39	
胸围	88	92	96	缝型：侧缝、肩缝、袖子进行来去缝，其余缝和袖窿均滚边 成品要求：成品符合规定尺寸，缝线平整，缉线宽窄一致。整洁无污渍，无线头
腰围	70	74	37	
肩宽	35	36	37	
袖长	38.5	40	41.5	
袖口	13	13.5	14	

缝制工艺	袖口	肩缝、绱袖缝、侧缝和袖底缝	倒向后面	辅料：无纺衬幅宽90cm，50cm长 商标、洗水唛1套（不做） 配色涤纶线 1团	缝头标准 1．来去缝：放缝宽1、2cm，第一次缝0、5cm修正后0、第二次缝3cm，0.6cm。 2．包缝：压到明线的一片放1、3cm，不压到明线的一片放0.8cm。

工艺流程	工艺要求
前衣片	前衣片无叠门，分割缝做来去缝，Z型驳头内接收省，L型拼接时需要注意大角拉紧，小角放松，转角要方平正，参照图片
后衣片	后中背缝做衩，后片刀背缝做来去缝，参照图片
缝合肩缝	来去缝
驳头	驳头下段做光，上部Z型处暗钩衣片
做下摆	折光后距下摆边缘2cm缉线
袖子	两片袖合拼做来去缝
做袖口	装贴边，开衩长6cm
装袖	装袖袖隆用包边做光

工艺流程					
黏衬（过面）	→	前衣片收省	→	拼前刀背缝	→
前后L片	→	做背衩	→	拼后中缝	→

续表

款号	2013003	款名	单排扣无领刀型长驳头合女上衣	日期	2018年8月
装过面L型驳头	→	上部L型暗勾衣片	→	滚过面、后领贴	→
合肩缝	→	做下摆、装下摆合前袖缝	→	合后袖缝	→
做袖头褶裥定位	→	装袖	→	整理	→
样板：×××		样衣：×××	推板：×××		审核：×××
前衣片	前衣片无叠门，刀背缝做来去缝，上L型驳头内收省，下L型拼接.注意：大角拉紧，小角放松，转角要方平正，参照图片。				
后衣片	后中背缝做衩、后片刀背缝做来去缝，参照图片				
缝合肩缝	来去缝				
驳头	驳头下段做光，上部“L”型暗勾衣片				
做下摆	折光后2cm压线				
袖子	两片合拼做来去缝。				
做袖口	装贴边，开衩长6cm				
装袖	装袖袖隆用包边做光				
工艺流程					
粘衬（过面）	→	前衣片收省	→	拼前刀背缝	→
前后L片	→	做背衩	→	拼后中缝	→
装过面L型驳头	→	上部L型暗勾衣片	→	滚过面、后领贴	→
合肩缝	→	做下摆、装下摆合前袖缝	→	合后袖缝	→
做袖头褶裥定位	→	装袖	→	整理	→
样板：×××		样衣：×××	推板：×××		审核：×××

二、初板制作

（一）衣身结构设计

衣身结构设计如图3–4所示。

1. 结构设计要点

（1）制图时未加面辅料经纬缩率。

（2）考虑到面料与纸样的性能不同，制板时衣长加1cm，袖长加放0.7cm，胸围加放2cm。

2. 后片结构设计

（1）先画原型。

（2）后中长：后中长为规格55cm。

（3）后腰节：后领中点向下至腰节为背长38cm。

（4）胸围线：后领中点向下量20.4cm，定为胸围线。

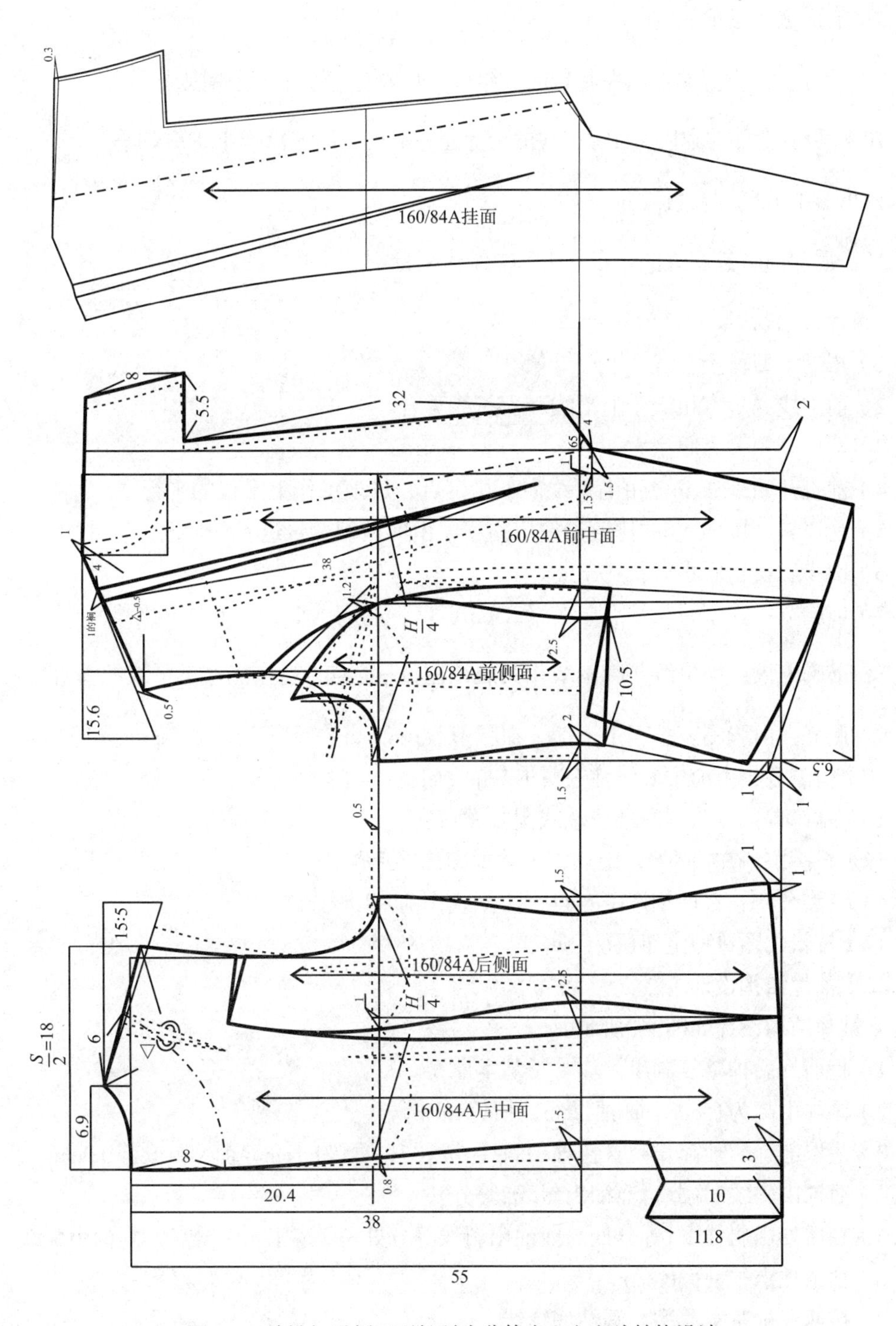

图3-4　单排扣无领刀型长驳头分体女上衣衣片结构设计

（5）后横开领宽：为原型大。

（6）后直开领深线：为2cm，由后颈点往上量。

（7）后肩斜：按15：5的比值确定肩斜度，由后横领宽量进。

（8）后肩宽：量取$\frac{S}{2}$。

（9）后背宽：肩宽端点向左量1.5cm定点，过该点垂直往下至胸围线。

（10）后胸围大：后中线与胸围线的交点量$\frac{B}{4}$定点，过该点作下平线的垂直。

（11）后中下摆衩长11.8cm。

（12）后片袖窿按款式图，取$\frac{2}{5}$往后中作褶型分割。

3. 前片结构设计

（1）根据原型作上平线。

（2）前中线：垂直相交于上平线和衣长线重合。

（3）前横开领：为原型大。

（4）前直开领: 取8cm，由上平线向下量定点，过该点作上平线的平行线。

（5）前肩斜：按15：6的比值确定肩斜度，由前横领宽量进。

（6）前小肩长：后小肩长−0.7cm。

（7）前胸宽：前小肩长端点向右量2.5cm定点，过该点垂直往下至胸围线。

（8）前胸围大：前中线与胸围线相交点往左量$\frac{B}{4}$定点，过该点作下平线的垂直线。

（9）侧缝：由胸围宽垂直于下摆，在腰节收进1.5cm，下摆处放出1cm，起翘1cm。

（10）门襟宽：由前中心线往右量取2cm叠门宽。

（11）领口省：在前领圈处按款式图收领口省。

（12）V字领：在领圈处，定点，按款式图画V字领。

（13）L型分割：在前袖窿下定点，按款式作前片L形分割。

（14）按款式图造型定纽位。

（二）袖片结构设计

此款袖片结构设计如图3–3所示。

（1）把前、后袖窿复制出，作袖子基本原型。

（2）画袖山高为15cm，袖肘32cm，袖长40cm。

（3）量取前、后袖窿长度，作袖山斜线。后AH−吃势1.1cm，前AH+吃势0.9cm。

（4）后袖山斜线3等分，前袖山斜线2等分。

（5）在后袖山斜线下1等分处与前袖山斜线等分处向下量1cm为交点，画袖山弧线。

（6）袖山顶点往前偏0.8cm。

（7）按两片袖基本原型，画袖底缝线。

（8）画出袖口大。

（9）按款式图画出袖衩。

（10）袖口往上8cm画出袖贴边。

（三）零部件结构设计（图3–5）

（1）后领贴：在后肩线上量取4cm，后中线上量取6.8cm画顺，作为后领贴。

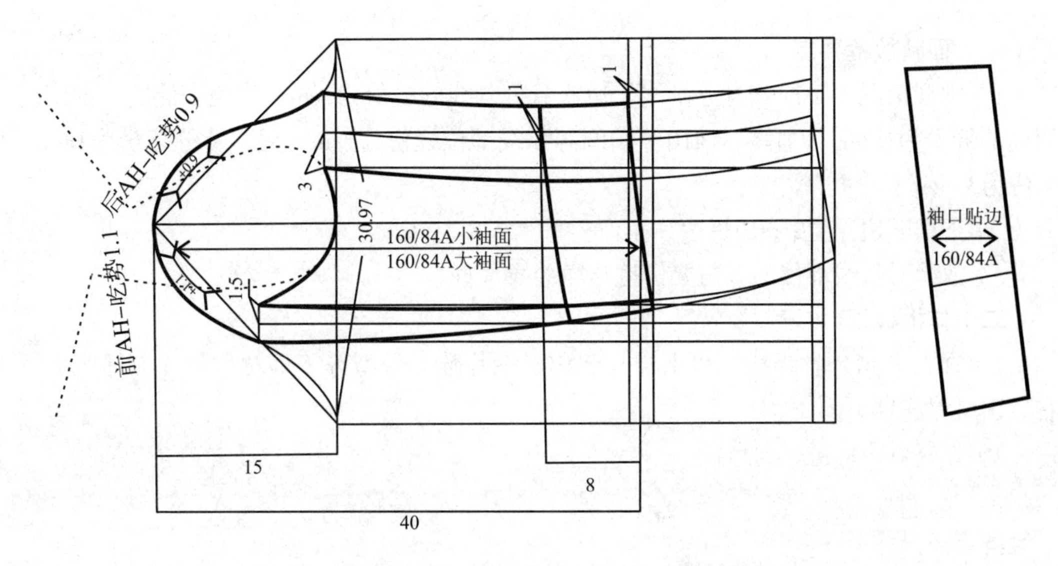

图3-5　单排扣无领刀型长驳头合体女上衣袖片结构设计

（2）过面在前肩上量取4cm，向下至前下摆，画顺，作为过面。

三、初板确认

此款单排扣无领刀型长驳头合体女上衣样板放缝，如图3-6所示。

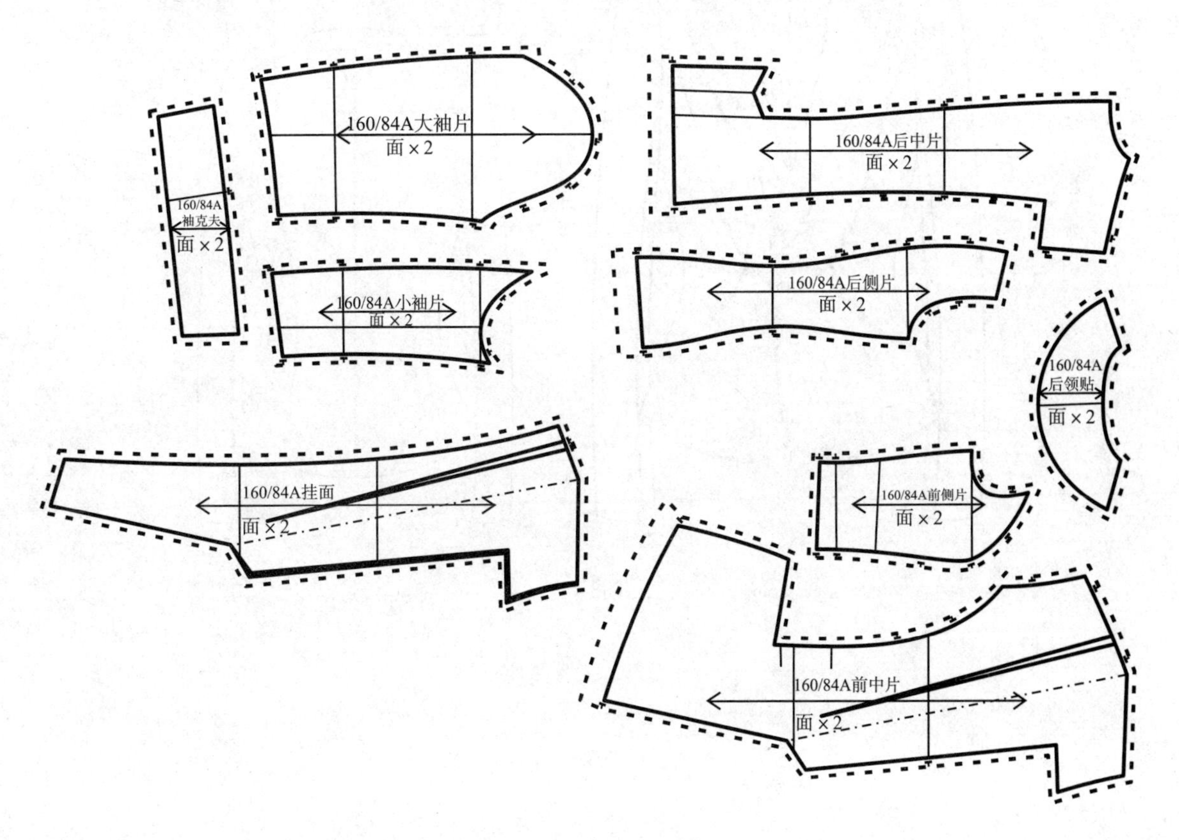

图3-6　服装裁片放缝

（一）面料放缝要点

（1）常规情况下，前衣身分割线、后衣身分割线的缝份为1cm；肩缝、侧缝、袖底缝、袖侧缝的缝份为1.2cm，袖窿、袖山、领圈等弧线部位缝份为1cm；后中背缝缝份为1cm；下摆缝份为3~4cm。

（2）下摆贴边净宽2cm加折边1cm。

（3）放缝时弧线部位的端角要保持与净缝线垂直。

（二）样板标识

（1）样板上画好丝缕线；写上样片名称、裁片数、号型等（不对称裁片应标明上下、左右、正反等信息）。

（2）作好对位标记、剪口。

触类旁通：

根据图3-7所示的款式进行结构设计。

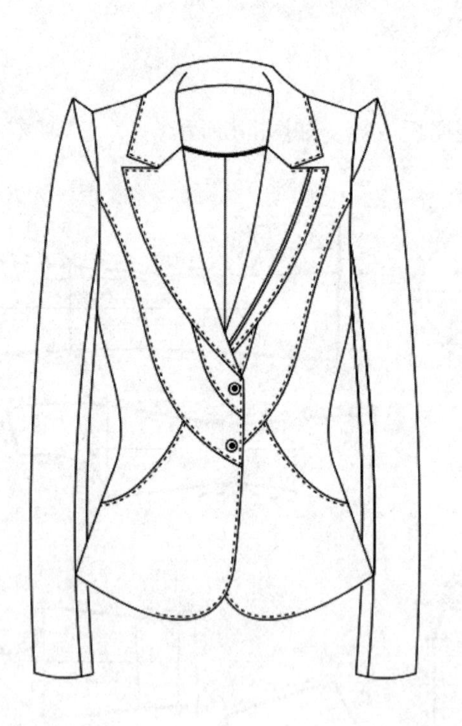

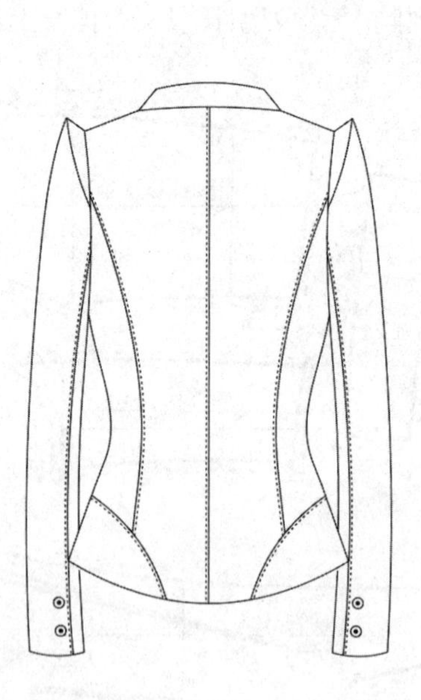

图3-7

项目二 连身立领哥特袖合体女上衣工业制板一体化制作技术

知识目标：

1．学习连身立领哥特袖合体女上衣的结构分析。

2．掌握连身立领哥特袖的制图方法及应用。

3．学习连身立领哥特袖的制板、缝制要领。

能力目标：

1．能够根据服装工艺单进行中间码的服装制板。

2．能够进行基本工艺单的编制。

3．能够根据工艺单对服装进行初样设计、样衣试制、初板确认和样板推档。

任务分析：

衣身采用箱型平衡的合体方式，希望通过本项任务的综合练习，增强同学们的任务分析能力和动手实践能力，把握好衣身结构平衡方法。

任务准备：

1．基本的裁剪、制作工具，服装CAD软件操作系统。

2．此款面料可采用薄型全棉面料，适合夏季穿着。

3．里料为涤平纺160克。

4．配料有薄型有纺衬、无纺衬若干，纽扣2粒（含备用扣一粒），配色涤棉缝纫线1团。

任务实施：

一、技术资料分析

（一）款式描述

此款连身立领哥特袖合体女上衣平面款式图，如图3-8所示。

1．**前片**

连身立领，门襟一粒扣，弧形分割线至底边。

2．**后片**

领口处共有两个省，背中分割线至底边，背中缝来去缝1.2cm，背部两侧分割线内包缝辑0.5cm明线，底边辑1.5cm宽明线。

3．**袖子**

采用哥特两片袖，长袖结构。

4．**此款上衣无夹里**

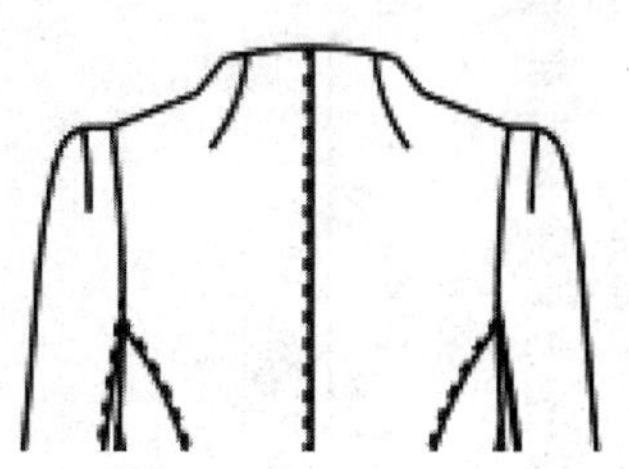

图3-8 连身立领哥特袖合体女上衣平面款式图

（二）工艺单

此款连身立领哥特袖合体女上衣工艺单，见表3-2。

表3-2　连身立领哥特袖合体女上衣工艺单

<table>
<tr><td>款式名称</td><td>连身立领哥特袖合体女上衣</td><td colspan="5">系列规格表（5.4）</td></tr>
<tr><td>制单日期</td><td>2013.7.12</td><td>规格</td><td>155/80A</td><td>160/84A</td><td>165/88A</td><td>档差</td></tr>
<tr><td colspan="2" rowspan="10">款式图：
正面
背面

款式说明：参照工艺说明和工艺图</td><td>部位</td><td>S</td><td>M</td><td>L</td><td></td></tr>
<tr><td>后中长</td><td>59</td><td>61</td><td>62</td><td>2</td></tr>
<tr><td>背长</td><td>36.5</td><td>37.5</td><td>38.5</td><td>1</td></tr>
<tr><td>胸围</td><td>88</td><td>92</td><td>96</td><td>4</td></tr>
<tr><td>腰围</td><td>70</td><td>74</td><td>78</td><td>4</td></tr>
<tr><td>肩宽</td><td>35</td><td>36</td><td>37</td><td>1</td></tr>
<tr><td>袖长</td><td>57.5</td><td>59</td><td>60.5</td><td>1.5</td></tr>
<tr><td>袖口</td><td>13.5</td><td>13</td><td>13.5</td><td>0.5</td></tr>
<tr><td colspan="5">工艺说明：
1. 针距为3cm 14~15针
2. 领子：连身立领
3. 袖子：哥特两片袖长袖，袖口缉1.5cm宽明线
4. 前衣片：弧形分割线至腰节、前胸腰省至衣片底部，门襟宽2.5cm缉0.15cm明线，底边缉1.5cm宽明线，门襟定1粒纽扣
5. 后衣片：背中线至底边，背中缝来去缝1.2cm，背部两侧分割线内包缝缉0.5cm明线，底边缉1.5cm宽明线
6. 缝型：侧缝、肩缝、后中缝来去缝，袖窿滚边
成品要求：成品符合规定尺寸，前片止口处钉一粒扣；缝线平整，缉线宽窄一致；整洁无污渍，无线头</td></tr>
<tr><td colspan="2">面料：门幅宽140cm，长130 cm</td><td colspan="3">辅料：无纺衬幅宽90cm，长60cm
夹里：门幅宽90cm，长172cm
纽扣：直径1.3cm，4枚
配色涤纶线，1团</td></tr>
</table>

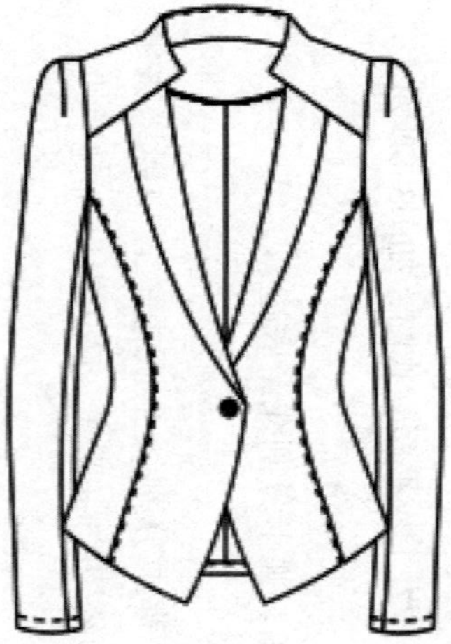

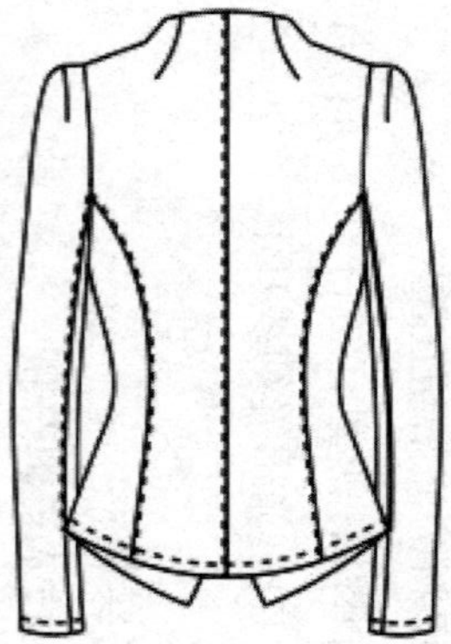

二、初板制作

（一）衣身结构设计

衣身结构设计如图3–9所示。

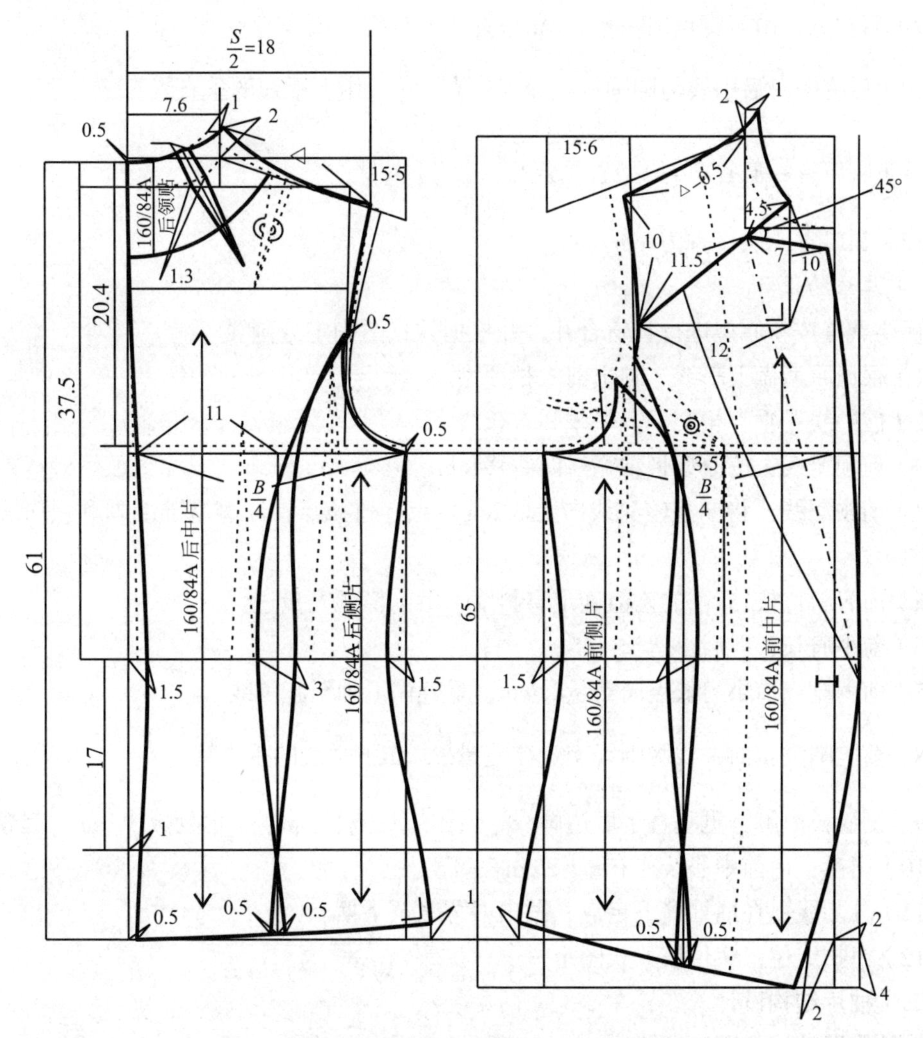

图3–9　连身立领哥特袖合体女上衣衣身结构设计

1. 结构设计要点

（1）制图时未加经纬缩率。

（2）考虑到面料与纸样的性能不同，制板时衣长、袖长、胸围加放2%～4%伸缩率。

2. 后片结构设计

（1）先画后衣片原型。

（2）后中长：后中长为规格61cm。

（3）后背长：后领至腰节为背长37.5 cm。

（4）胸围线：后领至胸围20.4cm，画出胸围线。

（5）后领宽线：由后中线向右量取7.6cm，作后中线的平行线。

（6）后领深线：由后颈点往上量取2.3cm。

（7）后肩斜：按15∶5的比值确定肩斜度。

（8）后肩宽：由后中线向右量取肩宽$\frac{S}{2}$。

（9）后背宽：由肩宽点向左量1.5cm垂直往下至胸围线。

（10）后胸围：后中线与胸围线相交点往右量$\frac{B}{4}$，作下平线的垂直线。

（11）收肩省：肩省=$\frac{2}{3}$原型省并合并。

（12）领口省：领口省为1cm。

3. 前片结构设计

制板要点是按新原型进行省道合并，并根据款式图确定分割线。

（1）根据原型做上平线，画出前衣长原型。

（2）前中线：垂直相交于上平线和衣长线。

（3）前领宽线：按原型将领宽线向右移1cm。

（4）前领深线：将原型领深线向上取2cm定点，过该点在原型基础上画顺领深线（参照结构制图）。

（5）前肩斜：按15∶6的比值确定肩斜度，由前横领宽量进。

（6）前小肩长：取后小肩长–0.5cm。

（7）前胸宽：前小肩长点向右量2.5cm，垂直往下画至胸围线。

（8）前胸围大：前中线胸围线交点往左量$\frac{B}{4}$，作下平线的垂直线。

（9）侧缝：由胸围宽垂直于底边画线，腰围线处收1.5cm，下摆处放出1cm，起翘1cm。

（10）门襟：由前中心线往右量取2cm叠门宽。

（11）分割线：在前袖窿下定点，做出刀背缝至下摆。

（12）纽扣定位：纽位按款式图定。

（二）袖片结构设计

袖片结构设计，如图3–10所示。

（1）把前、后袖窿复制出，作袖子基本原型。

（2）画袖山高为15cm，袖长59cm。

（3）量取前、后袖窿长度，作袖山斜线、后AH、前AH。

（4）后袖山斜线3等分，前袖山斜线2等分。

（5）在后袖山斜线下1等分处与前袖山斜线等分下量1cm处作交点，画袖山弧线。

（6）按一片袖基本原型，往右偏1.5cm，作袖底缝线。

（7）画出袖口大13cm。

（三）零部件结构设计

（1）领子根据结构制图为准。

（2）分割线造型看图片自行分析。

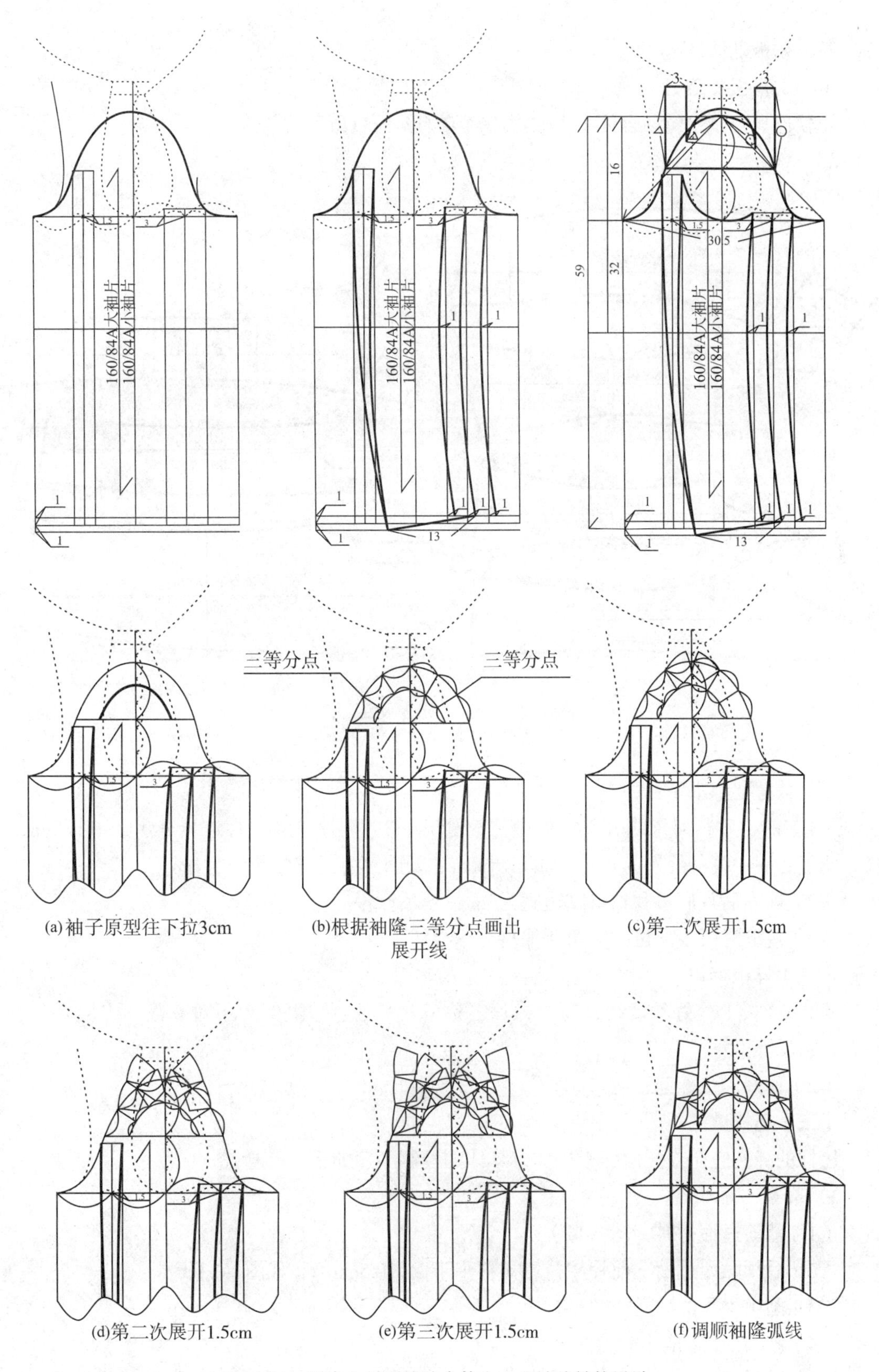

(a)袖子原型往下拉3cm　(b)根据袖隆三等分点画出展开线　(c)第一次展开1.5cm

(d)第二次展开1.5cm　(e)第三次展开1.5cm　(f)调顺袖隆弧线

图3-10　连身立领哥特袖合体女上衣袖片结构设计

三、初板确认

（一）样板放缝

此款连身立领哥特袖合体女上衣样板放缝如图3-11所示。

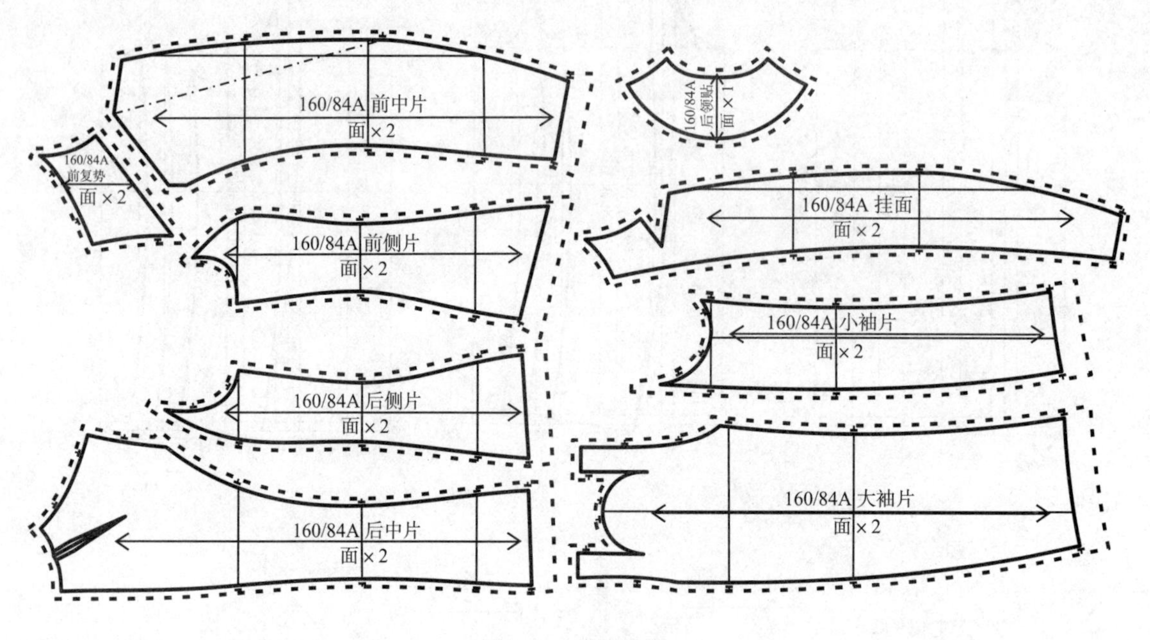

图3-11　样板放缝

面料放缝要点如下：

（1）前、后片刀背线分割出的中片放缝0.7cm，侧片（与中片连接处）放缝1.3cm，肩缝、侧缝、后中缝的缝份为1cm，袖窿、袖山、领圈等弧线部位缝份为1cm。

（2）前、后片底边和袖口贴边宽为3cm。

（3）放缝时弧线部位的端角要保持与净缝线垂直。

（二）样板标识

（1）样板上作好丝缕线，写上样片名称、裁片数、号型等（不对称裁片应标明上下、左右、正反等信息）。

（2）作好对位标记、剪口。

（三）坯样试制

坯样的缝制应严格按照样板操作，具体的缝制工序如下。

1. **裁剪、烫衬**

（1）裁剪过面衬料（图3-12）。

（2）后领贴、过面、前片烫衬（衬料小于面料0.5cm），如图3-13所示。

（3）画出牛角的净样（图3-14）。

（4）画出前片的净样（图3-15）。

（5）袖窿烫衬（图3-16）。

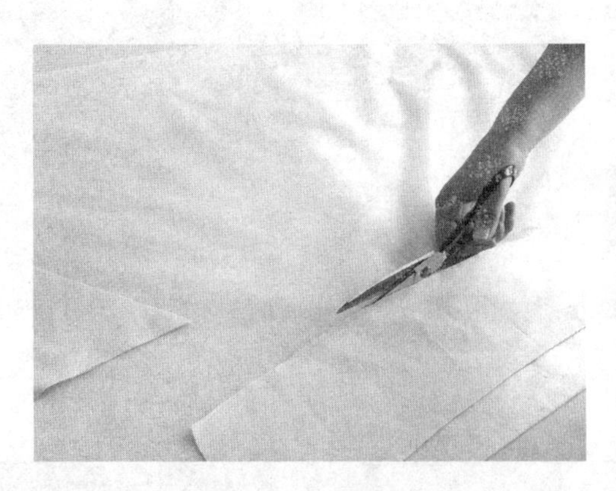

图3-12　裁衬

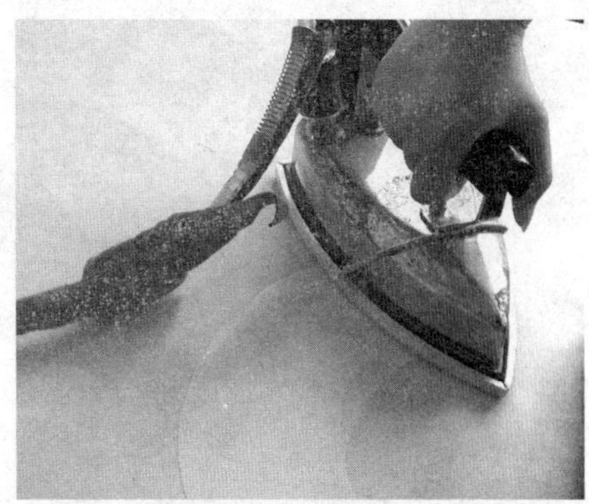

图3-13　烫衬

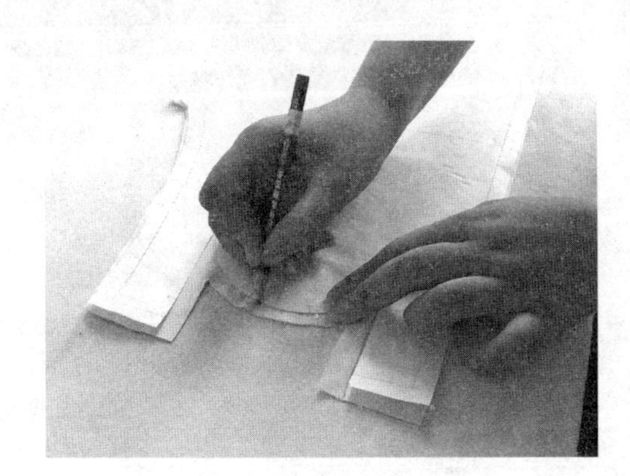

图3-14　画牛角净样

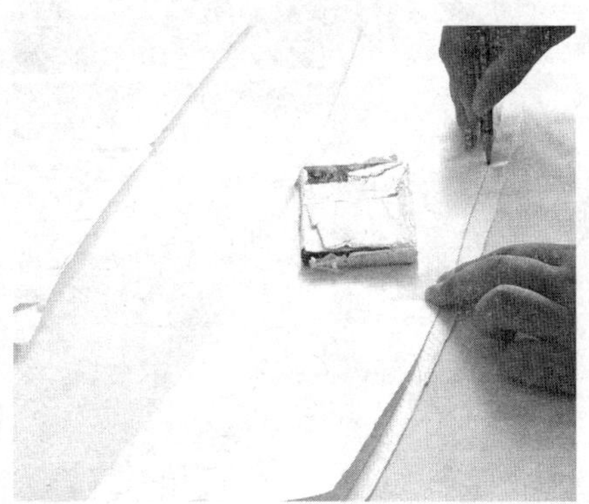

图3-15　画前片净样

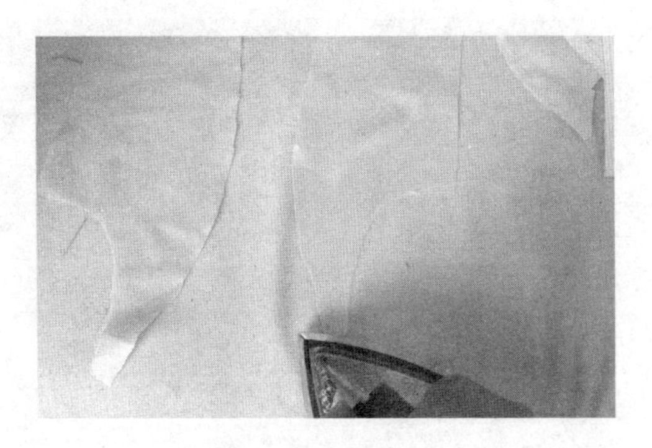

图3-16　烫衬

2. **前片**

（1）前片和过面收省（图3-17）。

（2）前片公主缝包缝、前侧片缝份包前中片缝份0.6cm（图3-18）。

（3）翻领与前片固定（图3-19）。

（4）前育克与前片、后领贴三层来去缝缝合，顺序依次是后领贴、前片、育克（图3-20）。

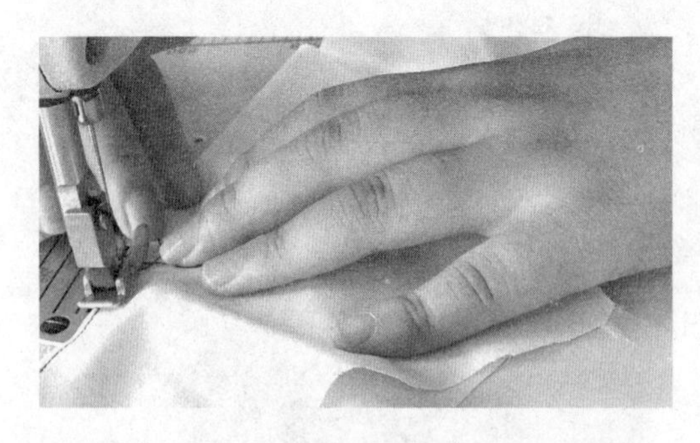

图3-17　收省

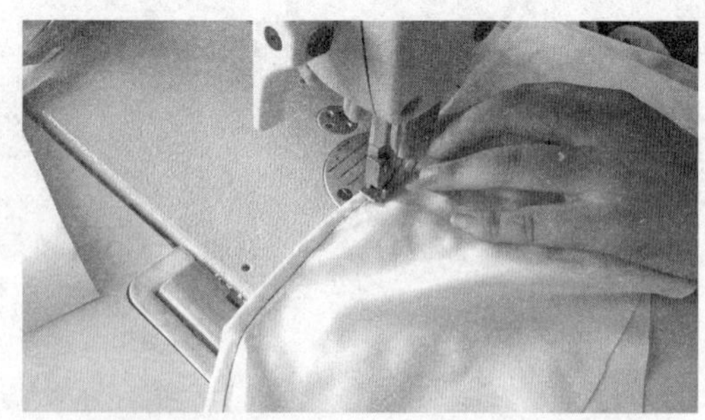

图3-18　包缝

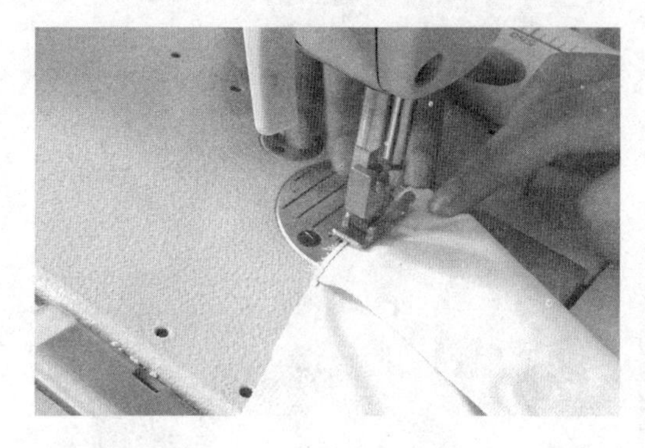

图3-19　固定

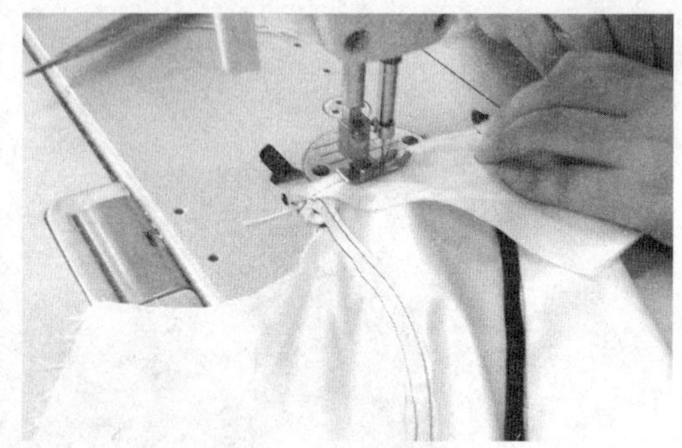

图3-20　缝合衣片

（5）侧缝来去缝0.4cm反反相对缝合（图3-21）。

（6）侧缝来去缝0.6cm正正相对缝合（图3-22）。

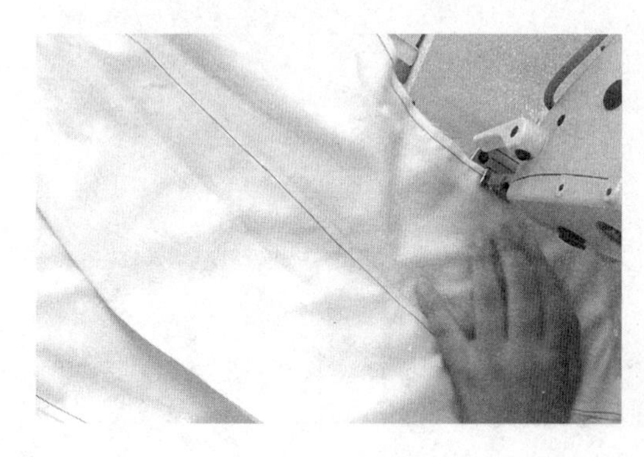

图3-21　反反相对缝合

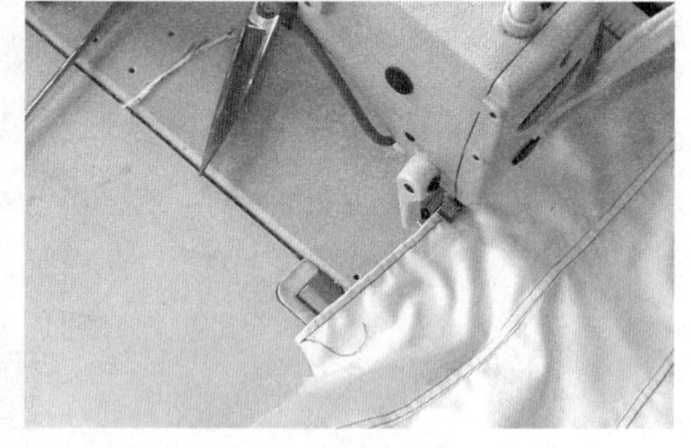

图3-22　正正相对缝合

（7）肩缝来去缝0.4cm反反相对缝合（图3-23）。

（8）肩缝来去缝0.6cm正正相对缝合（图3-24）。

3. *后片*

（1）后中来去缝0.4cm反反相对缝合（图3-25）。

（2）后中修剪剩0.3cm（图3-26）。

（3）后中缝正正相对缝0.6cm（图3-27）。

（4）刀背缝包边，后侧片包后中片0.6cm（图3-28）。

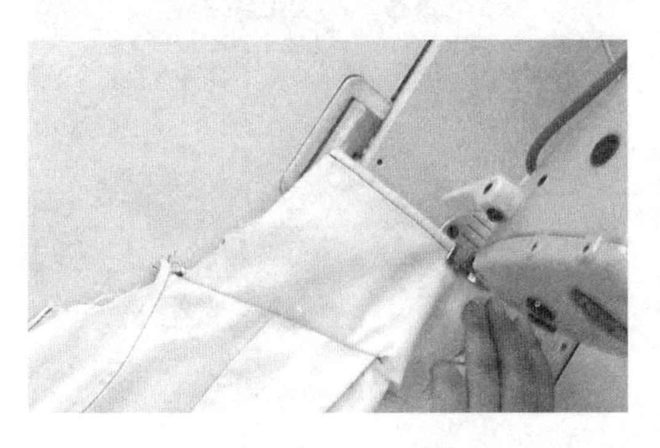

图3-23　缝合肩缝

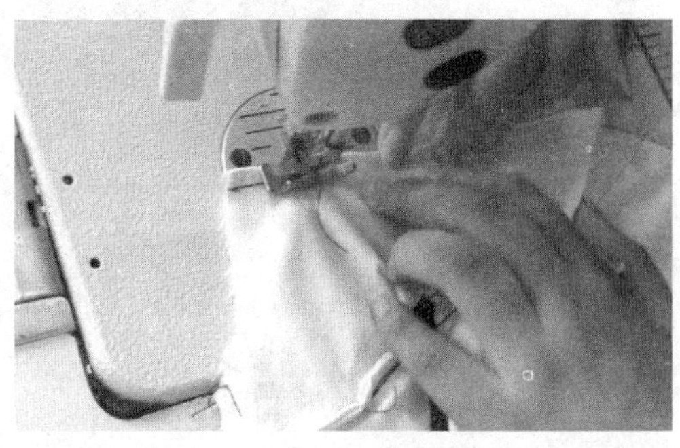

图3-24　正正相对缝合

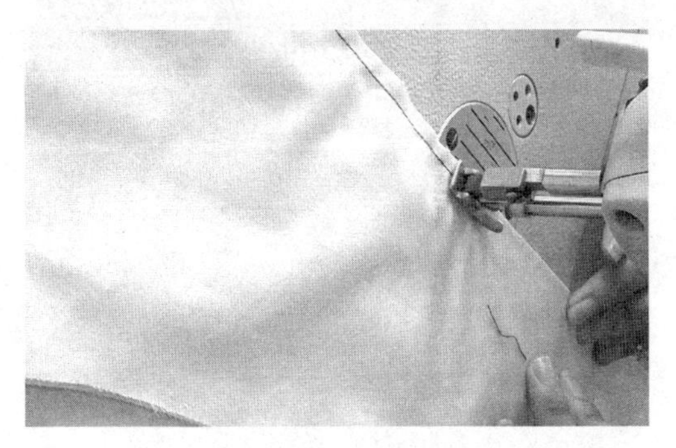

图3-25　后中来去缝

图3-26　修剪后中

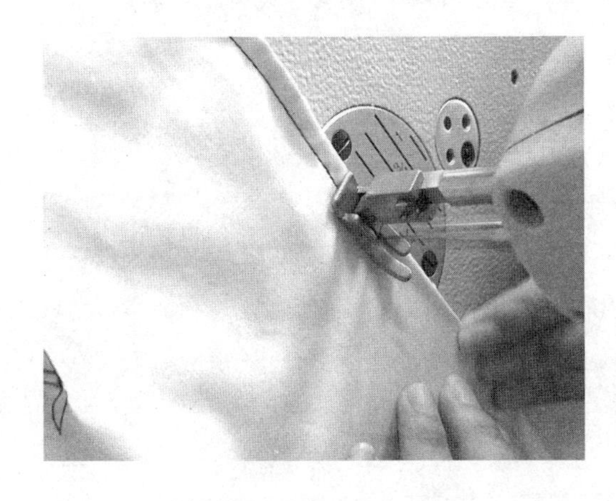

图3-27　后中正正相对缝

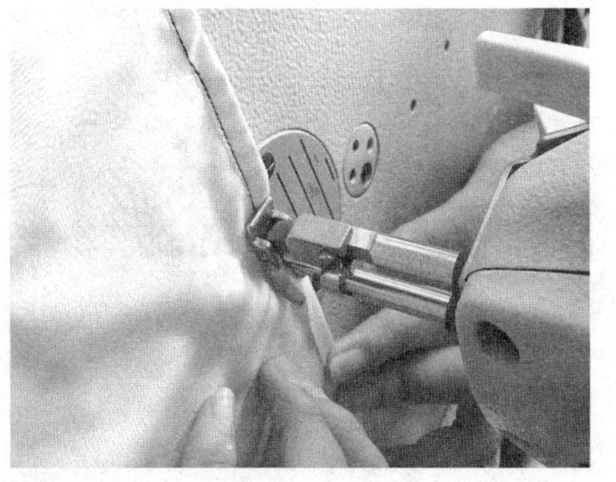

图3-28　包边

（5）缝份倒向左边压0.5cm（图3-29）。

（6）下摆贴边0.1cm压线，贴边宽度1.5cm（图3-30）。

4. **袖子**

（1）牛角袖拼缝来去缝（图3-31）。

（2）牛角袖沿净样车缝（图3-32）。

（3）牛角袖缝份拉滚条（图3-33）。

（4）包滚条压线0.1cm（图3-34）。

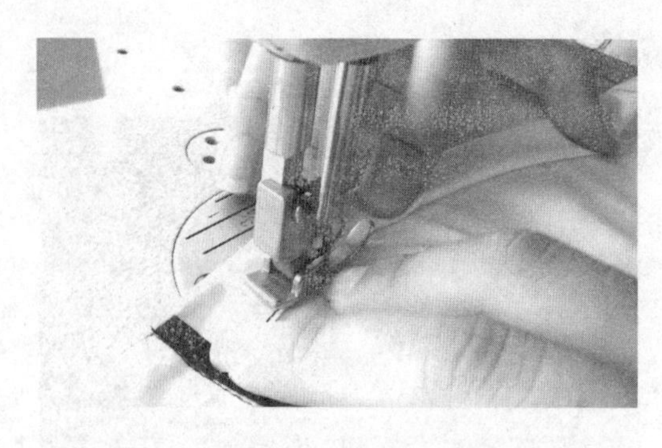

图3-29　缝份向左压缝

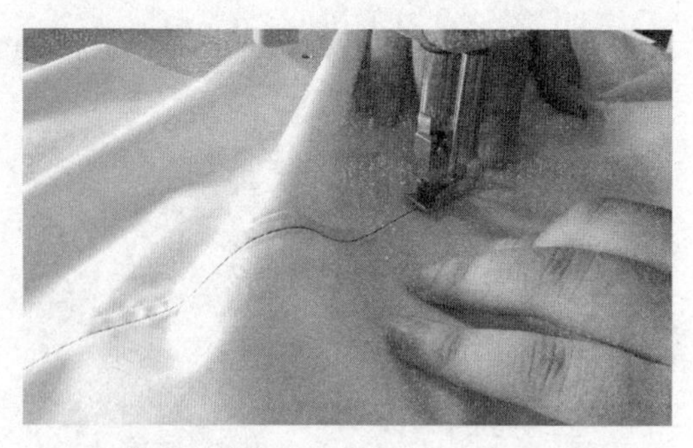

图3-30　贴边压线

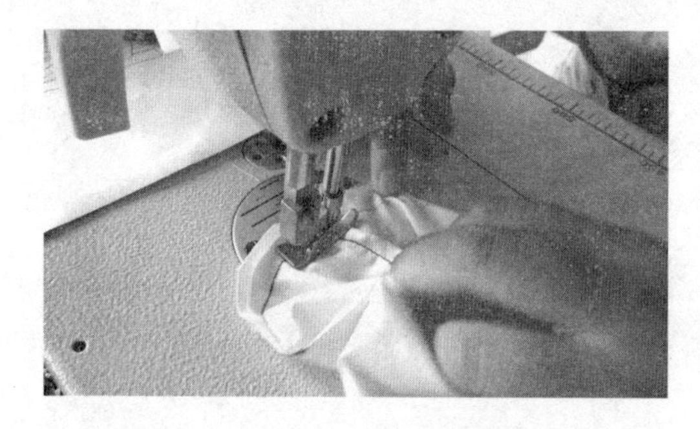

图3-31　袖拼缝

图3-32　车缝牛角袖

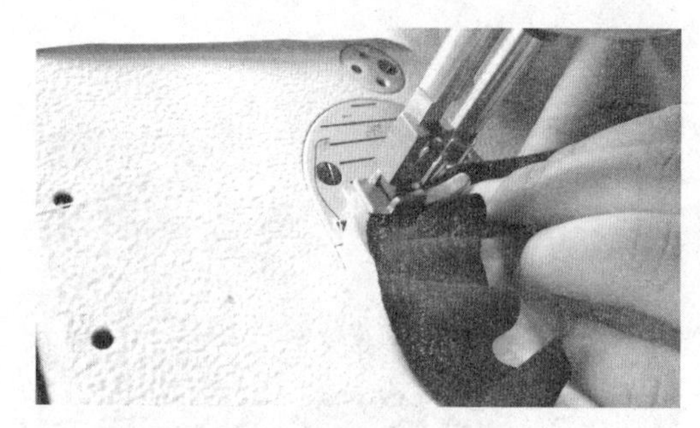

图3-33　拉滚条

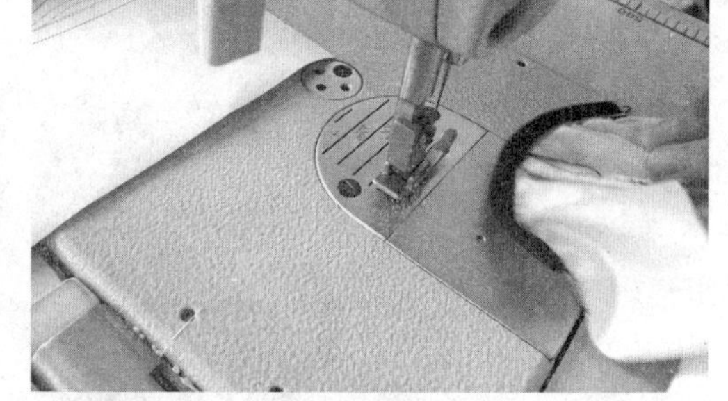

图3-34　包滚条

（5）袖子拉滚条，袖山头拉紧（图3-35）。

（6）绱袖时正正相对1cm缝合，注意吃势（图3-36）。

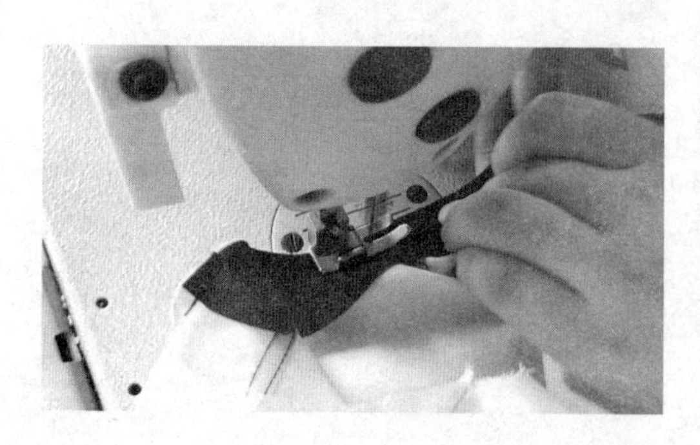

图3-35　拉滚条

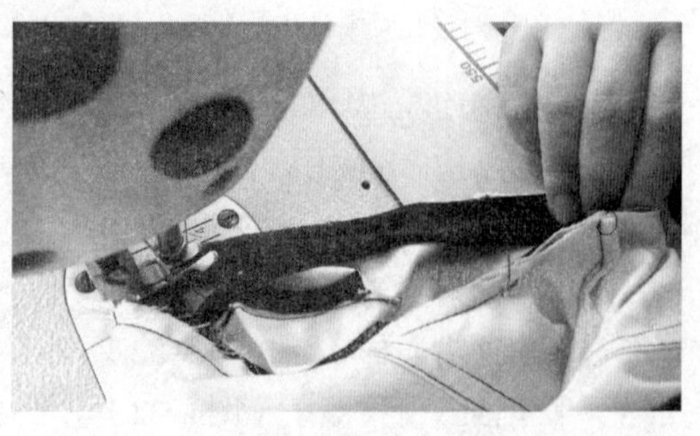

图3-36　绱袖

（7）袖子滚条包边0.1cm压线（图3–37）。

（8）大小袖片来去缝0.4cm反反相对缝合（图3–38）。

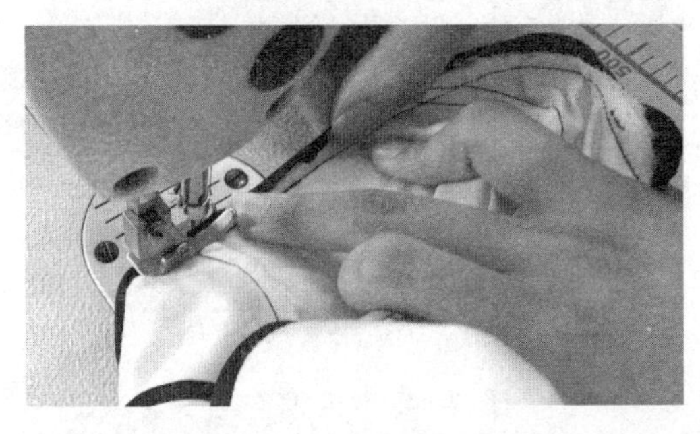

图3–37　袖子包边

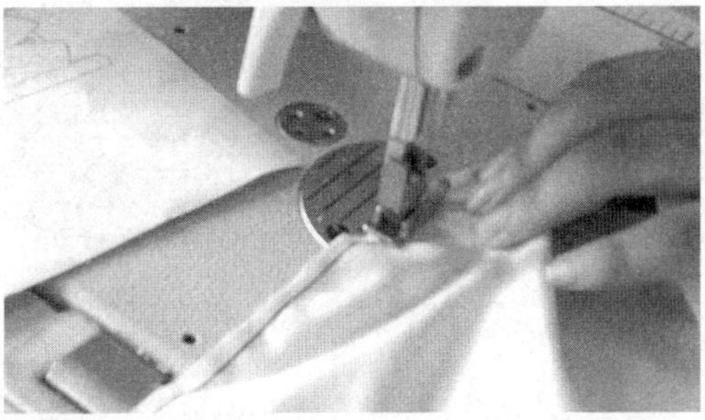

图3–38　缝合大小袖片

（9）来去缝缝份修净，剩0.3cm（图3–39）。

（10）大小袖片来去缝0.6cm正正相对缝合（图3–40）。

图3–39　修缝份

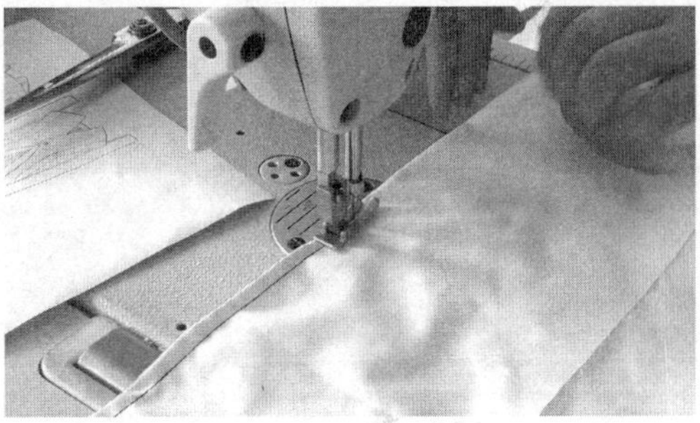

图3–40　袖片来去缝

（11）大小袖片来去缝缝份倒向大袖片，压线0.5cm（图3–41）。

（12）大小袖片来去缝0.4cm（前）（图3–42）。

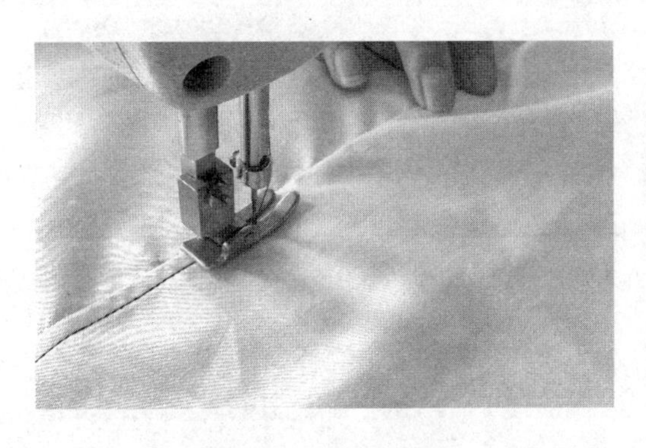

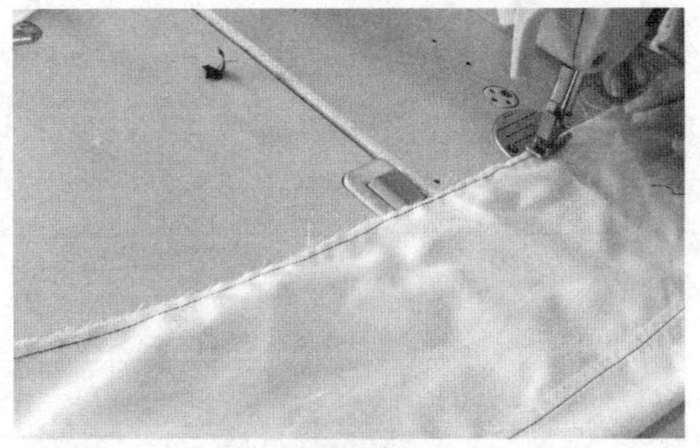

图3–41　袖片压线

图3–42　大小袖片来去缝

5. 熨烫

（1）袖片缝份整烫（图3–43）。

（2）牛角袖整烫（图3–44）。

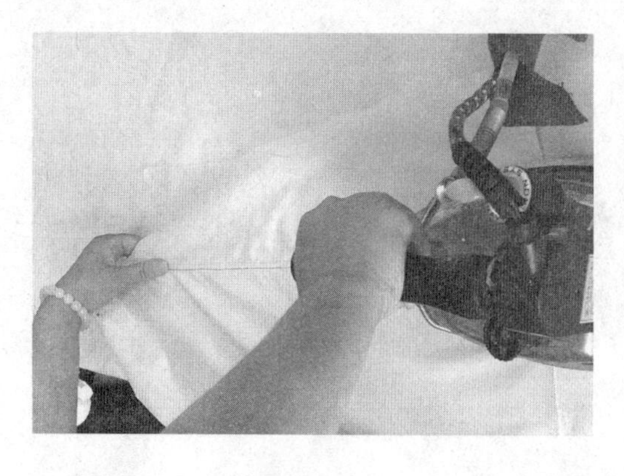

图3-43　袖片缝份整烫

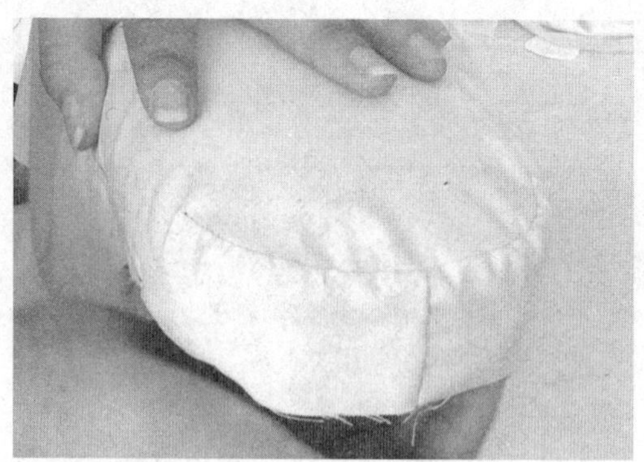

图3-44　牛角袖整烫

（3）后片整烫（图3-45）。

（4）大小袖片缝份整烫，缝头倒向大袖片（图3-46）。

图3-45　后片整烫

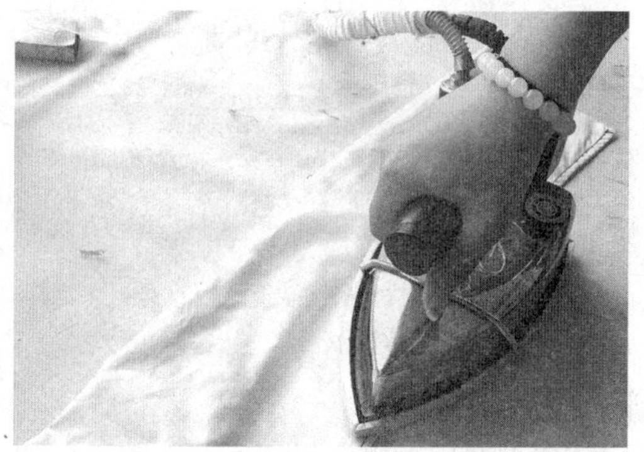

图3-46　袖片缝份整烫

（5）过面止口整烫（图3-47）。

（6）下摆整烫（图3-48）。

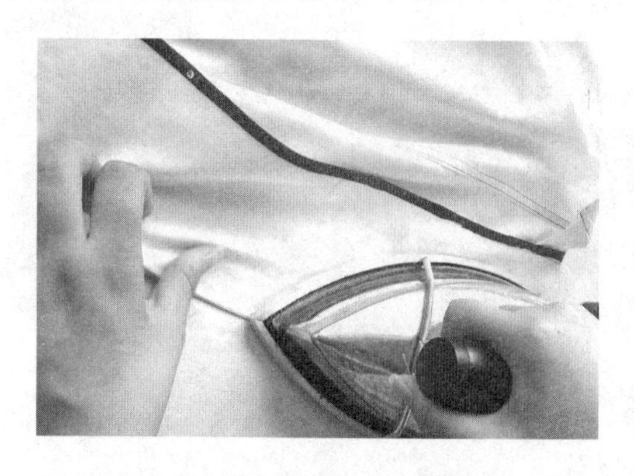

图3-47　过面止口整烫

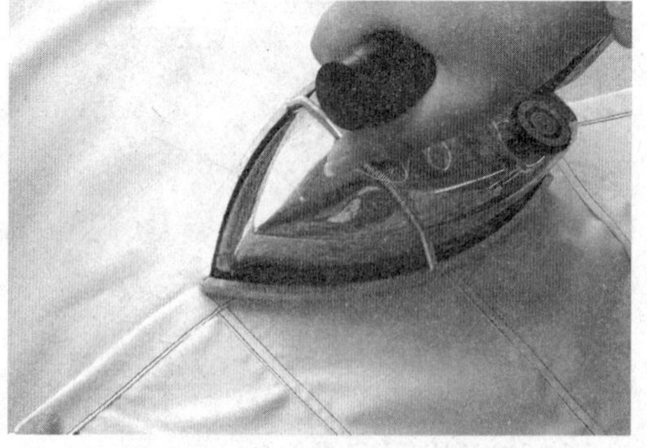

图3-48　下摆整烫

（7）侧缝整烫，缝头倒向后片（图3-49）。

6. **过面**

（1）过面拉滚条（图3-50）。

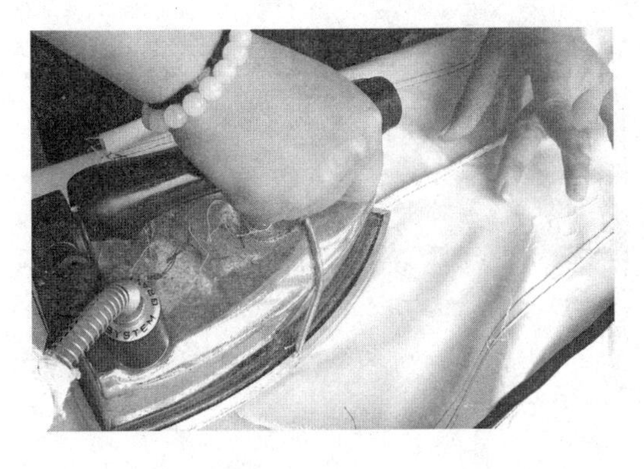

图3-49　侧缝整烫

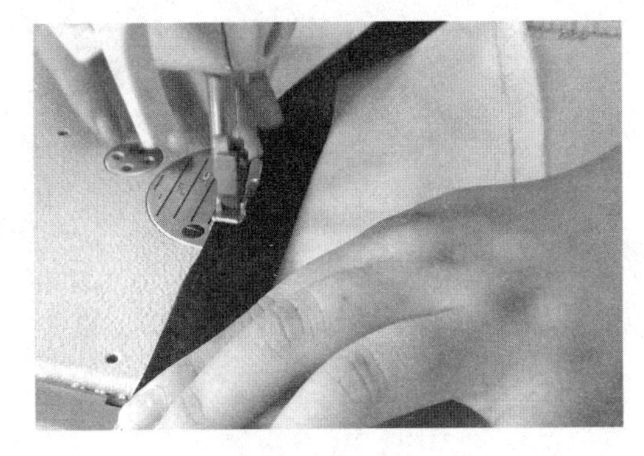

图3-50　拉滚条

（2）过面包边0.1cm压线，宽度0.7cm（图3-51）。

（3）过面与前片1cm正正相对平缝（图3-52）。

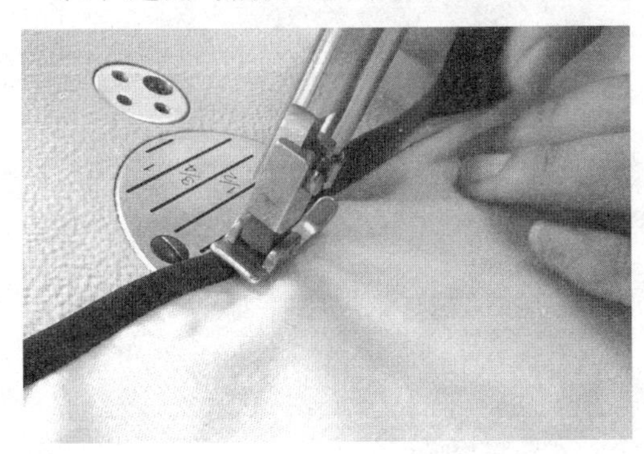

图3-51　包边压线

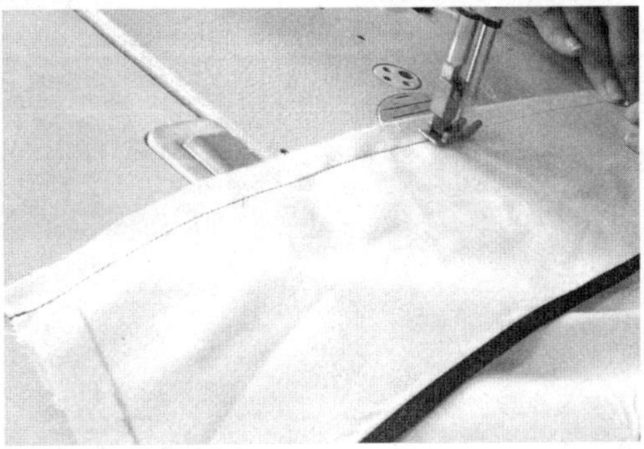

图3-52　平缝

（4）过面0.1cm止口压线（图3-53）。

（5）后领贴边与前片领圈1cm正正相对平缝（图3-54）。

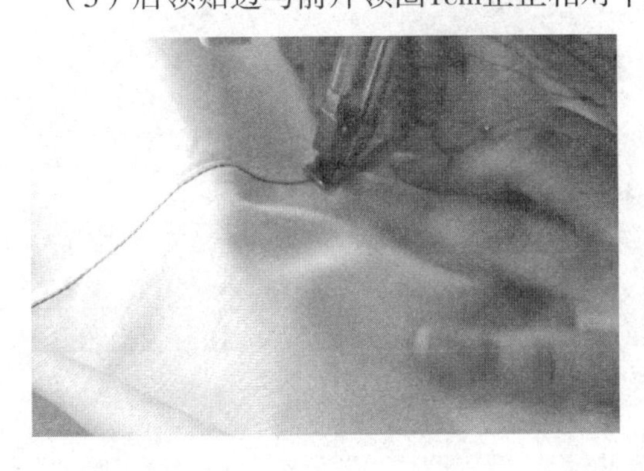

图3-53　止口压线

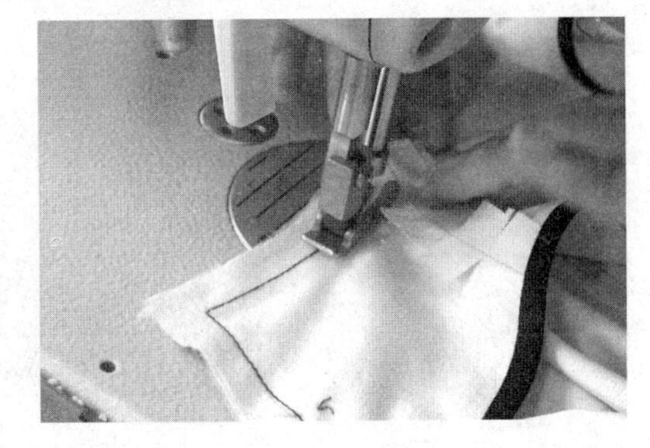

图3-54　平缝贴边

（6）领圈剪刀眼（图3-55）。

（7）袖窿修整（图3-56）。

（8）量取后中长、标出贴边长度（图3-57）。

（9）比较袖子与袖窿的长度（图3-58）。

（10）袖子成品（图3-59）。

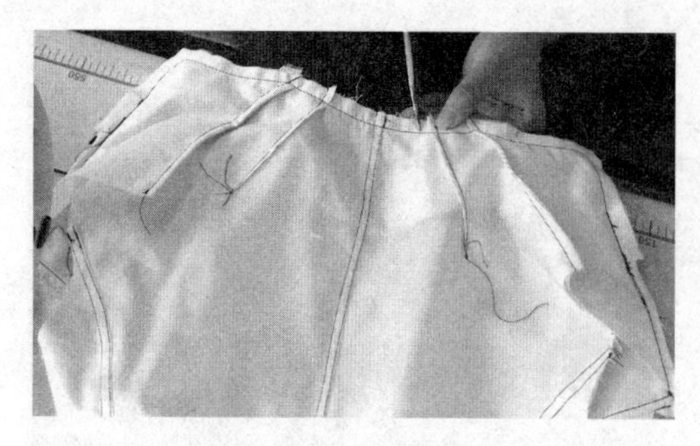

图3-55　剪刀眼

图3-56　修整

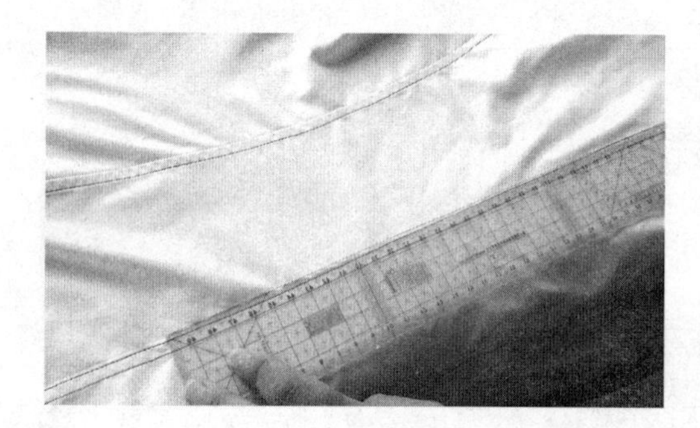

图3-57　量尺寸

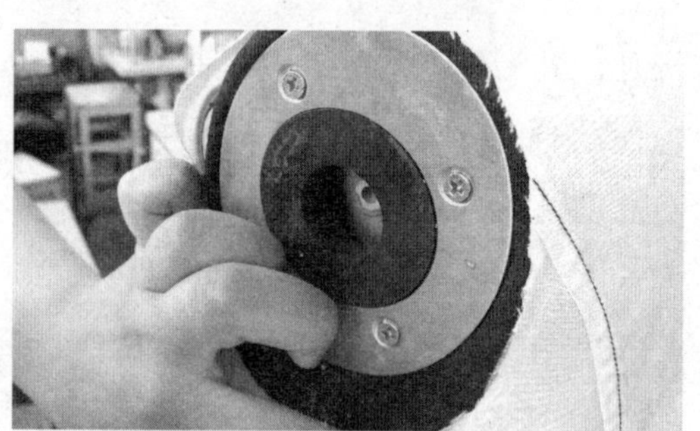

图3-58　比较长度

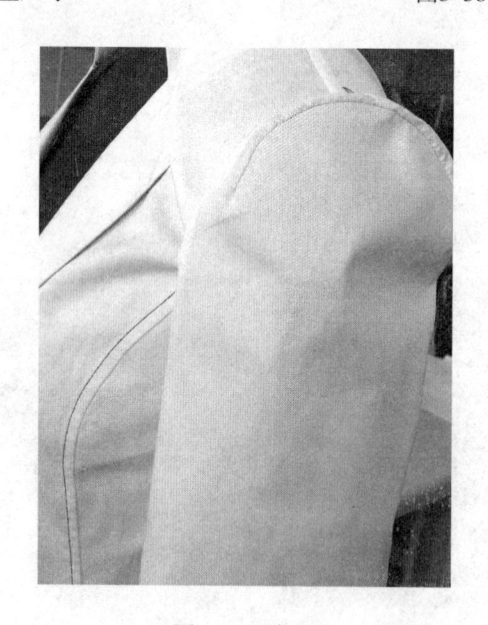

图3-59　成品

四、样板推档

1．前片推档

前片推档时，前中心线、前胸围线不移动（图3-60）。

2．后片推档

后片推档时，后中心线、后胸围线不移动（图3-61）。

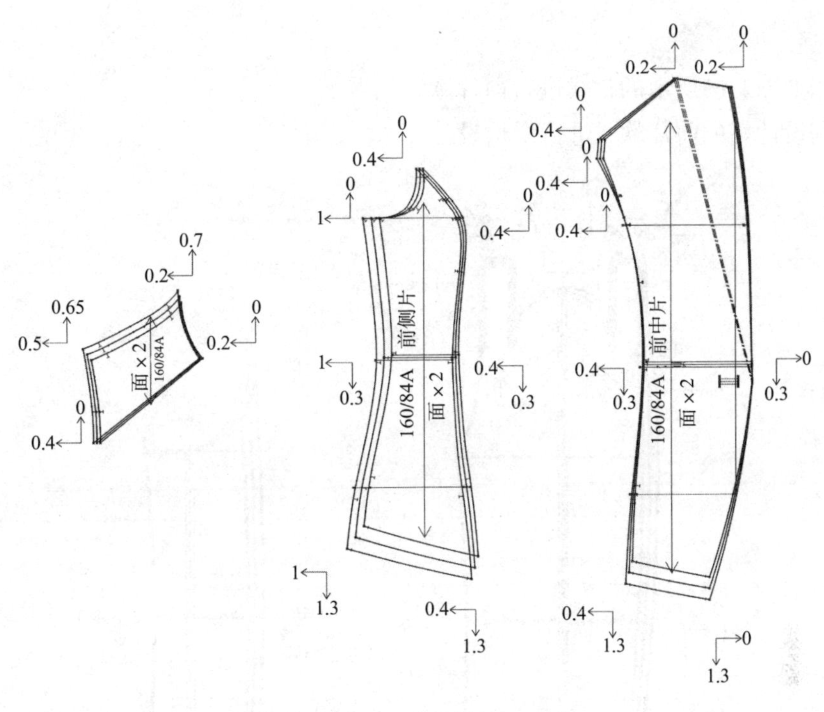

图3-60　前片推档

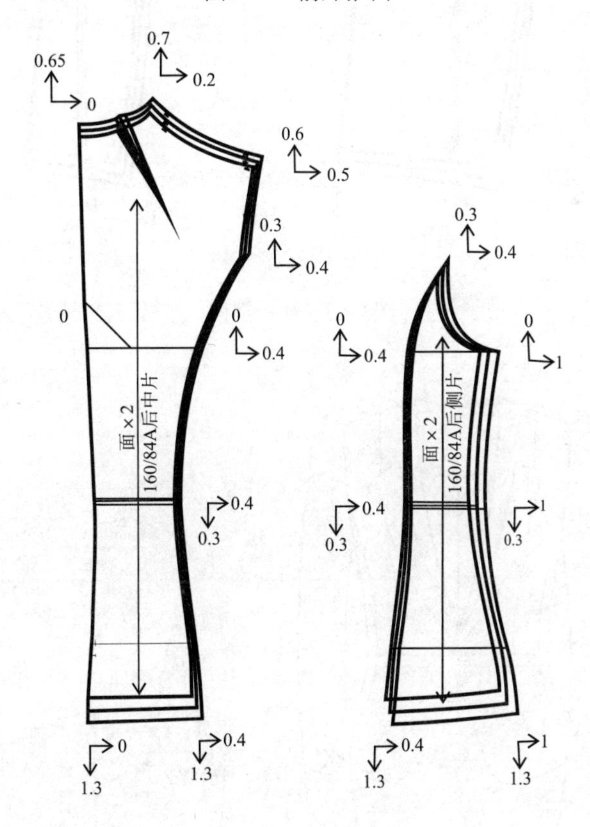

图3-61　后片推档

3. **袖片推档**

袖片推档时，袖山深线不移动（图3-62）。

触类旁通：

1. 根据如图3-63所示的款式进行前片款式拓展。
2. 根据设计好的前片款式进行结构设计。

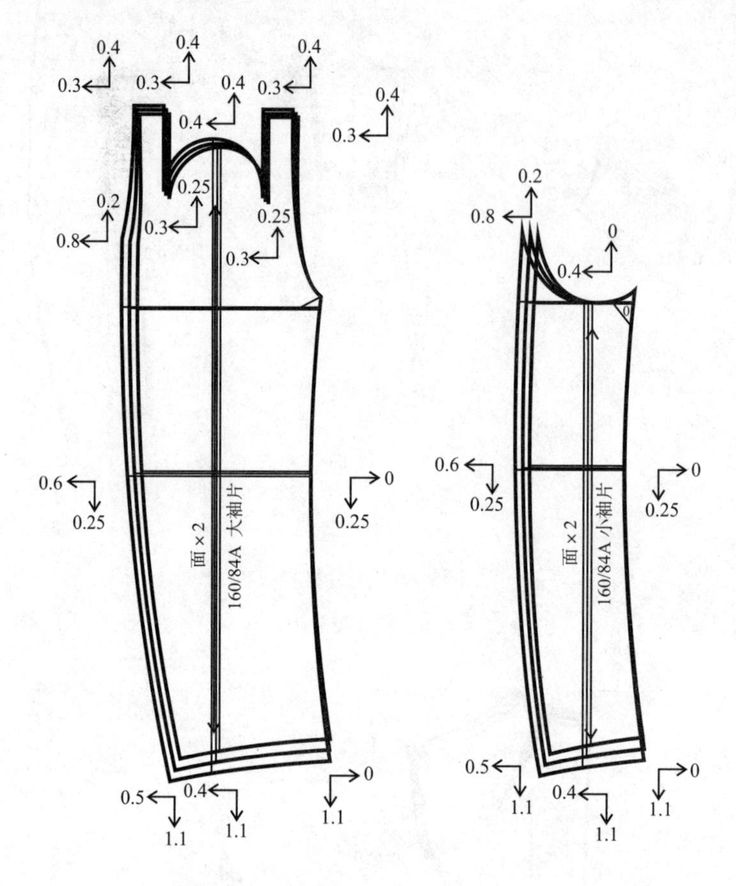

图3-62 袖片推档

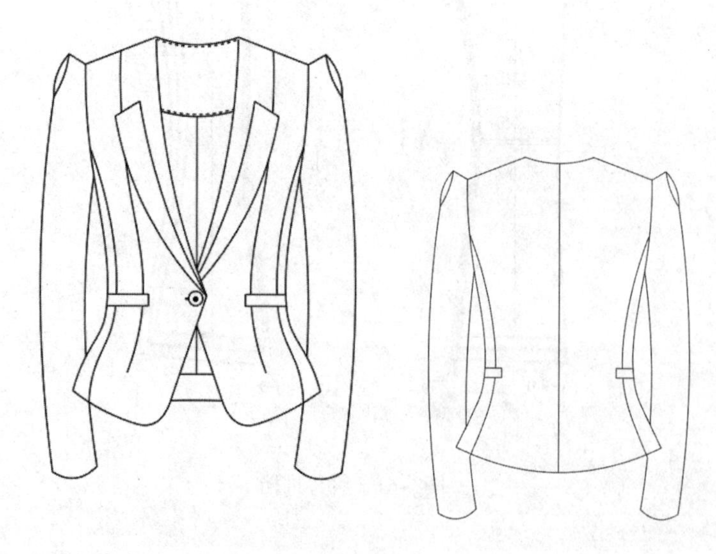

图3-63

项目三　单排扣青果领罗马袖合体女上衣工业制板一体化制作技术

知识目标：

1．学习运用原型对本款式进行衣身前浮余量的消除。

2．学习单排扣青果领罗马袖分割连省成缝、腰省浮余量分配与造型的把握。

3．掌握单排扣青果领罗马袖制板与推档、缝制要点。

能力目标：

1．能够根据服装工艺单进行中间码的服装制板。

2．能够进行基本码和系列规格的设计。

3．能够根据工艺单对服装进行初样设计、样衣试制、初板确认和样板推档。

任务分析：

衣身采用箱形平衡的合体方式，希望通过本项任务的综合完成，增强任务分析能力和动力实践能力，把握衣身结构平衡能力。

任务分析能力和动手实践能力，把握好衣身结构平衡方法。

任务准备：

1．基本的裁剪、制作工具，服装CAD软件操作系统。

2．面料，化纤或毛涤混纺面料。

3．辅料，薄型有纺衬、无纺衬若干，纽扣4粒（含备用扣一粒），配色涤棉缝纫线1团。

任务实施：

一、技术资料分析

此款单排扣青果领罗马袖合体女上衣平面款式图，如图3-64所示。

（一）款式描述

1．前片

单排三粒扣，前片分割线从袖窿至侧缝，弧度较大，分割缝有四个褶裥。

2．后片

在片开背中缝，从后领中心点至腰节线下 2 cm的横向分割线处，后中腰节下2cm横向分割线处抽细褶，后片分割线从袖窿至底边。

3．袖子

采用两片袖结构，袖山两侧各4个褶裥，褶裥之间抽细褶。

4. 领子

青果领，参数由净板为准。

5. 里子

此款上衣有里（做光）。

图3-64　单排扣青果领罗马袖合体女上衣平面款式图

（二）特殊部位示意图

单排扣青果领罗马袖合体女上衣特殊部位示意图，如图3-65所示。

（三）服装工艺单

单排扣青果领罗马袖合体女上衣工艺单，见表3-3。

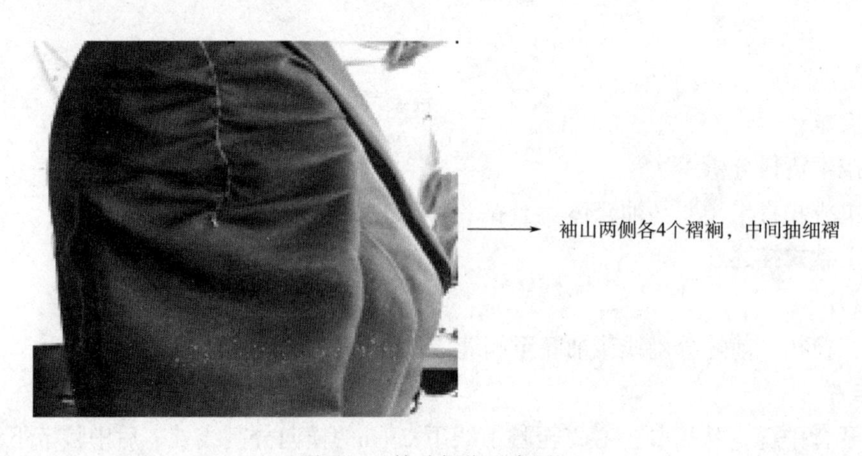

图3-65　特殊部位示意图

表3–3 单排扣青果领罗马袖合体女上衣工艺单

单位：cm

款式名称	单排扣青果领罗马袖合体女上衣
制单日期	2013.7.12

款式图

正面

背面

款式说明：参照工艺说明和工艺图

系列规格表（5.4）

规格	155/80A	160/84A	165/88A	档差
部位	S	M	L	
后中长	46	48	50	2
背长	36	37	38	1
胸围	88	92	96	4
腰围	70	74	78	4
肩宽	34	35	36	1
袖长	58	60	62	2
袖口	12	12.5	13	0.5

工艺说明：

1. 针距为3cm 14~15针
2. 领子：领子为青果领，门襟以净样板为准
3. 袖子：两片罗马袖，按样板制作，袖口缝暗操针
4. 前衣片：前衣片门襟单排扣，收刀背缝至侧缝为止
5. 后衣片：后衣片左右刀背分割线至底边，后中背缝至后腰节线下2cm的横向分割线处

成品要求：成品符合规定尺寸，前片止口处钉单排三粒扣；缝线平整，缉线宽窄一致；整洁无污渍，无线头

面料：面料为全棉斜纹布，每米克重为210g

辅料：有纺衬幅宽90cm，长60cm

纽扣直径2.1cm，共4粒

二、初板制作

（一）衣身结构设计要点

1. 衣身结构设计

衣身结构设计如图3-66所示，要点如下：

（1）制图时未加面辅料经纬缩率。

（2）考虑到面料与纸样的性能不同，制板时衣长加放1cm，袖长加放0.7cm，胸围加放2cm。

2. 后片结构设计

（1）先画原型。

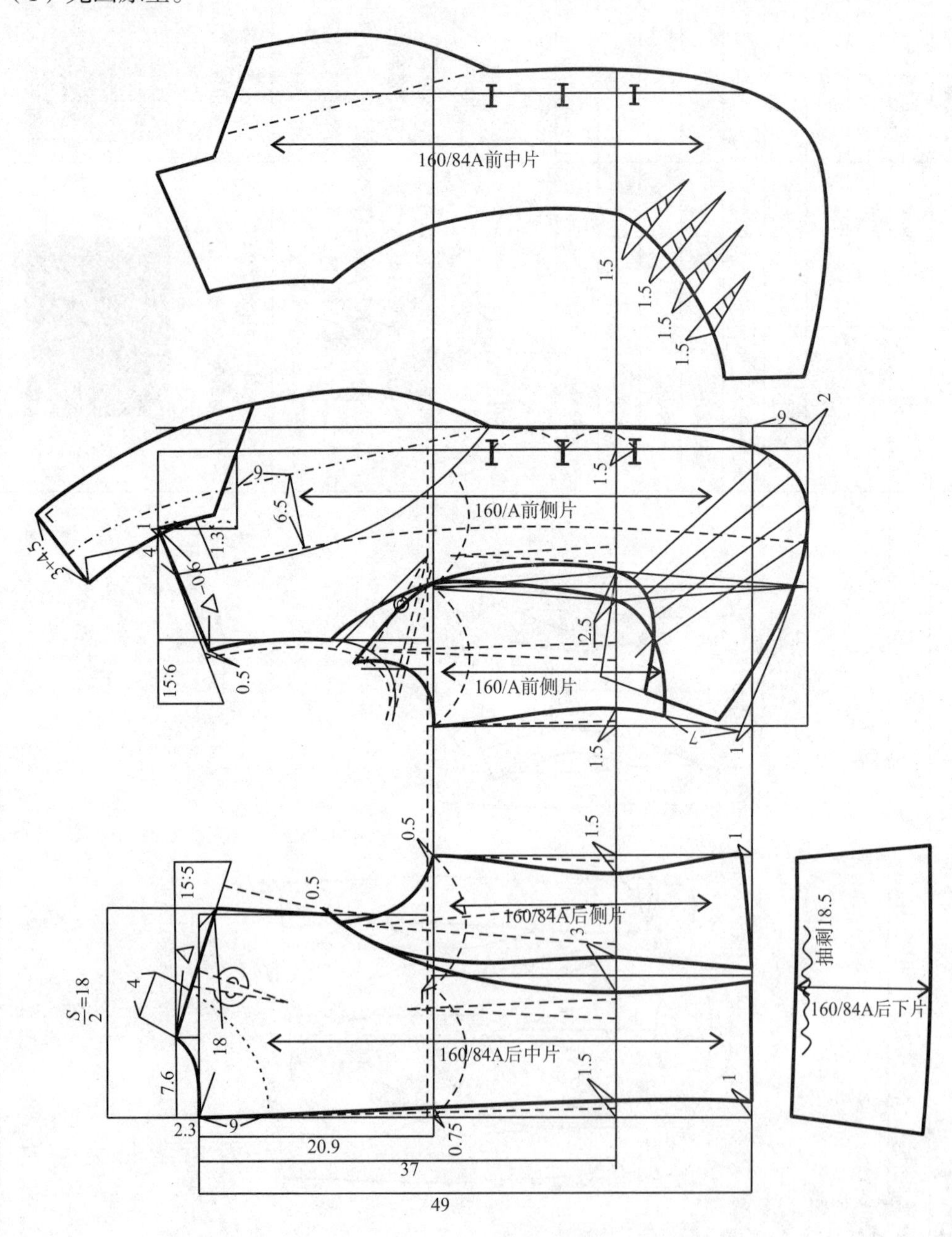

图3-66 青果领单排罗马袖合体女上衣衣身结构设计

（2）后中长：后中长为规格48cm。

（3）后腰节：在后中线上从后颈中点至腰节量37cm为后腰节长。

（4）胸围线：后颈中点向下量20.9cm定出胸围线。

（5）后领宽线：取后横开领宽7.6cm，由后颈中点向右定点量，作后中线的平行线。

（6）后领深线：取后直开领2.3cm，由后颈点往上量定点。

（7）后肩斜：按15：5的比值确定肩斜度。

（8）小肩宽：量取肩宽$\frac{S}{2}$。

（9）后背宽：从肩宽点向左量1.5cm定点，过该点垂直往下至胸围线画线。

（10）后胸围大：后中线与胸围线相交点往右量$\frac{B}{4}$，作下平线的垂直线。

（11）横向分割线：从后片腰节线往下2cm画横向分割，下片抽细褶放宽3cm。

3. **前片结构设计**

制板要点是按照新原型进行省道合并转移，并根据款式图确定分割线。

（1）根据原型上平线作前衣长点。

（2）前中线：垂直相交于上平线和衣长线。

（3）前领宽线：取横开领6.9cm，由前中线向左量定点，过该点作前中线的平行线。

（4）前领深线：取直开领7.5cm，由上平线向下量，过该点作上平线的平行线。

（5）前肩斜：按15：6的比值确定肩斜度，由前横领宽（侧颈点）量取。

（6）前小肩长：从侧颈点向左取后小肩长–0.7cm。

（7）前胸宽：前肩宽点（肩端点）向左量2.5cm，垂直往下至胸围线。

（8）前胸围大：前中线与胸围线交点往左量$\frac{B}{4}$，作下平线的垂直线。

（9）侧缝线：由胸围宽垂直于下摆画线，腰节处收进1.5cm，下摆处放出1cm，起翘1cm。

（10）叠门：由前中心线往右量取2cm，为叠门宽。

（11）扣位：按款式图造型画出扣位。

（二）袖片结构设计

袖片结构设计如图3–67所示。

（1）把前、后袖窿复制出，作袖子基本原型。

（2）画袖山高15cm，袖肘32cm，袖长60cm。

（3）量取前后袖窿长度，作袖山斜线，后AH–吃势1.1cm和前AH+吃势0.9cm。

（4）后袖山斜线三等分，前袖山斜线二等分。

（5）在后袖山斜线下一等分处与前袖山斜线等分处向下量1cm处定点，画袖山弧线。

（6）袖山顶点往前偏0.8cm。

（7）按一片袖基本原型，往右偏1.5cm，作袖底缝线。

（8）画出袖口大。

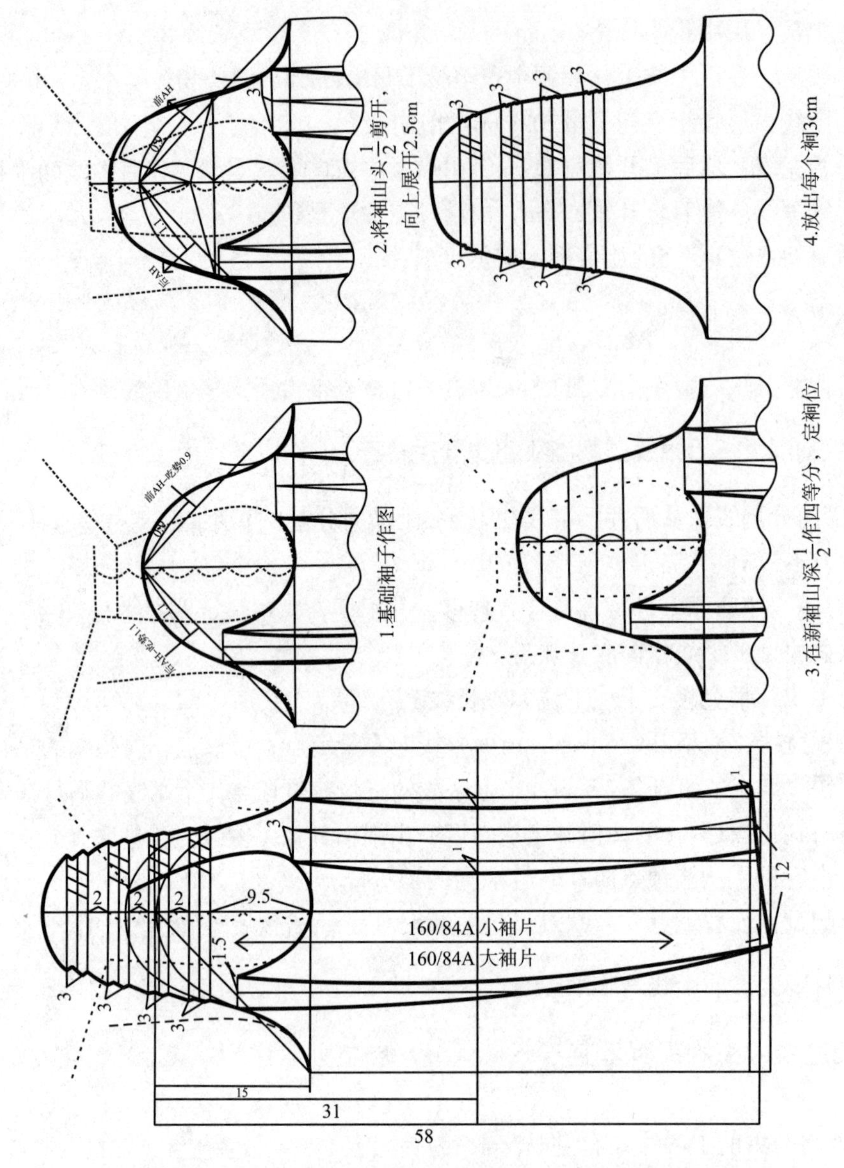

图3-67　单排扣青果领罗马袖合体女上衣袖片结构设计

（9）沿袖山深的一半剪开，袖山上部分展开2.5cm。

（10）画出新袖山弧线。

（11）将画好的新袖山弧线，在新袖山深$\frac{1}{2}$以上部位横向画分割线四条，每条线之间加放3cm褶裥量。

（12）量出本来袖山弧线的长度，再量出完成后的袖山弧线长度，适量调节褶裥的大小。

（三）零部件结构设计

（1）后领贴：在后肩线上量取4cm，后中线上量取6cm画顺作后领贴。

（2）过面：过面在前肩线上量取4cm，往下至前下摆，画顺作过面。

（3）衣领：领子根据结构图为准。

（4）分划线：分割线造型，看图片，自行分析。

三、初版确认

（一）样板放缝

此款单排扣青果领罗马袖合体女上衣样板放缝，如图3-68所示。放缝要点如下：

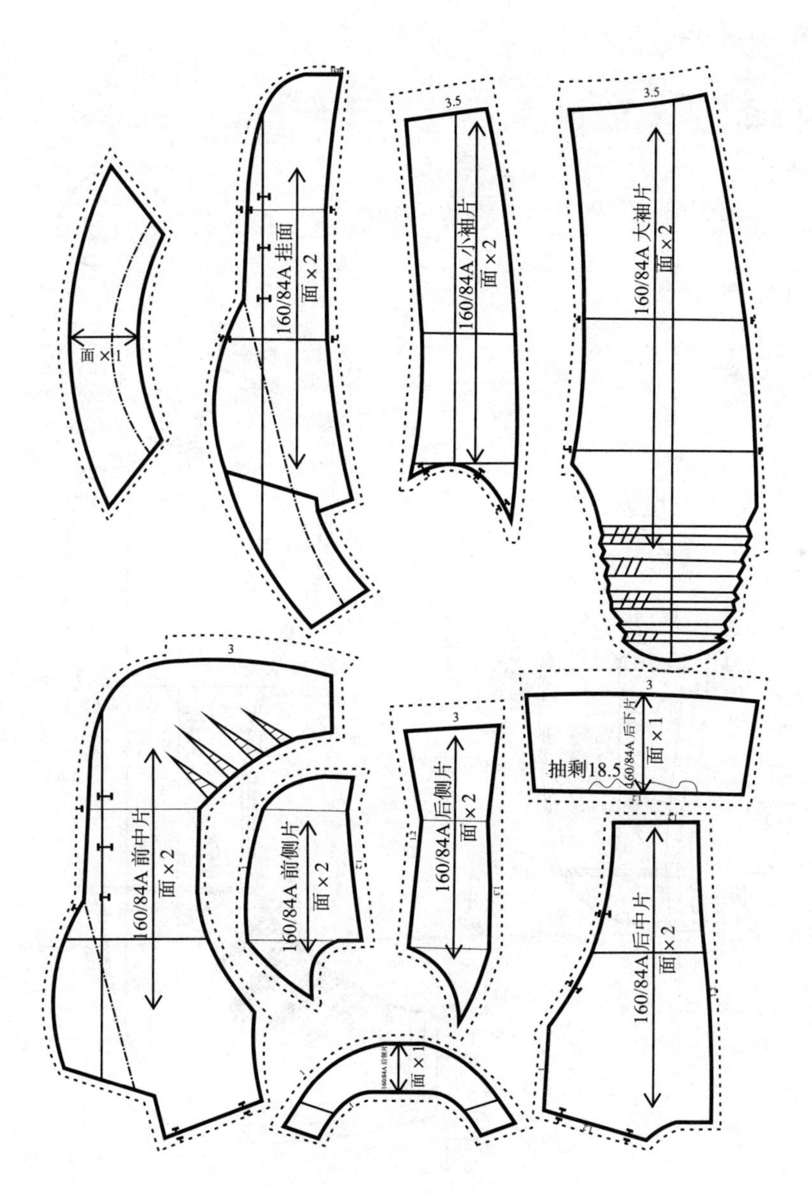

图3-68　服装裁片放缝

（1）常规情况下，衣身分割线前、后中片缝份0.8cm，前、后侧片缝份为1.3cm、肩缝、侧缝缝份为1.2cm，袖窿的缝份为1cm；袖山、领圈等弧线部位缝份为1cm；后中背缝缝份为1.2cm。

（2）下摆贴边和袖口贴边宽为净宽加1cm。

（3）放缝时弧线部位的端角要保持与净缝线垂直。

（二）样板标识

（1）样板上作丝缕线；写上样片名称、裁片数、号型等（不对称裁片应标明上下、左右、正反等信息）。

（2）作好对位标记、剪口。

四、系列样板

1. 前片推档

前片推档时，前中线、前胸围线不移动（图3–69）。

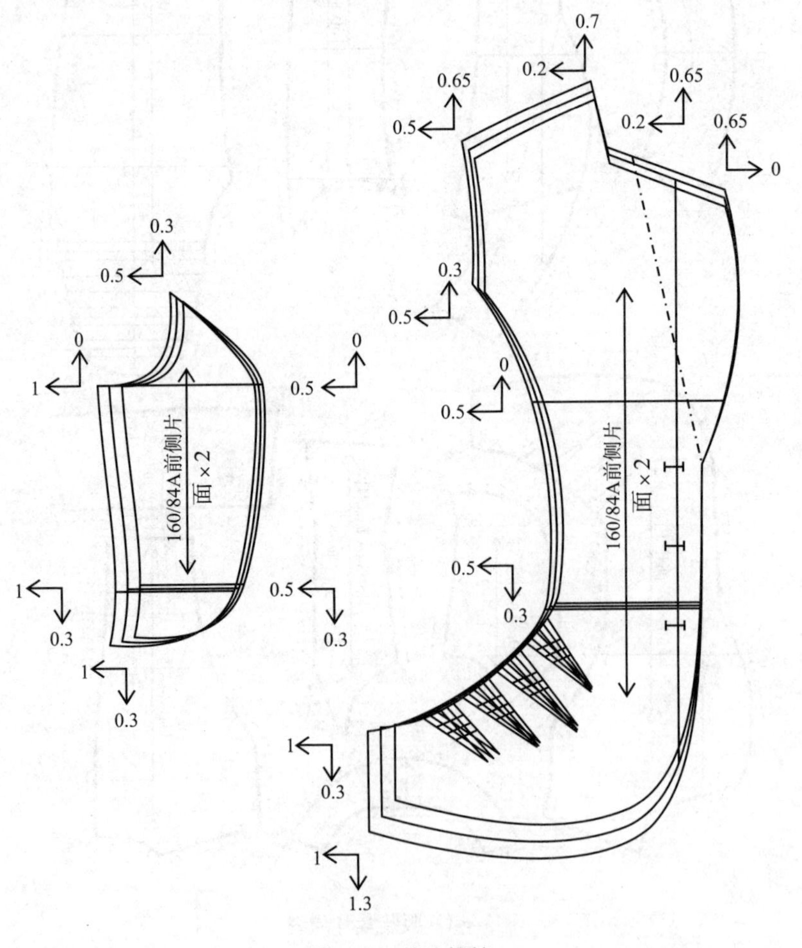

图3–69 前片推档

2. **后片推档**

后片推档时，后中线、后胸围线不移动（图3–70）。

3. **袖片推档**

袖片推档时，袖山深线不移动（图3–71）。

4. **零部件推档**

零部件推档如图3–72所示。

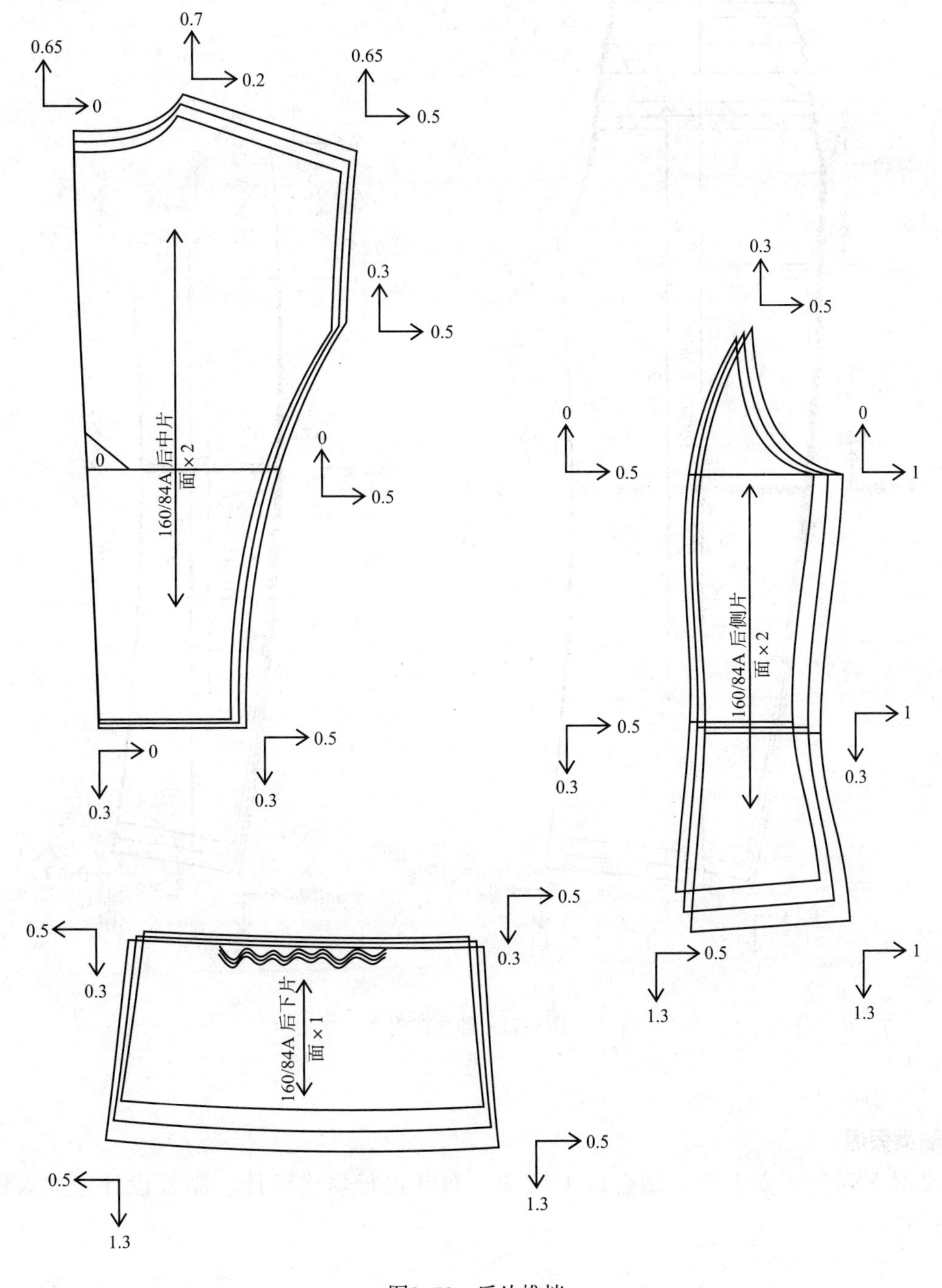

图3–70　后片推档

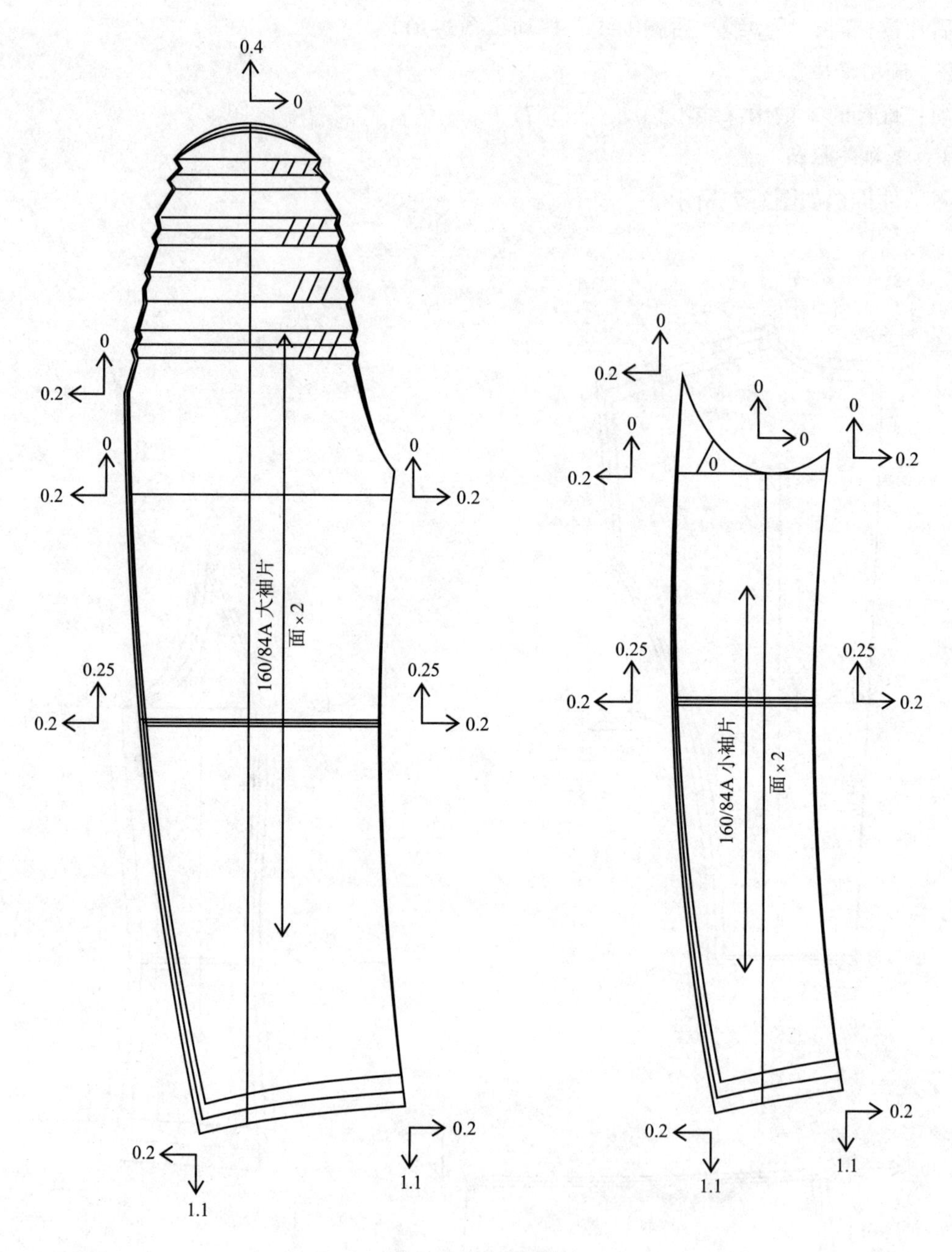

图3-71　袖片推档

触类旁通：

根据下列款式女上衣，结合以上所学，对其进行规格设计、制板设计、成衣制作（图3-73）。

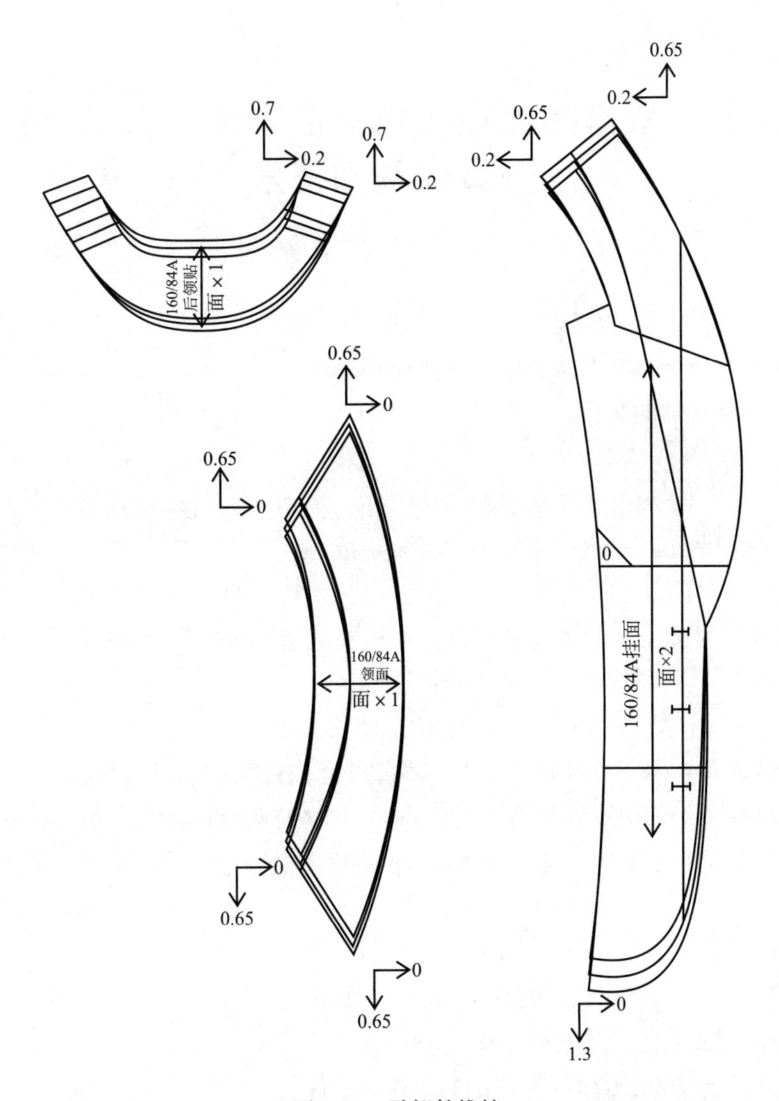

图3-72　零部件推档

图3-73

项目四　双排扣无领花苞袖合体女上衣工业制板一体化制作技术

知识目标：

1. 学习双排扣的定位方法。
2. 掌握弧形刀背分割缝在服装中的具体应用。
3. 学习立体花苞袖的制板、缝制过程。

能力目标：

1. 能够根据服装工艺单进行中间码的服装制板。
2. 能够进行基本工艺单的编制。
3. 能够根据工艺单对服装进行初样设计、样衣试制、初板确认和样板推档。

任务分析：

合体女外套是女装中一个重要的品类。本款外套门襟采用双排六粒扣，袖子采用时下最流行的立体花苞造型，分割线的造型也比普通的刀背分割缝弧度大，有一定的特殊性和代表性，希望通过本项任务的综合完成，增强同学们的任务分析能力和动手实战能力。

任务准备：

1. 基本的裁剪、制作工具，服装CAD软件操作系统。
2. 面料为化纤或毛涤混纺面料，长度100cm。
3. 里料为涤平纺160g或美丽绸，用料长90cm左右。
4. 配料有薄型有纺衬、无纺衬若干，纽扣7粒（含备用扣一粒），配色涤棉缝纫线1团。

任务实施：

一、技术资料分析

（一）款式描述

此款双排扣无领花苞袖合体女上衣，如图3-74所示。

1. *前片*

无领圆领口，偏门襟双排6粒扣。前片弧形刀背分割从袖窿至底边，弧度较大，开一字嵌线袋，前片肩部拼复势，育克中间有纵向分割线。

2. *后片*

开背中缝，从后领中点至腰节线下4.5cm的横向分割线处，后中下摆衣片有圆角造型。后片刀背分割线从袖窿至下摆。

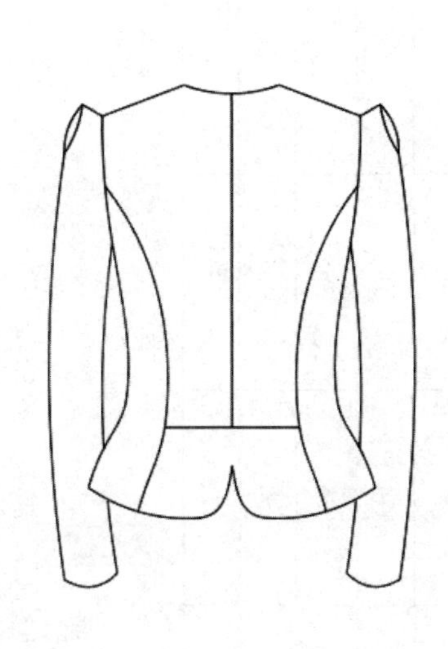

图3-74　双排扣无领花苞袖合体女上衣平面款式图

3. **袖子**

采用一片袖结构，袖头呈立体花苞造型。

4. **里子**

此款上衣配夹里。

（二）特殊部位示意图

此款双排扣无领花苞袖合体女上衣特殊部位示意图，如图3-75所示。

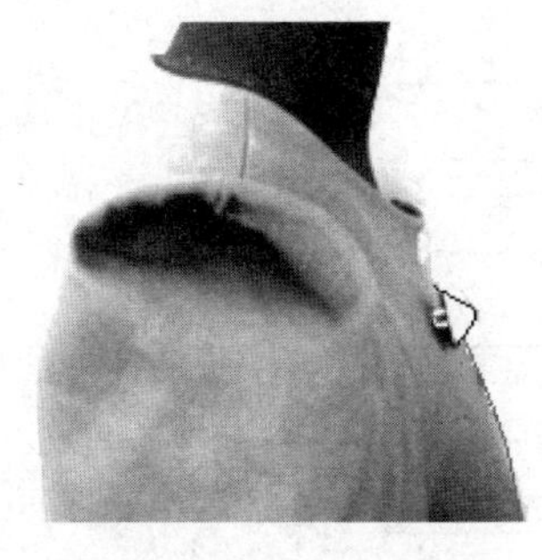

袖山呈立体花苞造型

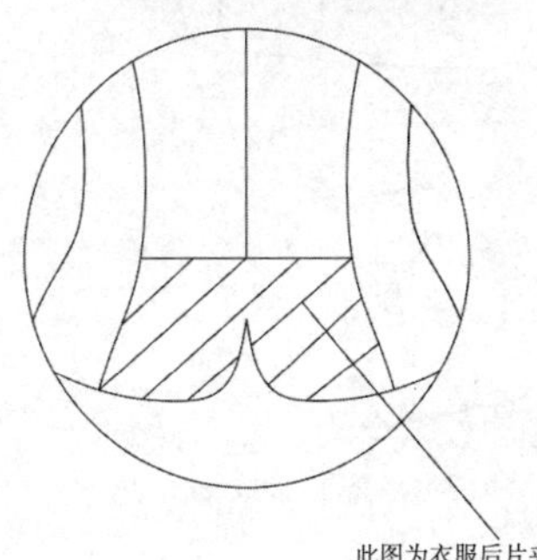

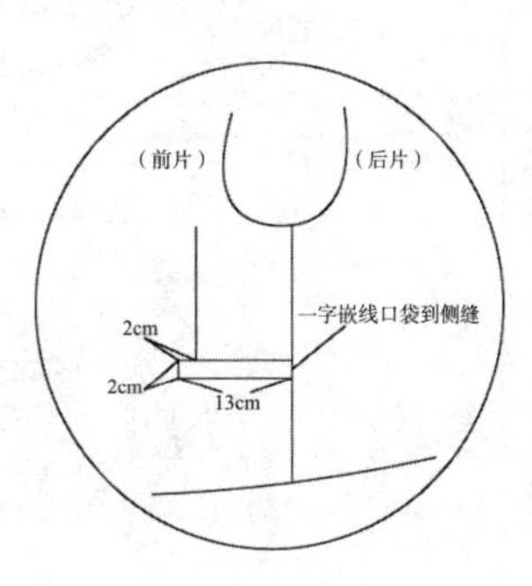

图3-75　特殊部位示意图

（三）工艺单

此款双排扣无领花苞袖合体女上衣工艺单，见表3-4。

表3-4　双排扣无领花苞袖合体女上衣工艺单sa

单位：cm

<table>
<tr><td>款式名称</td><td>双排扣无领花苞袖合体女上衣</td><td colspan="5">系列规格表（5.4）</td></tr>
<tr><td>制单日期</td><td>2013.7.12</td><td>规格</td><td>155/80A</td><td>160/84A</td><td>165/88A</td><td>档差</td></tr>
<tr><td colspan="2" rowspan="9">款式图：
正面
背面
款式说明：参照工艺说明和工艺图</td><td>部位</td><td>S</td><td>M</td><td>L</td><td>—</td></tr>
<tr><td>后中长</td><td>50</td><td>52</td><td>54</td><td>2</td></tr>
<tr><td>背长</td><td>36</td><td>37</td><td>38</td><td>1</td></tr>
<tr><td>胸围</td><td>88</td><td>92</td><td>96</td><td>4</td></tr>
<tr><td>腰围</td><td>70</td><td>74</td><td>78</td><td>4</td></tr>
<tr><td>肩宽</td><td>34</td><td>35</td><td>36</td><td>1</td></tr>
<tr><td>袖长</td><td>56.5</td><td>58</td><td>59.5</td><td>1.5</td></tr>
<tr><td>袖口</td><td>12</td><td>12.5</td><td>13</td><td>0.5</td></tr>
<tr><td colspan="5">工艺说明：
1. 针距为3cm14～15针
2. 领子：领子为无领，门襟以净样板为准
3. 袖子：一片花苞袖，按样板制作，袖口折边宽2.5cm
4. 前衣片：前衣片斜襟双排扣，肩部育克有纵向分割线
5. 口袋：前片开一字嵌线袋，长13cm，宽2cm
6. 后衣片：后上片左右刀背分割线至底边，后中背缝至下摆分割线处，后中下摆衣片收圆角，具体参照款式图
成品要求：成品符合规定尺寸，前片止口处钉双排6粒扣；缝线平整，缉线宽窄一致；整洁无污渍，无线头</td></tr>
<tr><td colspan="2"></td><td colspan="2">面料：毛涤混纺面料，每米克重为210g</td><td colspan="2">辅料：有纺衬幅宽90cm，长60cm
纽扣直径2.1cm，共7粒</td><td>夹里：采用美丽绸或涤平纺均可</td></tr>
</table>

二、初板制作

（一）衣身结构设计

衣身结构设计，如图3-76所示。

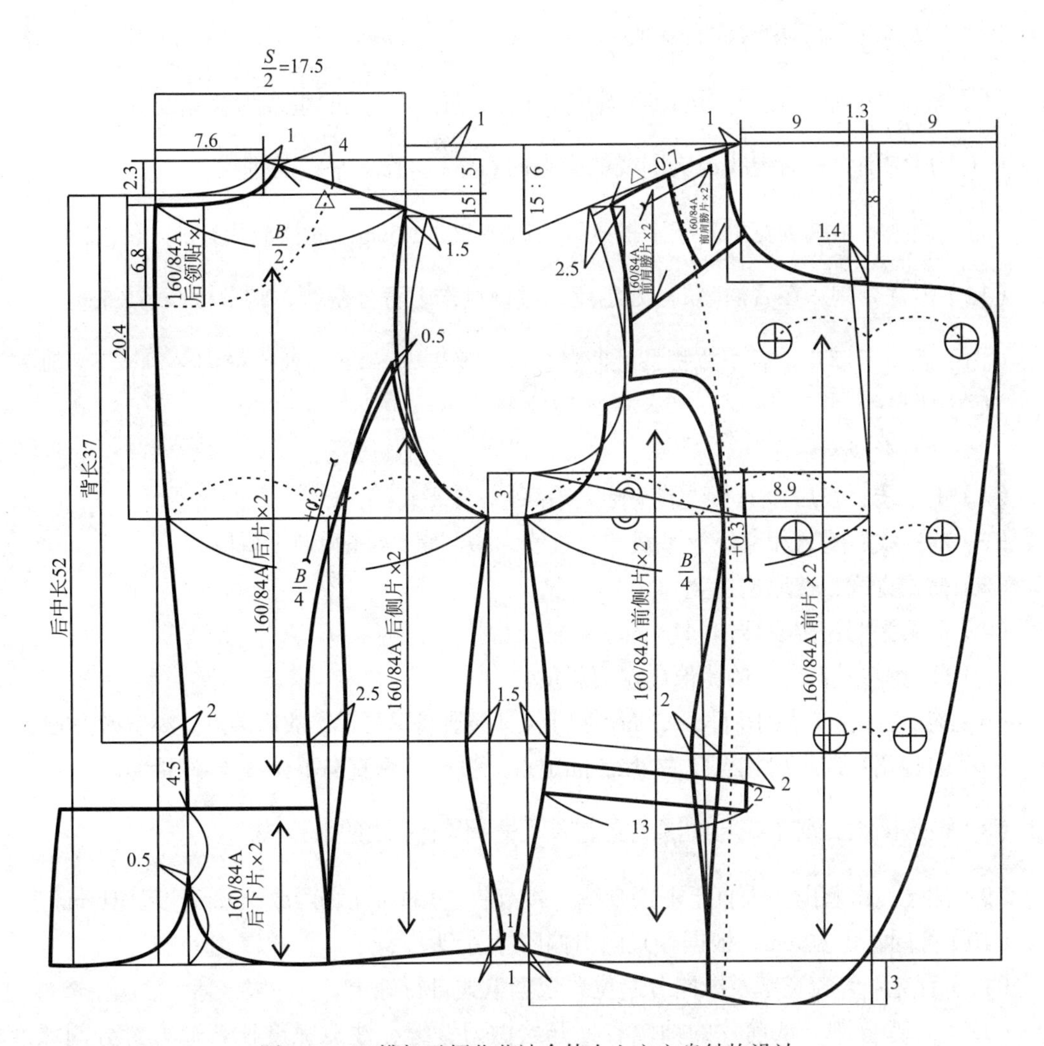

图3-76　双排扣无领花苞袖合体女上衣衣身结构设计

1. 结构设计要点

（1）制图时未加面辅料经纬缩率。

（2）考虑到面料与纸样的性能不同，制板时衣长加放1cm，袖长加放0.7cm，胸围加放2cm。

2. 后片结构设计

（1）首先画出前、后衣片原型，在此基础上进行具体结构制图。

（2）后中长：沿背中线，从后领深向下量52cm。

（3）后腰节线：从后领深沿背长向下量37cm，为腰节线处。

（4）胸围线：从后领深向下量20.4cm。

（5）后领宽线：按原型加宽1cm。

（6）后领深线：按原型后领深加深0.5cm。

（7）后肩斜：按15：5的比值确定肩斜度。

（8）后肩宽：由后中线向右量取$\frac{S}{2}$。

（9）后背宽；肩宽点向左量1.5cm定点，过该点作下平线的垂线为背宽线。

（10）后胸围大：后中线与胸围线的交点向右量$\frac{B}{4}$，作下平线的垂线。

（11）侧缝：由胸围宽垂直于下摆画线，腰节收进1.5cm，底摆放出1cm，起翘1cm。

（12）刀背分割：在后袖窿的$\frac{1}{2}$处定点，过该点作刀背分割线，腰节处收省2.5cm。

（13）后中下摆片：后中线腰节处收进2cm，腰节线下4.5cm处作横向分割，下摆画成圆角，按后中线对称。

3. 前片结构设计

（1）上平线：在后片上平线的基础上抬高1cm作平行线。

（2）前中线：垂直相交于上平线和衣长线，撇门量1.4cm画顺至胸围线。

（3）前领宽线：按原型加宽1cm。

（4）前领深线：按原型加深1.4cm。

（5）前肩斜：按15：6的比值确定肩斜度。

（6）前小肩长：取后小肩长-0.7cm，由于人体肩胛骨呈弓形，故肩端点处小肩撇去0.5cm。

（7）前胸宽：前小肩端点向右量2.5cm定点，过该点垂直向下画线至胸围线。

（8）前胸围大：前中线与胸围线交点向左量$\frac{B}{4}$作上平线的平行线。

（9）侧缝：由胸围线垂直于下摆画线，腰节收进1.5cm，底摆放出1cm，起翘1cm。

（10）叠门：上宽9cm，根据款式画出偏门襟造型。

（11）育克：育克宽窄及纵向分割位置根据款式自行确定。

（12）刀背分割：从前片的袖窿省处开始做刀背缝，注意弧度比普通刀背分割弧度略大。刀背分割线至腰节线处合并原型省道，产生新腰省2cm，胸省转至弧线分割线处。

（13）袋位：根据款式图定出袋位，袋宽为13cm，衣袋嵌线宽为2cm。

（14）扣位：按款式设计定出扣位。

（二）袖片结构设计

此款双排扣无领花苞袖合体女上衣袖片结构设计，如图3–75所示。

（1）在前、后袖窿基础上，作袖子基本原型。

（2）画袖山高为16cm，袖肘长32cm，袖长58cm。

（3）根据前AH、后AH值画出袖山斜线。

（4）根据图示画顺袖山弧线，袖山中点向前偏移0.8cm。

（5）由于人体手臂自然下垂时略向前微弯，为了适应人体活动和手臂造型，按一片袖基本原型，向前偏移1.5cm，作袖底缝线。

（6）画出袖口大，根据图示，按照袖口±2cm进行制图。

（7）袖山深在原袖山的基础上抬高16cm定点，过该点，向下量10cm确定袖山折叠中点。

（8）按照袖肥19cm和新的袖山中点，画顺新的袖山弧线。

（9）在新的袖山弧线上确定袖山折叠点*B*、*C*（具体见袖片结构设计），确保弧线*OE*=*BE*，弧线*OF*=*CF*。

（三）零部件结构设计

（1）后领贴：在后衣片图的后肩上量取4cm定点，后中线上量取6.8cm定点，为该两点画顺作后领贴。

（2）过面：在前衣片图上从颈侧点沿小肩线向左量取4cm定点，过该点向下画顺至下摆。

三、初板确认

（一）样板放缝

1. 面料放缝

面料裁片放缝，如图3-77所示。

（1）分割线、肩缝、侧缝、袖窿的缝份为1cm；袖山、领圈等弧线部位缝份为0.8cm；后中背缝缝份为1.5cm。

（2）底边和袖口贴边宽为4cm。

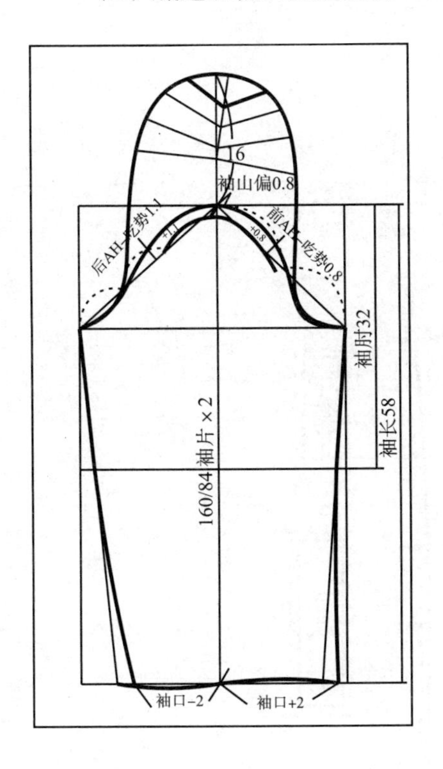

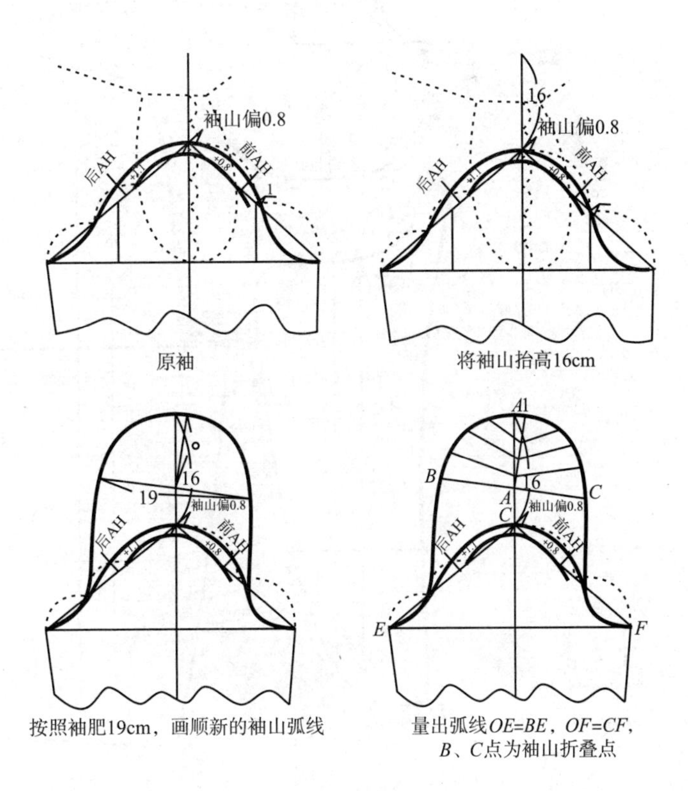

图3-77　双排无领花苞袖合体女外套袖片结构设计

（3）放缝时弧线部位的端角要保持与净缝线垂直。

2. **里料放缝**

里料裁片放缝，如图3–78所示。

（1）衣身裁片的肩缝、侧缝、分割线、袖窿的缝份为1.5cm。

（2）袖裁片的袖山、领圈等弧线部位缝份为1cm。

（3）后中缝份从后领贴向下至腰节线处放3cm，衣片下摆贴边宽为3cm，袖口贴边为4cm，其余部分放1.5cm。

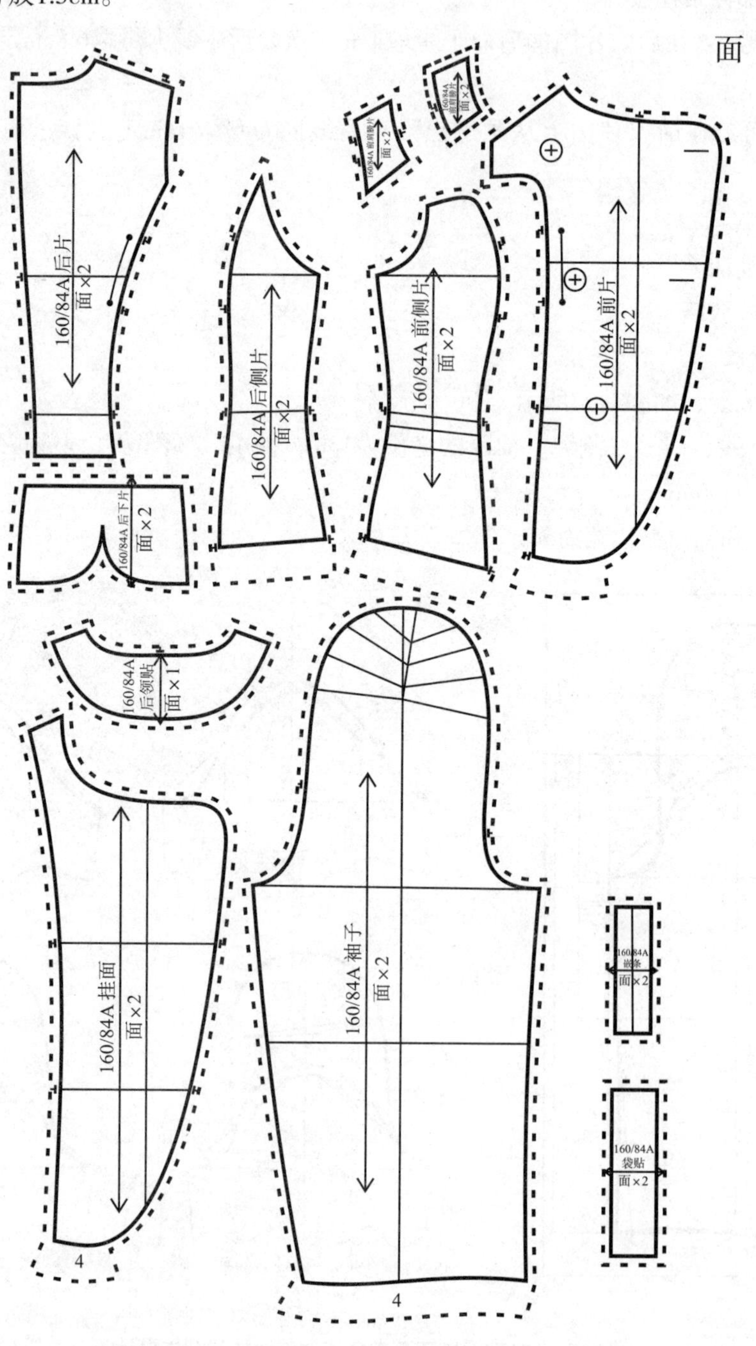

图3–78 服装裁片放缝

（二）样板标识

（1）样板上做好丝缕线；写上样片名称、裁片数、号型等（不对称裁片应标明上下、左右、正反等信息）如图3-79所示。

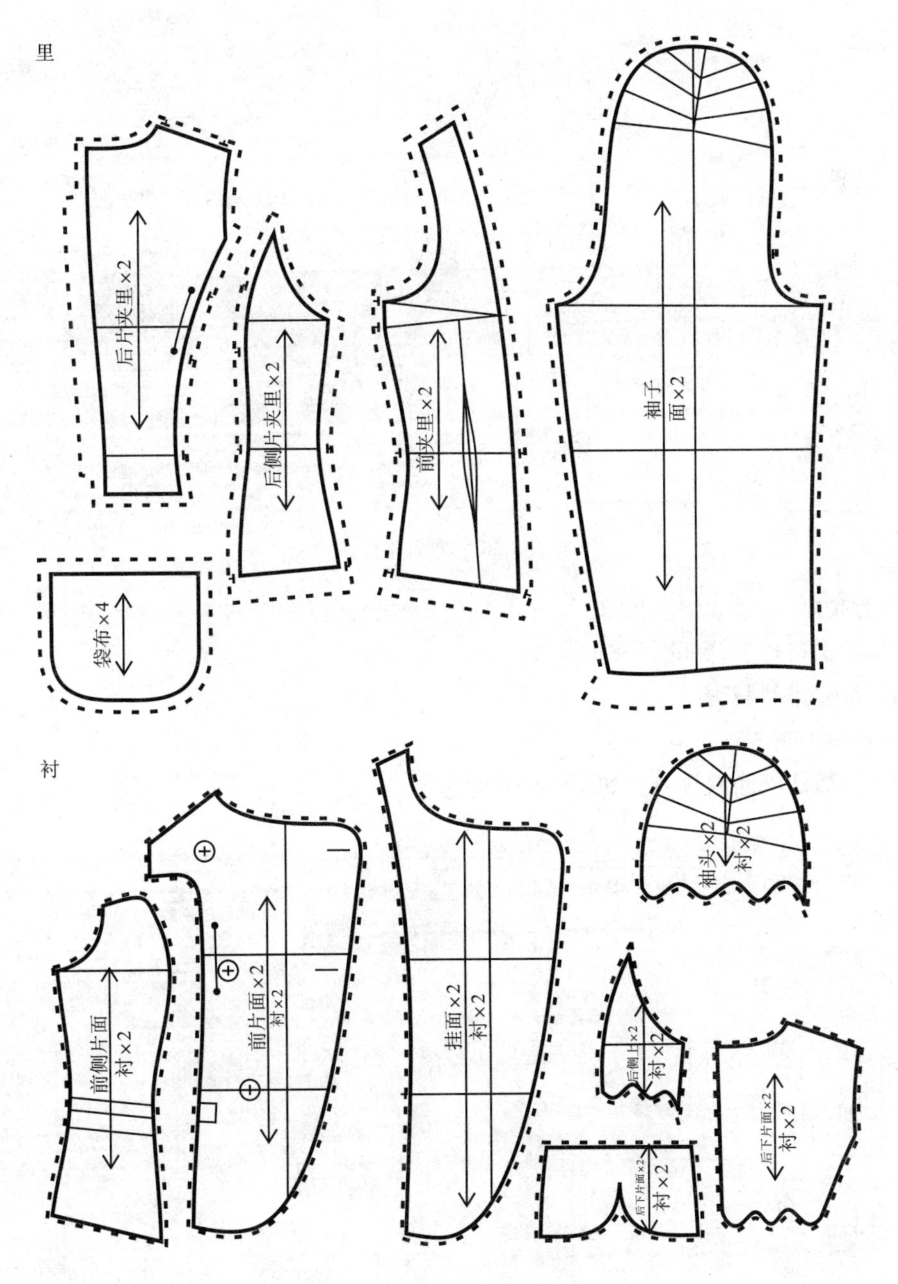

图3-79　夹里、衬料放缝图

（2）作好对位标记、剪口。

（三）工业排板（三件套排）

1. 面料排板

工业生产面料排板，如图3-80所示。

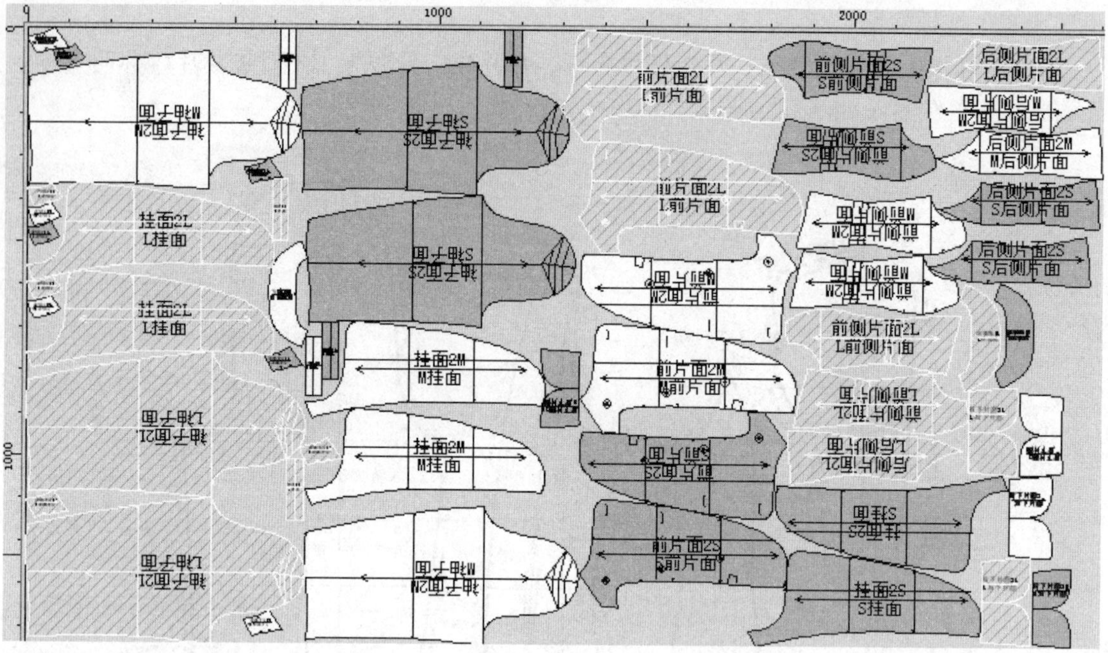

图3-80　面料排板

2．**里料排板**

工业生产里料排板，如图3-81所示。

（四）单件排料裁剪

1．**面料排料裁剪图**

单件排料裁剪的面料排料，如图3-82所示。

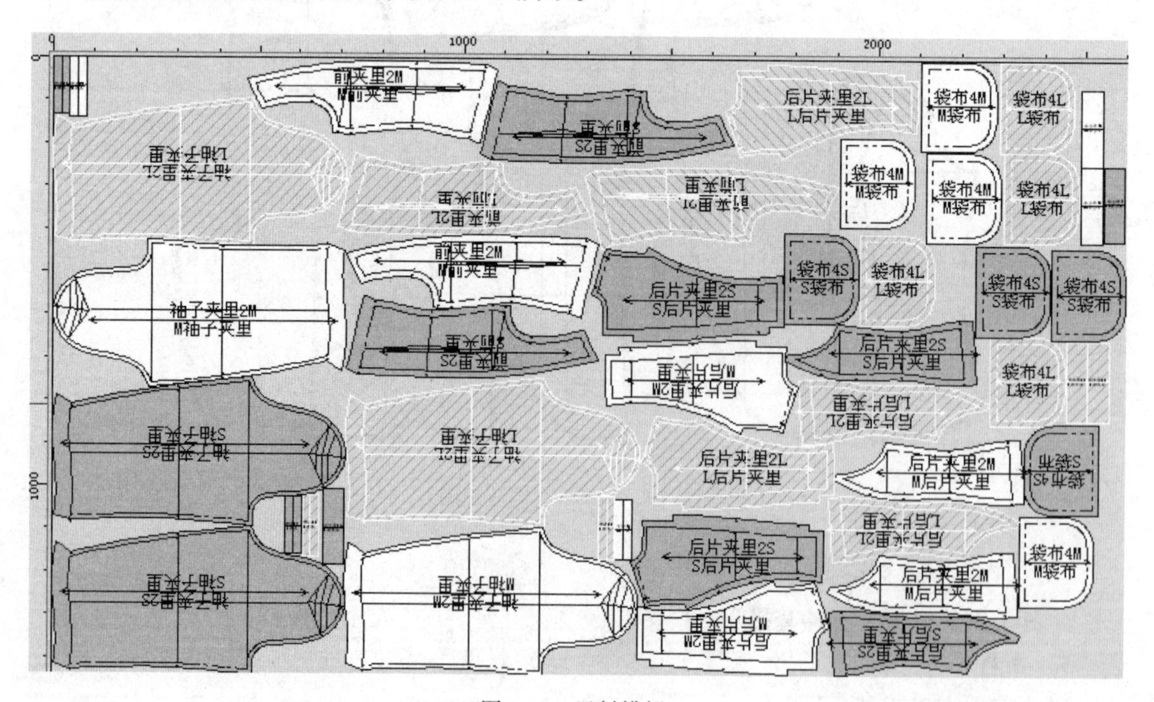

图3-81　里料排板

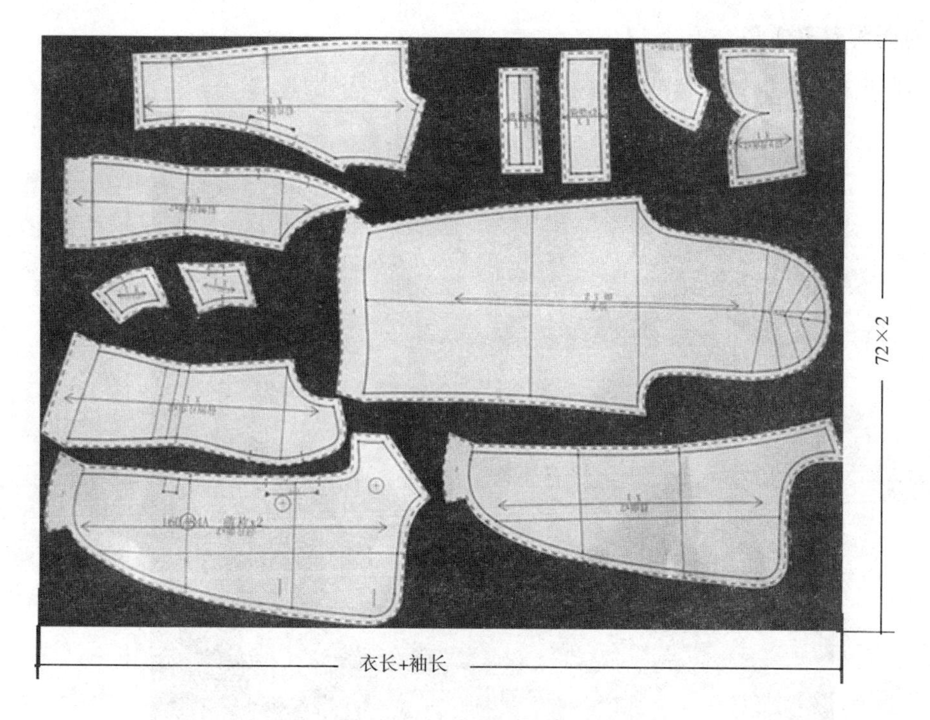

图3-82　面料排料裁剪图

2. 里料排料裁剪图

单件排料裁剪的里料排料裁剪，如图3-83所示。

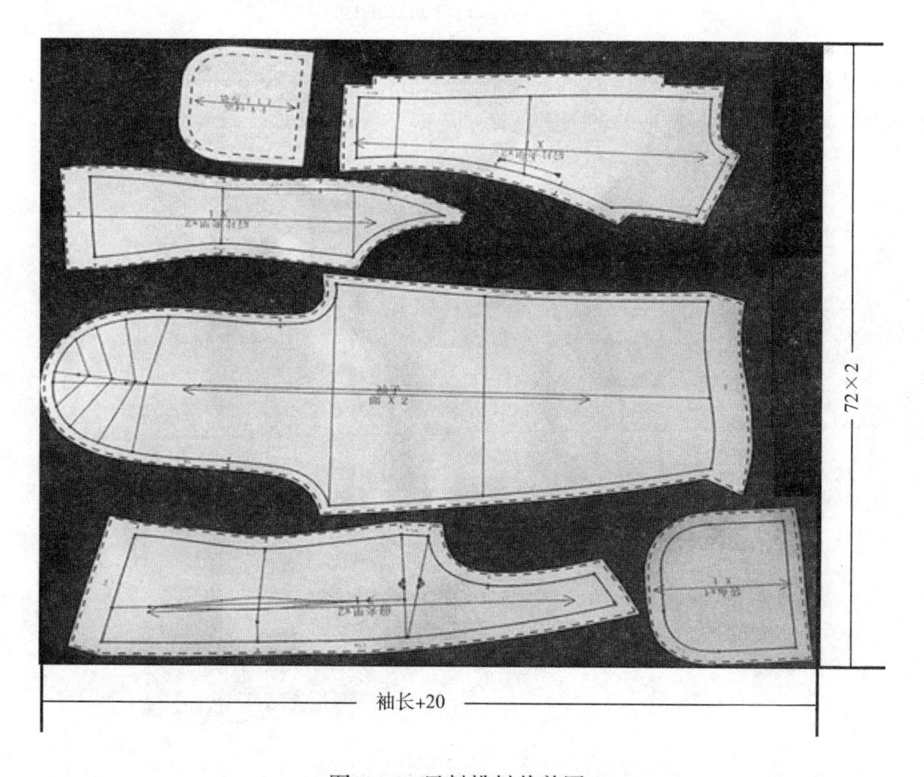

图3-83　里料排料裁剪图

3. **衬料排料裁剪图**

单件排料裁剪的衬料排料裁剪，如图3-84所示。

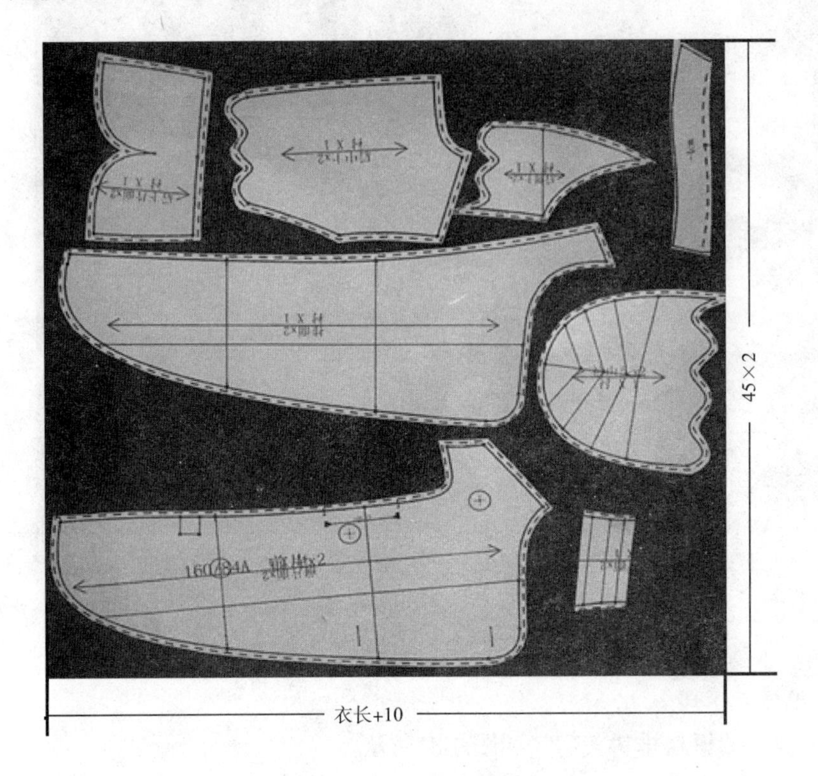

图3-84 衬料排料裁剪图

4. **衣片粘衬示意图**

单件排料裁剪的衣片粘衬示意图如图3-85所示。

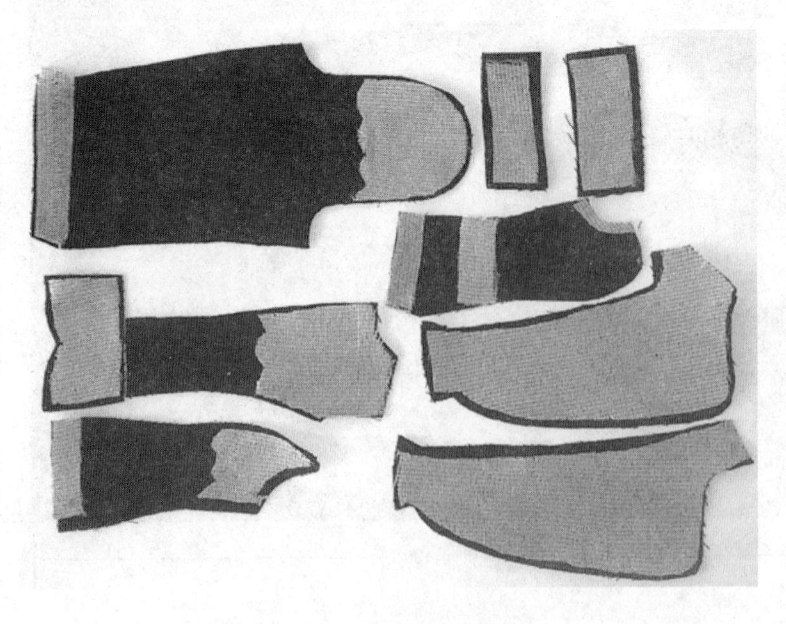

图3-85 衣片粘衬示意图

（五）坯样试制

坯样的缝制应严格按照样板要求操作。具体的缝制工序如下：检查裁片→作缝制标记→粘衬→拼育克→拼前侧片→前片开袋→画止口净样、敷牵带→拼后侧片→合后中缝→做后中片圆角下摆→合摆缝、做底边→合肩缝→敷过面、后领贴边→翻烫过面→做袖、装袖→手工→整烫→检验

1. **后片缝制要点**

（1）后中下摆片圆角处按净样平缝（图3-86）。

（2）将后中下摆片缝份修剩0.5cm（图3-87）。

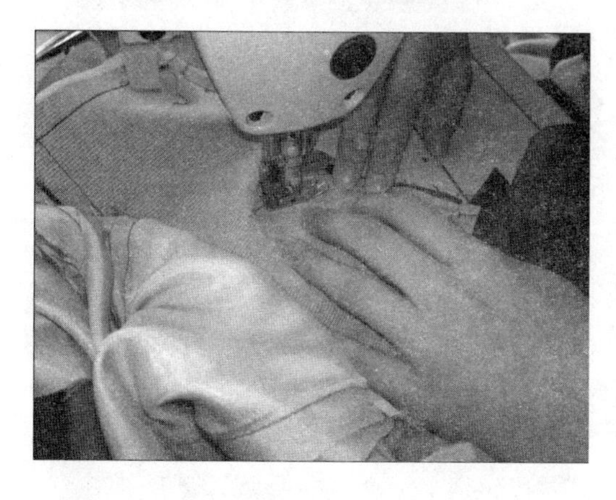

图3-86　平缝

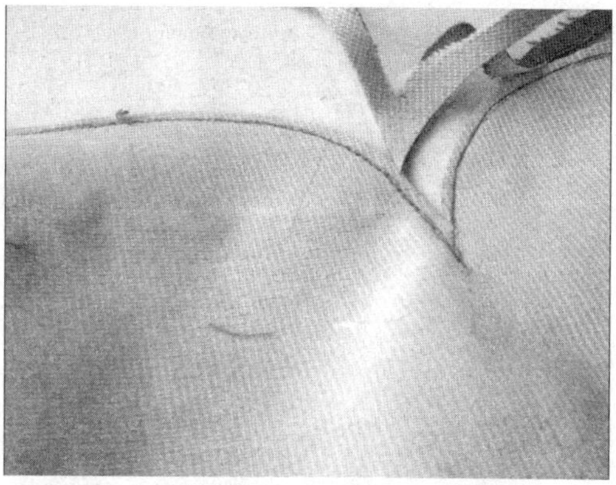

图3-87　修剪缝份

（3）翻烫后中下摆，注意止口不要反吐（图3-88）。

（4）后中下摆夹里与下摆缝合后的效果（图3-89）。

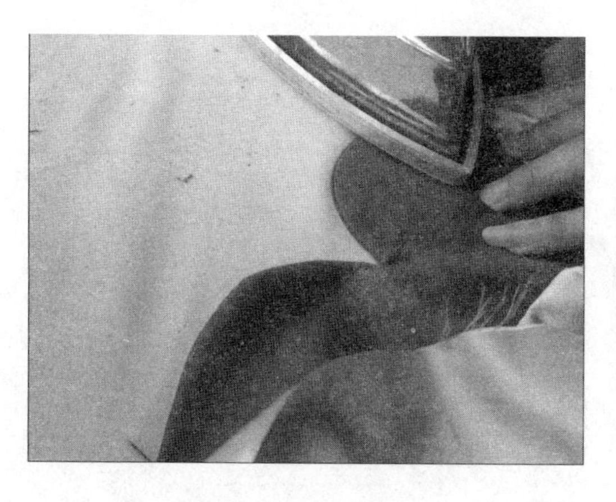

图3-88　翻烫下摆

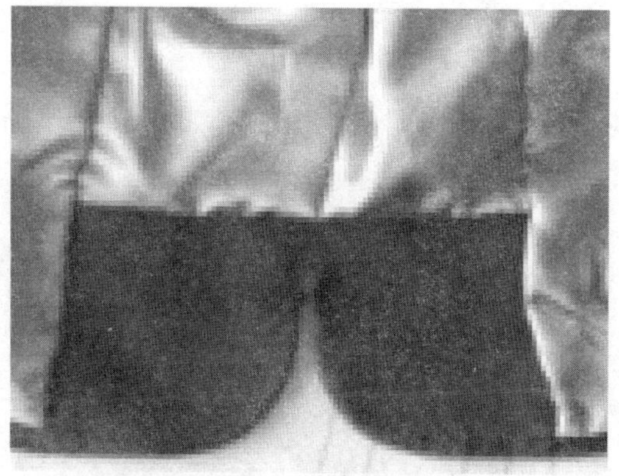

图3-89　效果图

2. **前片重要部位缝制要点**

（1）平缝侧缝，将前片袋布与侧缝一起缝合（图3-90）。

（2）将育克纵向分割，育克与前侧片平缝后的缝份进行熨烫（图3-91）。

（3）按过面净样平缝，外口折净（图3-92）。

（4）过面缝份修剩0.5cm后翻烫过面（图3-93）。

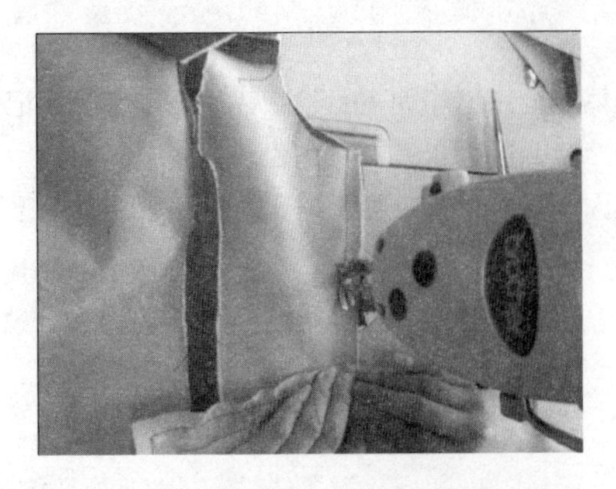

图3–90　平缝侧缝

图3–91　熨烫

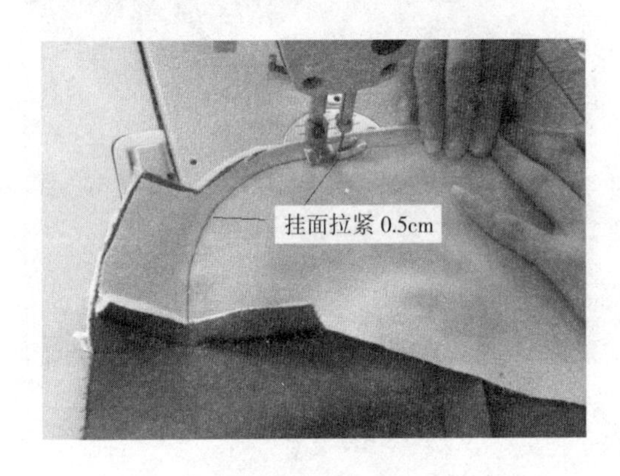

图3–92　平缝过面

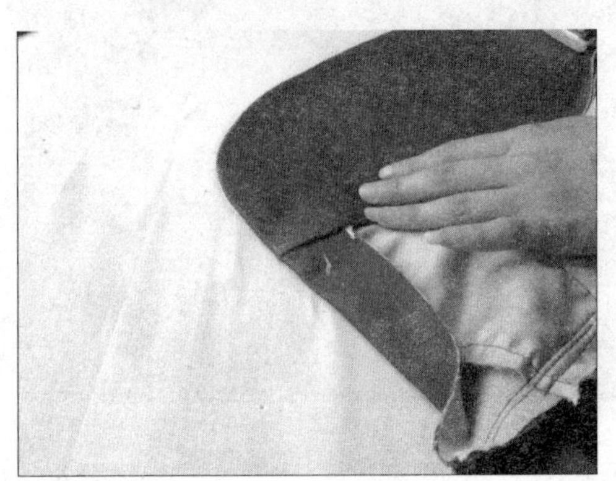

图3–93　修缝过面

3．袖片重点缝制步骤

（1）袖山深$\frac{1}{2}$处烫有纺衬（图3–94）。

（2）袖山顶点*A*1沿袖中线向下量10cm，用锥子定出A 点（图3–95）。

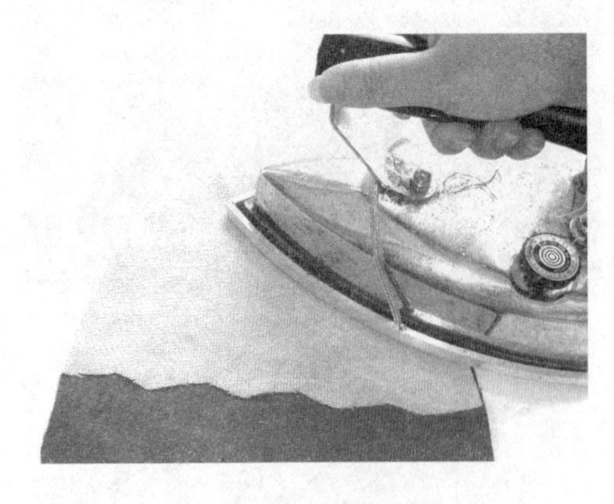

图3–94　烫有纺衬

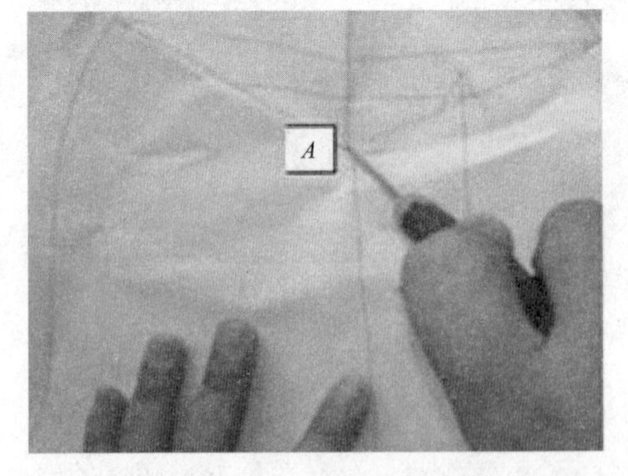

图3–95　定出*A*点

（3）定出袖山折叠点*B*和*C*（图3–96）。

（4）以*A*1点至*A*点进行对折，*B*、*C*点重合，与*A*点缝合（图3–97）。

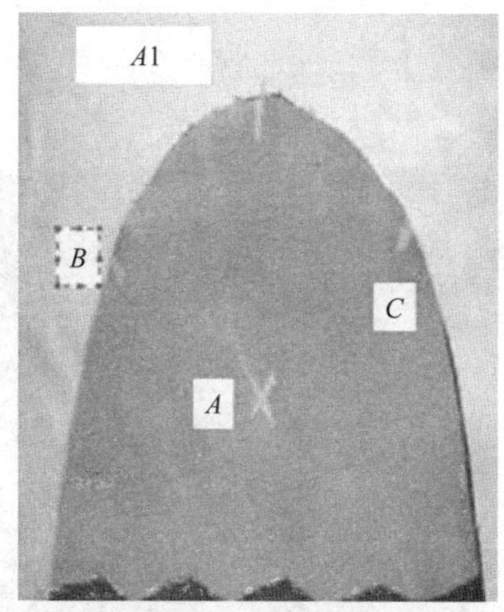

图3-96　定袖山折叠点

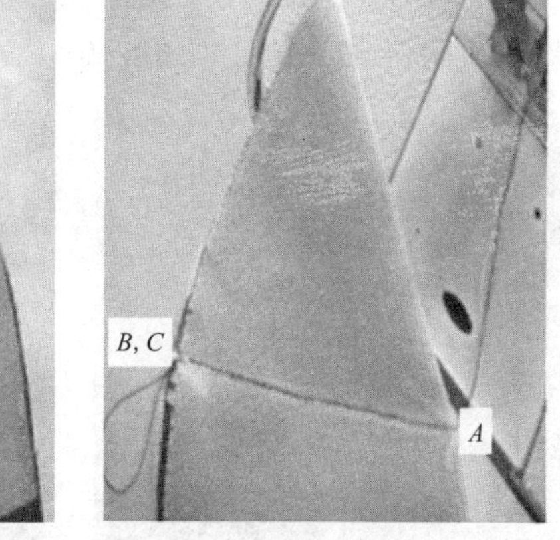

图3-97　缝合

（5）*A*1点与*B*、*C*缝合点对齐放平（图3-98）。

（6）对折花苞袖上端，使点*A*与点*A*1重合（图3-99）。

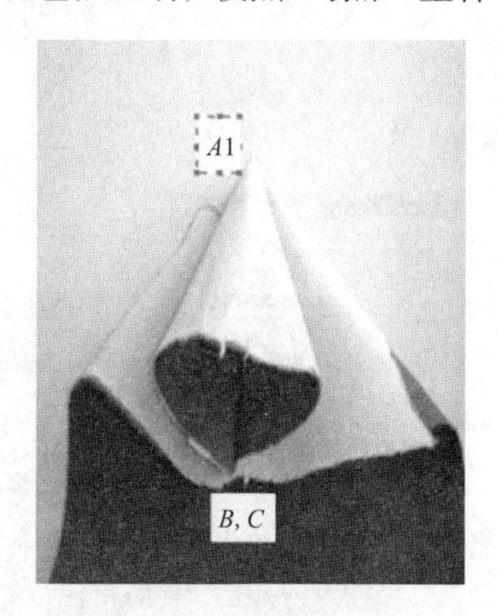

图3-98　对齐缝合点

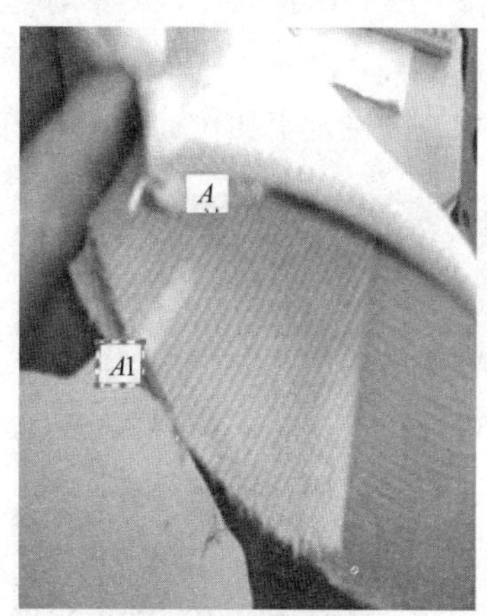

图3-99　对折袖上端

（7）来回针固定花苞袖上端（图3-100）。

（8）将袖子翻到正面呈现的效果（图3-101）。

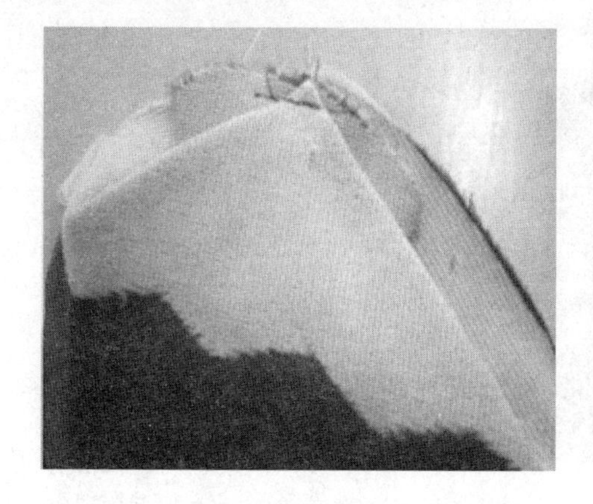

图3-100　固定袖上端

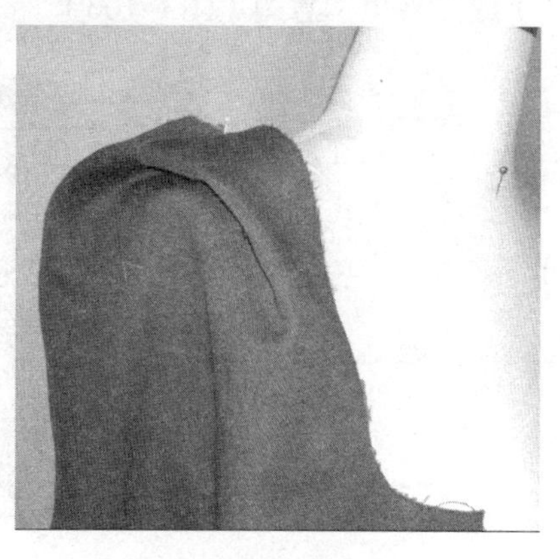

图3-101　袖效果

（9）袖夹里与袖面内袖缝缝缉好（图3-102）。

（10）袖口缝缉后手工做三角针（图3-103）。

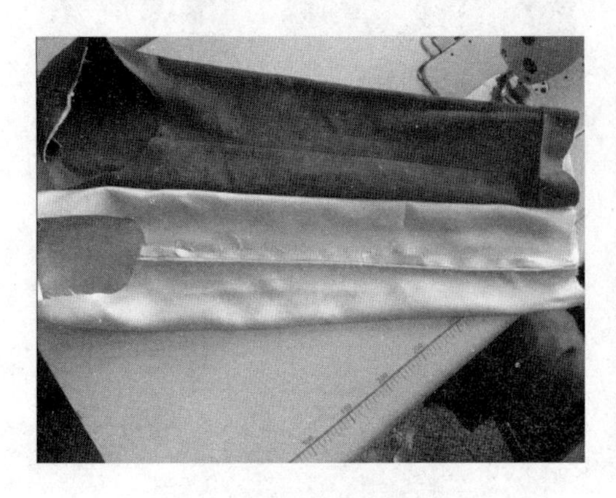

图3-102 缝袖缝

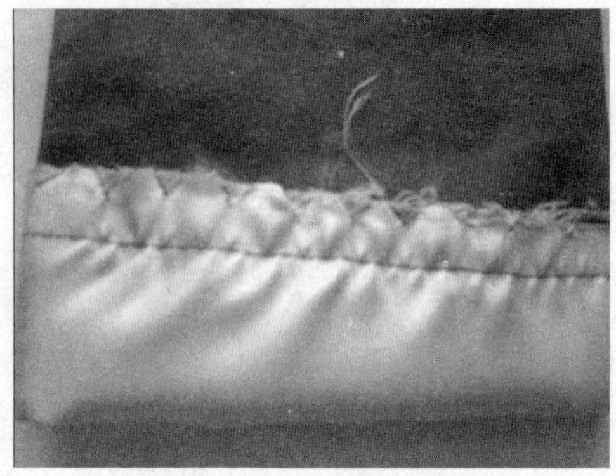

图3-103 做三角针

（11）袖窿与袖山缝合，注意对位标记与吃势，翻到正面袖子成品效果图（图3-104）。

（12）根据款式图确定出扣位，锁眼、钉扣、整烫（图3-105）。

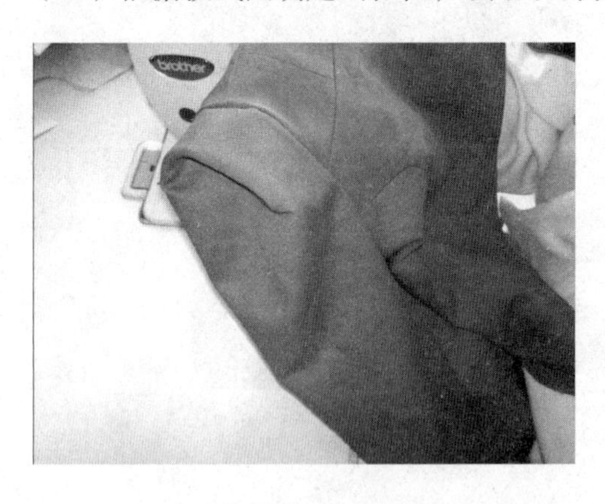

图3-104 缝合袖窿与袖山

图3-105 钉扣

（13）成品夹里示意图（图3-106）。

图3-106 成品夹里

（14）服装正面成品示意图（图3-107）。

（15）服装背面成品示意图（图3-108）。

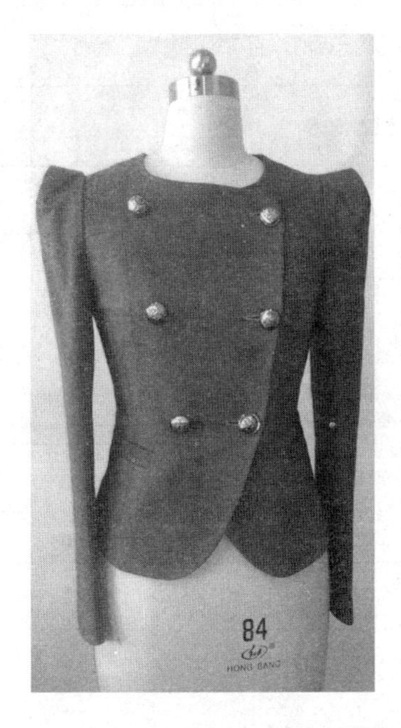

图3-107　正面

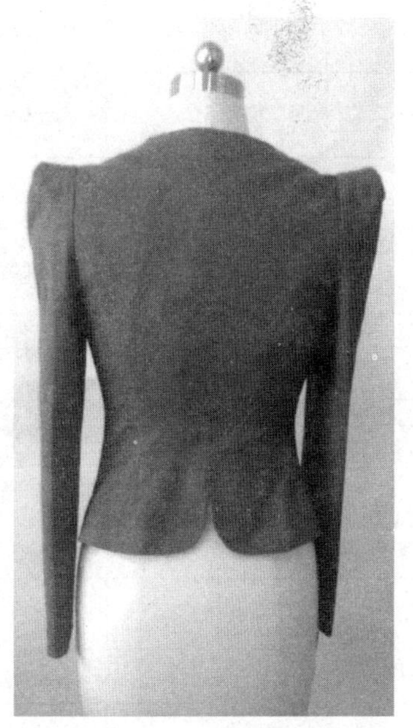

图3-108　背面

四、系列样板

样板推档

1. 前片推档

前片推档见表3-5，如图3-109所示。

表3-5　前片推档数据及放缩说明

代号	推档量（单位：cm）		放缩说明
A	↕	0.5	袖窿至领口横向分割，衣长档差为2cm，将其分配，前颈肩点位0.7cm，所以分割线的点为0.5m
	⟷	0.2	同A1点
B	↕	0.5	同A点
	⟷	0.2	同A点
C	↕	0.3	占袖窿的$\frac{1}{3}$，所以推0.3cm
	⟷	0.5	半胸围档差的$\frac{1}{4}$
D	↕	0	坐标基准线上的点，不放缩
	⟷	0.5	半胸围档差的$\frac{1}{4}$

续表

代号	推档量（单位：cm）		放缩说明
E	↕	0.3	腰节档差为$\frac{2}{7}$，所以推0.3cm
	⟷	0.5	半胸围档差的$\frac{1}{4}$
F	↕	1.3	衣长档差为2cm，减去0.7cm，为1.3cm
	⟷	0.5	分割线占半胸围档差的$\frac{1}{2}$，所以推0.5cm
G	↕	0.3	腰节档差为$\frac{2}{7}$，所以推0.3cm
	⟷	0	坐标基准线上的点，不放缩
H	↕	0	坐标基准线上的点，不放缩
	⟷	0	坐标基准线上的点，不放缩
I	↕	0.5	同*A*点
	⟷	0.2	同*A*点
*C*1	↕	0.3	同*C*点
	⟷	0.5	同*C*点
*D*1	↕	0	坐标基准线上的点，不放缩
	⟷	0.5	分割线占半胸围档差的$\frac{1}{2}$，所以推0.5cm
*D*2	↕	0	坐标基准线上的点，不放缩
	⟷	1	半胸围档差的$\frac{1}{4}$
*E*1	↕	0.3	同*E*点
	⟷	0.5	同*E*点
*E*2	↕	0.3	腰节档差为$\frac{2}{7}$，所以推0.3cm
	⟷	1	胸围档差的$\frac{1}{4}$
*F*1	↕	1.3	衣长档差为2cm，减去0.7cm，为1.3cm
	⟷	0.5	分割线占半胸围档差的$\frac{1}{2}$，所以推0.5cm
*F*2	↕	1.3	衣长档差为2cm，减去0.7cm，为1.3cm
	⟷	1	胸围档差的$\frac{1}{4}$
*A*1	↕	0.7	袖窿深档差为胸围档差的$\frac{1}{6}$，等于0.67cm，推0.7cm

续表

代号	推档量（单位：cm）		放缩说明
$A1$	⟷	0.2	直开领颈围档差的$\frac{1}{5}$，即$\frac{0.8}{5}$=0.16cm，推0.2cm
$A2$	↕	0.7	同$A1$点
	⟷	0.2	同$A1$点
$A3$	↕	0.7	同$A1$点
	⟷	0.2	同$A1$点
$A4$	↕	0.65	B点纵向变化量减去袖窿深变化量
	⟷	0.5	肩宽档差的$\frac{1}{2}$
$A5$	↕	0.7	同$A1$点
	⟷	0.2	同$A1$点
$A6$	↕	0.7	同$A1$点
	⟷	0.2	同$A1$点
$I1$	↕	0.5	同I点
	⟷	0.2	同I点
$E3$	↕	0.3	腰节档差为$\frac{2}{7}$，所以推0.3cm
	⟷	0	坐标基准线上的点，不放缩
$F3$	↕	1.3	衣长档差为2cm，减去0.7cm，为1.3cm
	⟷	0	坐标基准线上的点，不放缩
$G1$	↕	0.3	腰节档差为$\frac{2}{7}$，所以推0.3cm
	⟷	0	坐标基准线上的点，不放缩

2. 后片推档

后片推档量见表3-6，推档如图3-110所示。

表3-6　后片推档数据及放缩说明

代号	推档量（单位：cm）		放缩说明
A	↕	0.65	衣长档差为2cm，将其分配，比颈肩点低，所以推0.65cm
	⟷	0	坐标基准线上的点，不放缩
B	↕	0.7	袖窿深档差为胸围档差的$\frac{1}{6}$，等于0.67cm，推0.7cm

续表

代号	推档量（单位：cm）		放缩说明
B	↔	0.2	直开领颈围档差的$\frac{1}{5}$，即0.8 ÷ 5=0.16cm，推0.2cm
C	↕	0.65	*B*点纵向变化量减去袖窿深变化量
	↔	0.5	肩宽档差的$\frac{1}{2}$
D	↕	0.3	*D*点占整个袖窿的$\frac{1}{2}$，所以推2 ÷ 0.65=0.325cm，即推0.3cm
	↔	0.5	胸围档差的$\frac{1}{4}$
E	↕	0	坐标基准线上的点，不放缩
	↔	0	坐标基准线上的点，不放缩
F	↕	0	坐标基准线上的点，不放缩
	↔	0.5	分割线占整个胸围档差的$\frac{1}{2}$，所以推0.5cm
G	↕	0.3	腰节档差为$\frac{2}{7}$，所以推0.3cm
	↔	0	坐标基准线上的点，不放缩
J	↕	0.3	腰节档差为$\frac{2}{7}$，所以推0.3cm
	↔	0.5	分割线占半胸围档差的$\frac{1}{2}$，所以推0.5cm
H	↕	0	坐标基准线上的点，不放缩
	↔	0	坐标基准线上的点，不放缩
I	↕	0	坐标基准线上的点，不放缩
	↔	0.5	分割线占半胸围档差的$\frac{1}{2}$，所以推0.5cm
*I*3	↕	0	坐标基准线上的点，不放缩
	↔	0.5	分割线占整个胸围档差的$\frac{1}{2}$，所以推0.5cm
*I*4	↕	1.3	衣长档差为2cm，减去0.7cm，为1.3cm
	↔	0.5	分割线占整个胸围档差的$\frac{1}{2}$，所以推0.5cm
*D*1	↕	0.3	*D*点占整个袖窿的$\frac{1}{2}$，所以推$\frac{2}{0.65}$=0.325cm，即推0.3cm
	↔	0.5	分割线占整个胸围档差的$\frac{1}{2}$，所以推0.5cm

续表

代号	推档量（单位：cm）		放缩说明
$F1$	↕	0	坐标基准线上的点，不放缩
	⟷	0.5	分割线占整个胸围档差的$\frac{1}{2}$，所以推0.5cm
$F2$	↕	0	坐标基准线上的点，不放缩
	⟷	1	胸围档差的$\frac{1}{4}$
$J1$	↕	0.3	腰节档差为$\frac{2}{7}$，所以推0.3cm
	⟷	0.5	分割线占整个胸围档差的$\frac{1}{2}$，所以推0.5cm
$J2$	↕	0.3	腰节档差为$\frac{2}{7}$，所以推0.3cm
	⟷	1	胸围档差的$\frac{1}{4}$
$I1$	↕	0.5	分割线占整个胸围档差的$\frac{1}{2}$，所以推0.5cm
	⟷	1.3	衣长档差为2cm，减去0.7cm，为1.3cm
$I2$	↕	1	胸围档差的$\frac{1}{4}$
	⟷	1.3	衣长档差为2cm，减去0.7cm，为1.3cm
$B1$、$C1$	↕	0.7	同B点
	⟷	0.2	同B点
$B2$、$C2$	↕	0.7	同B点
	⟷	0.2	同B点

3．袖片推档

袖片推档量见表3-7，推档如图3-111所示。

表3-7　袖片推档数据及放缩说明

代号	推档量（单位：cm）		放缩说明
A	↕	0.4	袖长档差为1.5cm，将其分配，推0.4cm
	⟷	0	坐标基准线上的点，不放缩
B	↕	0	坐标基准线上的点，不放缩
	⟷	0.8	袖底点推0.8cm
C	↕	0.35	袖中线为$\frac{3}{1.1}\approx 2.73$cm，推0.35cm

续表

代号	推档量（单位：cm）		放缩说明
C	↔	0.6	在0.5～0.8之间取中间值
D	↕	1.1	袖长档差为1.5cm，去除顶点的0.4cm，所以推1.1cm
	↔	0.5	袖口档差为0.5cm，所以推0.5cm
*B*1	↕	0	同*B*点
	↔	0.8	同*B*点
*C*1	↕	0.35	同*C*点
	↔	0.6	同*C*点
*D*1	↕	1.1	同*D*点
	↔	0.5	同*D*点

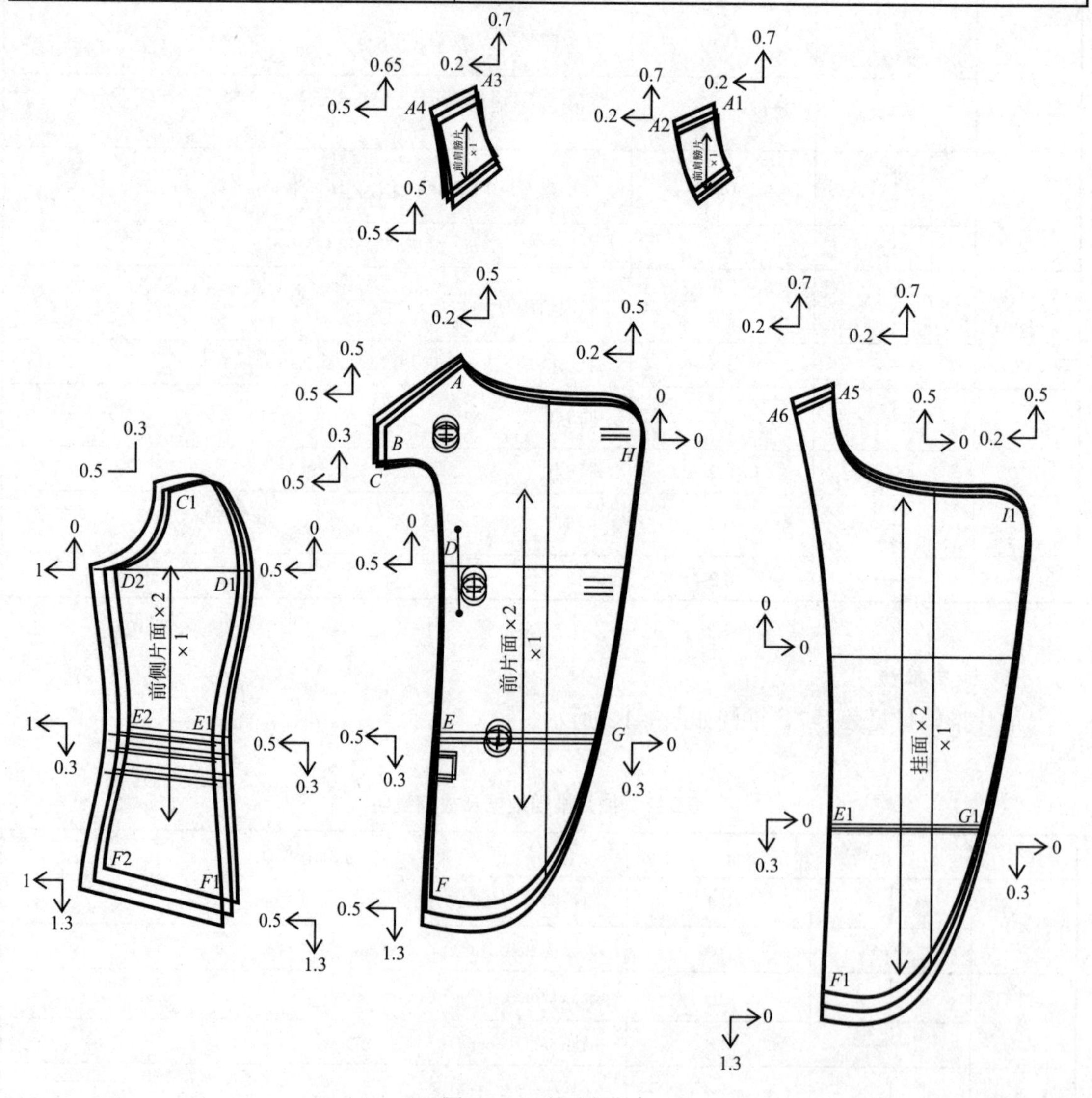

图3-109 前片推档

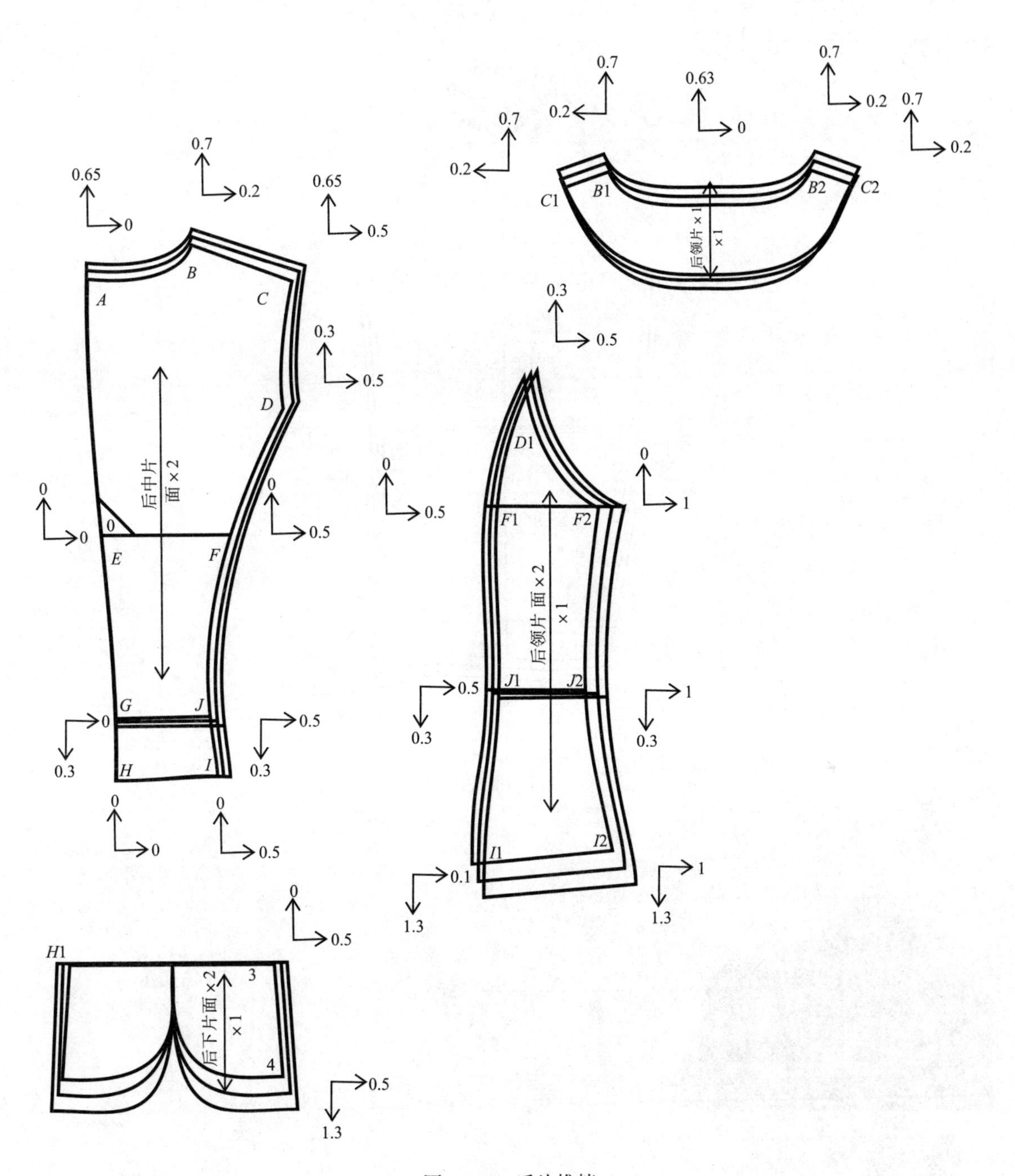

图3-110　后片推档

触类旁通：

根据图3-112所示的款式结合以上所学进行规格设计、制板设计、成品制作。

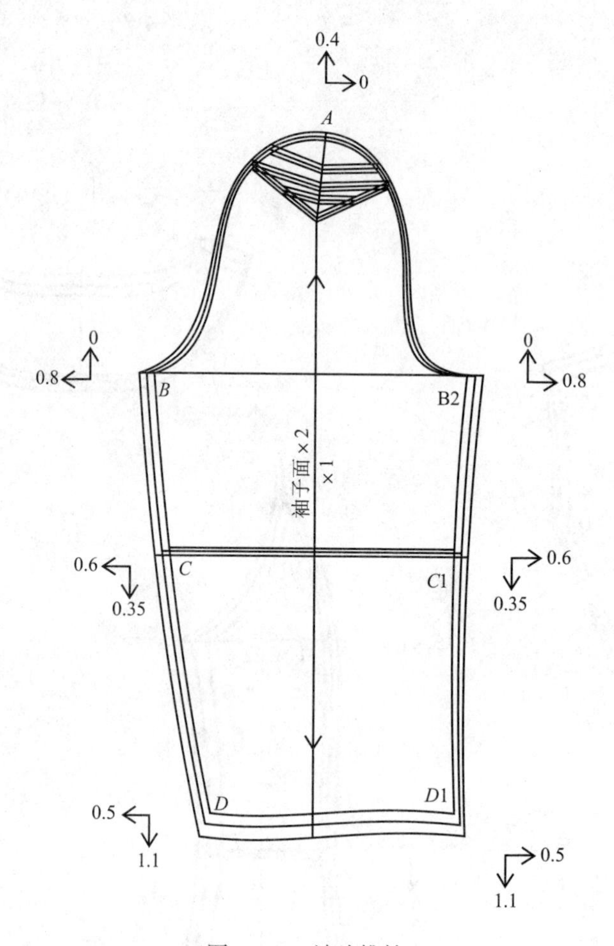

图3-111 袖片推档

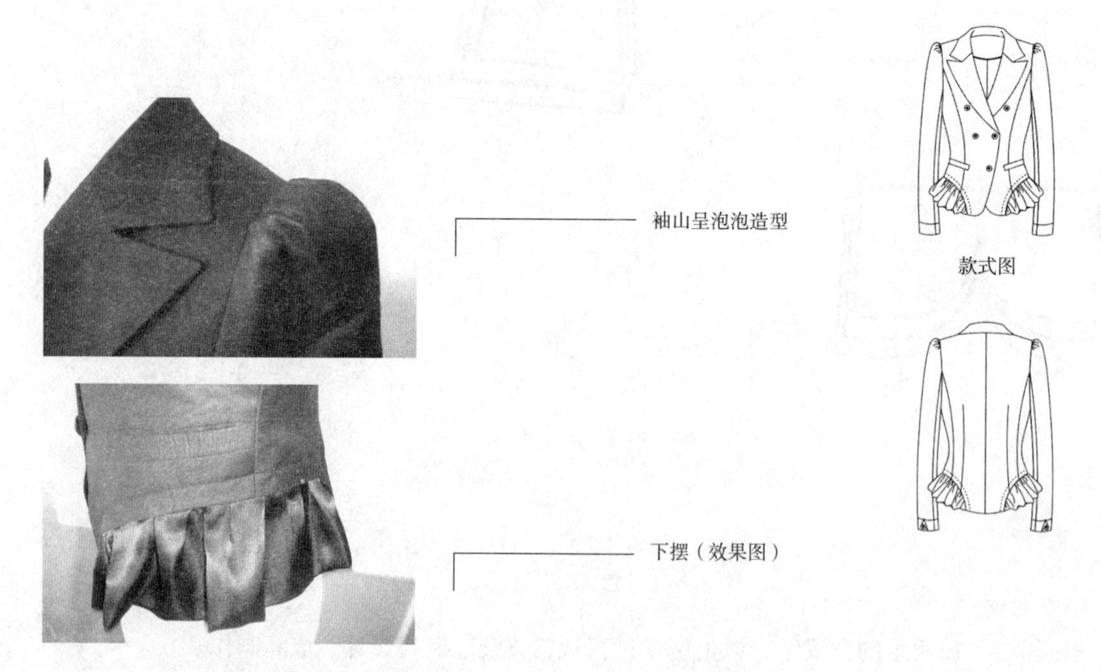

图3-112

模块四　合体女上衣（国赛全真试题）一体化制作技术

项目一　女式立领泡泡袖衬衫工业制板一体化制作技术

知识目标：

1. 学习立领、Y型门襟的配制方法。
2. 掌握胸围线下T型分割缝的省道转移在服装结构中的应用。
3. 学习泡泡袖分割做皱褶的制板方法、缝制技术。

能力目标：

1. 能够根据服装工艺单进行中间码的服装制板。
2. 能够进行基本工艺单的编制。
3. 能够根据工艺单对服装进行结构设计、样板推档。
4. 样衣试制中门襟翻边和袖口的滚边工艺处理。

任务分析：

合体女衬衫是女装中一个重要的品类。本款是立领Y型门襟四粒扣，胸围线下T型分割，袖子采用泡泡袖造型，袖下部位分割做皱褶是袖型变化的重点，有一定的特殊性和代表性，希望通过本项任务的综合完成，增强学生的任务分析能力和动手实践能力。

任务准备：

1. 基本的裁剪、制作工具，服装CAD软件操作系统。
2. 面料为全棉富春纺面料，门幅148cm，用料120cm左右。
3. 辅料有薄型进口无纺衬70cm，纽扣五粒（含备用扣一粒），配色涤棉缝纫线1团。

任务实施：

一、技术资料分析

（一）款式描述

此款女式立领泡泡袖衬衫款，如图4-1所示。

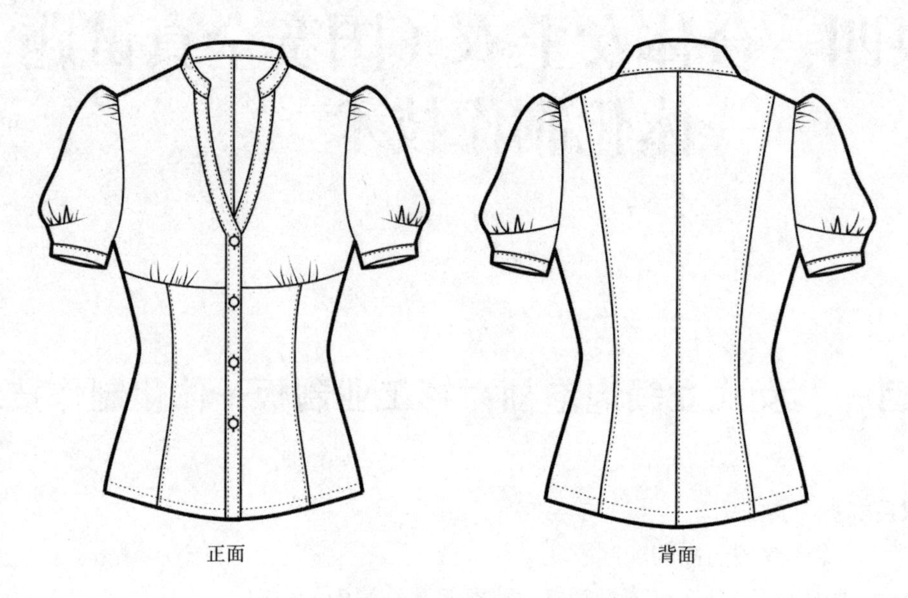

图4-1　女式立领泡泡袖衬衫款式图

1. 前片

女式立领，Y型门襟加贴边，门襟四粒纽扣。前片胸围以下T型分割，胸部横向分割处做皱褶。

2. 后片

后背中缝，公主线分割到下底边，收腰合体型，平下摆。

3. 袖子

采用一片式泡泡袖，袖下部位弧形分割做皱褶，袖口翻边。

（二）工艺单具体内容

编制的工艺单中应该包括的项目：款号、款式名称、纸样编号、制单日期、完成日期、号型系列规格表、款式图与各部位细节工艺图、款式特征、缝制工艺说明、技术、成品要求、面辅料说明。

此款女式立领泡泡袖衬衫工艺单，见表4-1。

二、初板制作

（一）衣身结构设计

衣身结构设计，如图4-2所示。

1. 结构设计要点

（1）制图时未加面辅料经纬缩率。

（2）考虑到面料与纸样的质地不同，制板时衣长加放1cm，袖长加放0.7cm，胸围加放2cm。

2. 后片结构设计

（1）首先画出前、后衣片原型，在此基础上进行具体结构制图。

表4-1　女式立领泡泡袖衬衫工艺单

款式名称	女式立领泡泡袖衬衫
制单日期	2015年03月18日

款式图及工艺说明：

系列规格表（5.4）				
规格	155/80A	160/84A	165/88A	档差
部位	S	M	L	—
后中	50	52	54	2
背长	36	37	38	1
胸围	88	92	96	4
腰围	70	74	78	4
肩宽	35	36	37	1
袖长	22.5	23	23.5	0.5
袖口	13.5	14	14.5	0.5

工艺说明：

1. 针距要求：为3cm14～15针
2. 领子："V"字立领，立领后中宽3cm，领止口缉0.15cm明线
3. 袖子：泡泡袖，袖山高耸，袖下部弧形分割线做碎褶，弧形分割线内包缝；袖口滚边0.8cm，缉0.15cm明线
4. 前衣片：胸围线下做横向分割线，上部做褶，分割线用来去缝
5. 纵向分割线直通底摆，内包缝缉0.5cm明线；门襟宽2.5cm，缉0.1cm明线；门襟钉4粒纽扣
6. 后衣片：背中分割线至底摆，背中缝内包缝缉0.5cm明线；两侧公主线内包缝，缉0.5cm明线
7. 缝型：侧缝、肩缝缉来去缝；袖窿滚边；底边折边1 .5cm宽，缉0.1cm明线

成品要求：

成品符合规定尺寸，前片止口处钉四粒纽扣；缝线平整，缉线宽窄一致；整洁无污渍，无线头

面料：面料为全棉富春纺 幅宽148cm，长120cm	黏合衬：有纺衬幅宽90cm，70cm 纽扣：5粒

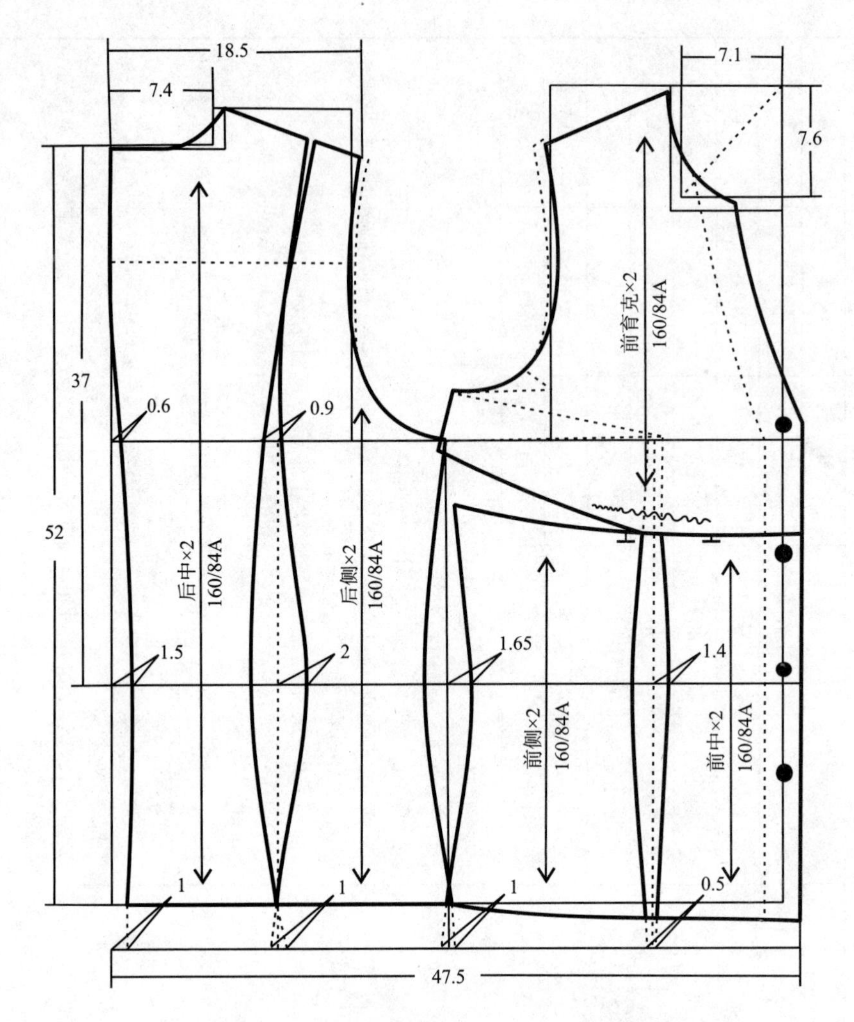

图4-2　女式立领泡泡袖衬衫衣身结构设计

（2）后中长：沿背中线，从后领深向下量52cm。

（3）后腰节线在后中线上：后领深至腰节为37cm。

（4）胸围线：从后领深向下量20.5cm。

（5）后领宽线：按原型加宽1cm。

（6）后领深线：按原型后领深加深0.3cm。

（7）后肩斜：按15∶4.5的比值确定肩斜度。

（8）后肩宽：由后中线量取$\frac{S}{2}$。若是泡泡袖时，肩宽可以改小0.5～1cm。

（9）后背宽：$\frac{B}{6}$+2cm或肩宽点向左量1.5cm作后背宽线。

（10）后胸围大：$\frac{B}{4}$−0.5cm+1.5cm定点，过该点作后中线平行线。

（11）侧缝：由胸围宽垂直于下摆画线腰节收进1.65cm，底摆放出1cm。

（12）公主线分割：在腰围$\frac{1}{2}$处定点画垂直线，向上至肩省作公主线分割线，腰节处收省4cm，胸围处收省0.9cm，后肩省转开0.8cm。

（13）后背缝：从后颈点向下画线，胸围处劈进0.6cm，腰节处劈进1.5cm，下摆处劈进1cm。

3. **前片结构设计**

（1）上平线：在后片上平线的基础上抬高1cm作平行线。

（2）前中线：垂直相交于上平线和衣长线。

（3）前领宽线：按原型加宽1cm。

（4）前领深线：按原型加深1cm。

（5）前肩斜：按15：6的比值确定肩斜度。

（6）前小肩长：取后小肩长-0.3cm，由于人体肩胛骨呈弓形，故肩端点处小肩撇去0.3cm。

（7）前胸宽：$\frac{B}{6}$+1cm或前小肩宽向右量2.5cm，垂直向下至胸围线。

（8）前胸围大：前中线与胸围线交点向左量$\frac{B}{4}$+0.5cm作一条与前中线平行的线。

（9）侧缝：由胸围宽垂直于下摆画线，腰节收进1.65cm，底摆放出1cm。

（10）叠门：为1.25cm，根据款式门襟翻边2.5cm。

（11）育克：育克位置到胸围线向下6cm，侧缝处翘高2cm，省道合并于育克；皱褶位置以BP为中心，左右各2～2.5cm。

（12）前腰节省：省的位置在BP点后移1cm作垂线到底边，腰省量2.8cm，下摆处收0.5cm。

（13）V型领口：领口至胸围线上1cm，直领口处偏进3cm，根据款式图画顺领口弧线。

（14）Y型门襟：根据V型领与门襟线画2.5cmY型门襟。

（15）扣位：根据款式图定出扣位，胸围上1cm，腰节下7cm，中间三等分。

（二）袖片结构设计

女式立领泡泡袖衬衫组片结构设计，如图4-3、图4-4所示。如图4-3所示为短袖结构设计，如图4-4所示为在短袖基本结构上设计的，袖下部有弧线分割、作褶的泡泡袖。

1. **短袖基本结构**

（1）在前、后袖窿基础上，作袖子基本原型。

（2）画袖山高为14.5cm左右，袖肥32～32.5cm，袖长23cm。

（3）根据前AH-0.3cm，后AH+0.2cm，画出袖山斜线。

（4）根据图示画袖山弧线，前袖山点高1.6cm，后袖山点高1.8cm。

（5）由于人体手臂自然下垂时略向前微弯，为了适应人体活动和手臂造型，按一片袖基本原型，袖中线向前偏4°～5°。

（6）画出袖口大，根据图示，以袖中线与袖口线相交处定点，该点向左、右各取$\frac{1}{2}$袖口大，确定前、后袖底缝。

（7）袖山弧线：修正、画顺袖山弧线。

（8）画顺袖口弧线。

2．袖下部弧形分割做细褶的泡泡袖（图4-4）

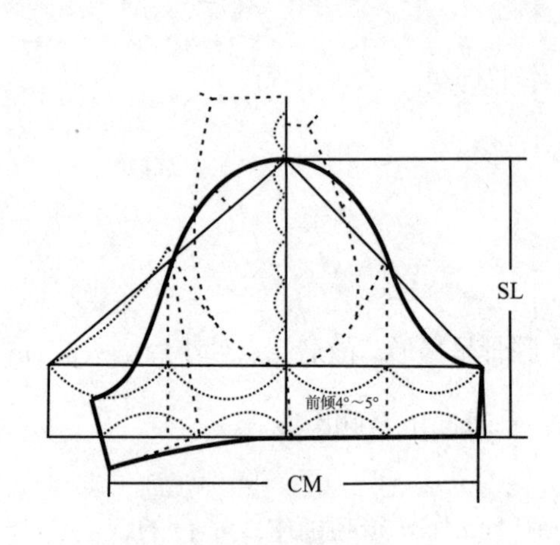

图4-3　短袖结构设计

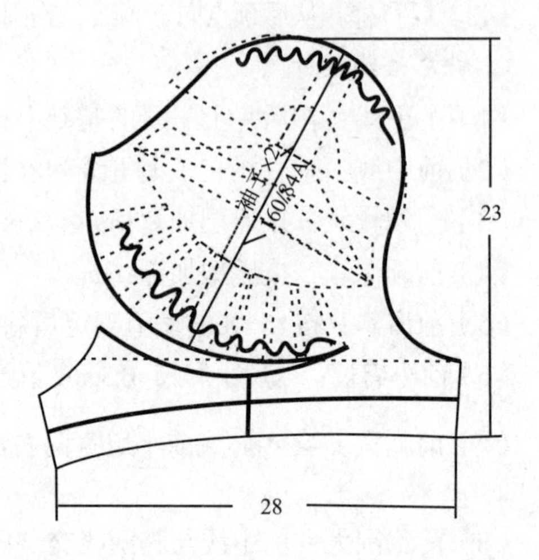

图4-4　泡泡袖、下部弧线分割做褶结构设计

（三）立领结构设计

女式立领泡泡袖衬衫立领结构设计，如图4-5所示。

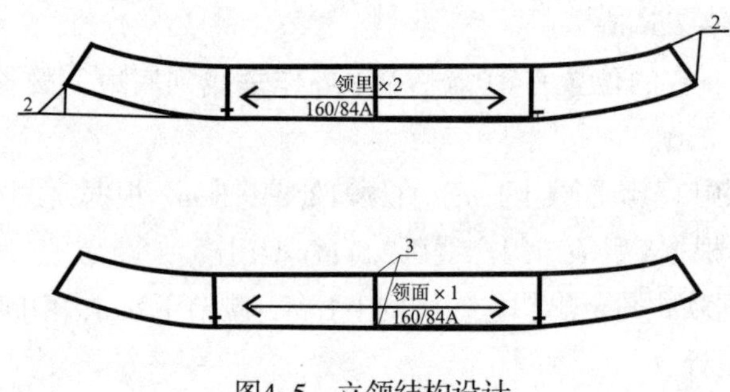

图4-5　立领结构设计

（1）立领：根据前、后领弧长确定领长，后领中线宽3cm，前领上翘2cm，前领宽2cm。

（2）前领造型：根据款式图进行修正。

三、初板确认

（一）样板放缝

1．前衣片放缝

根据工艺单的款式图与工艺说明进行放缝，如图4-6所示。

（1）肩缝、侧缝、育克分割缝是来去缝工艺，缝份为1cm。

（2）袖窿包边缝份为1cm；领圈缝份为1cm。

（3）腰省是内包缝，应放大、小缝，小缝放0.5cm，大缝放1.1cm。

（4）底边卷边1.5cm，缝份为2.5cm。

（5）前门襟翻遍，缝份为0.5cm。

（6）门襟：与门襟缝合缝份为0.5cm，另一边缝份为1cm。

（7）放缝时弧线部位的端角要保持与净缝线垂直。

2. *后衣片放缝*

后片放缝，如图4–7所示。

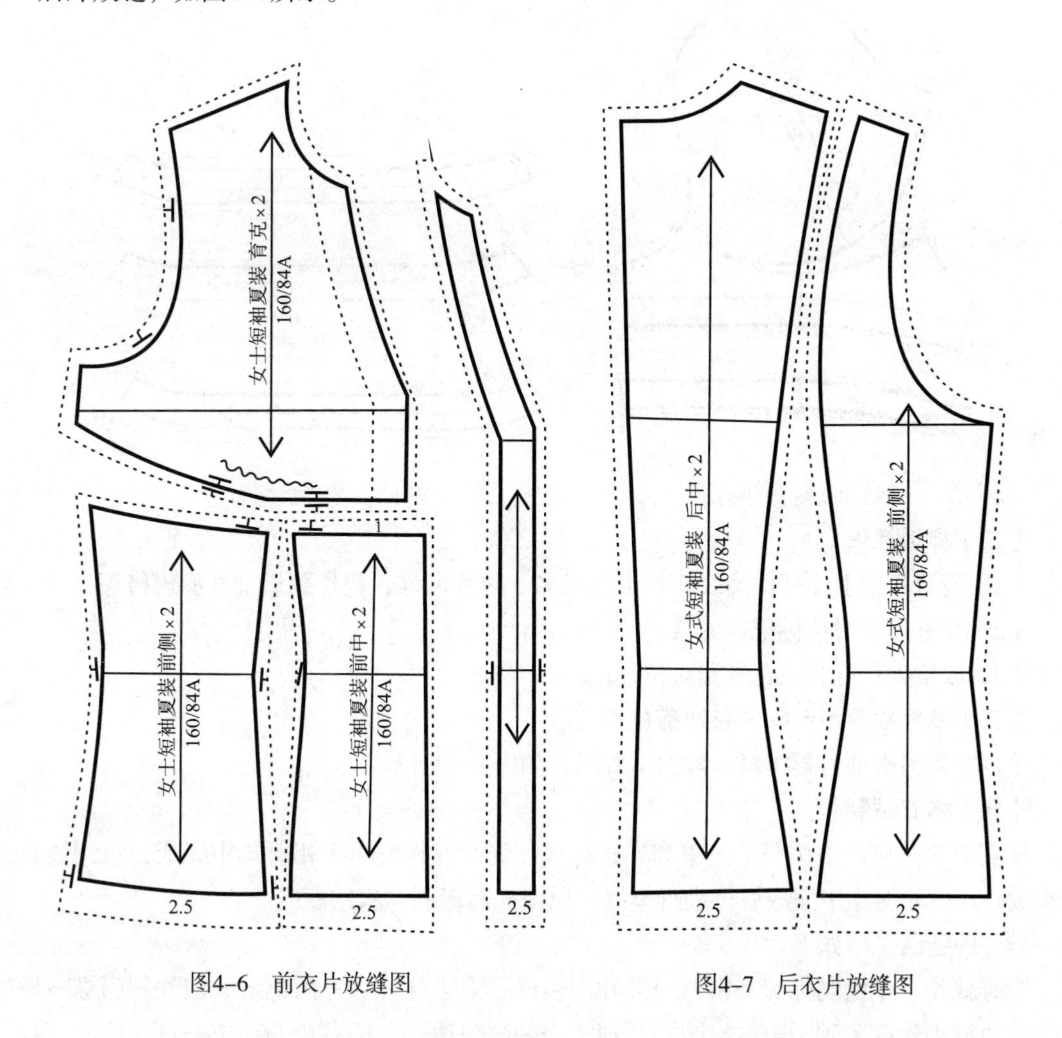

图4–6　前衣片放缝图　　　　图4–7　后衣片放缝图

（1）肩缝、侧缝是来去缝工艺，缝份为1cm。

（2）袖窿包边，缝份为1cm，领圈缝份为1cm。

（3）后中缝、公主线分割为内包缝，应放大、小缝，小缝放0.5cm，大缝放1.1cm。

（4）底边卷边1.5cm，缝份为2.5cm。

3. *袖子放缝*

袖子放缝，如图4–8所示。

（1）袖底缝是来去缝工艺，缝份为1cm。

（2）袖山、袖分割缝收褶缝合后包边，缝份为1cm。

（3）袖口翻边与袖底边缝合缝份为0.5cm，另一边缝份为1cm。

4. 立领放缝

立领放缝，如图4-9所示。

（1）领里：周边缝份为1cm。

（2）领面：在领里基础上放里外层势0.6cm，再放缝份1cm。

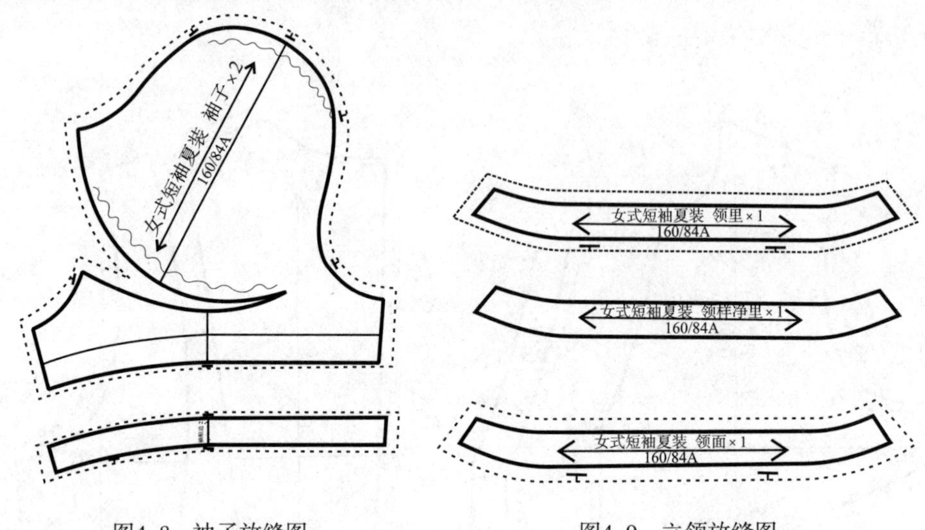

图4-8 袖子放缝图　　　　图4-9 立领放缝图

（二）样板标识

（1）所有样板上作好丝缕线，写上款式名、裁片名称、裁片数量、号型规格等。

（2）作好所有对位标记、剪口。

（3）收褶处作好收皱符号和对位标记。

（三）单件立领泡泡袖衬衫裁剪排料图

单件立领泡泡袖衬衫排料、裁剪示意图，如图4-10所示。

（四）样衣试制

样衣的缝制应严格按照工艺单和样板操作。缝纫操作时车工相对集中完成，再到烫台进行小烫；小烫相对集中完成后再进行车缝，以便提高缝制样衣的速度。

具体的缝制工序如下：

检查裁片→作缝制标记→粘衬→前片内包缝、来去缝→后片内包缝→前片翻门襟→做领子→合肩缝、侧缝装领子→做袖子→装袖子→袖窿包边→下摆卷边→整烫→订纽位→钉扣→检验→样衣展示。

1. 缝制前准备工作

（1）检查：部件、零件裁片（图4-11）。

（2）作缝制标注：根据工艺要求，作前后片、袖片的对刀眼；各处缝边的缝份宽度。

（3）粘衬：门襟、领面、袖口的黏合衬（图4-12）。

2. 前、后片衣片缝制

（1）前衣片：内包缝、来去缝（图4-13）。

（2）后衣片：中缝、肩缝公主线内包缝（图4-14）。

（3）门襟：加翻门襟（图4-15）。

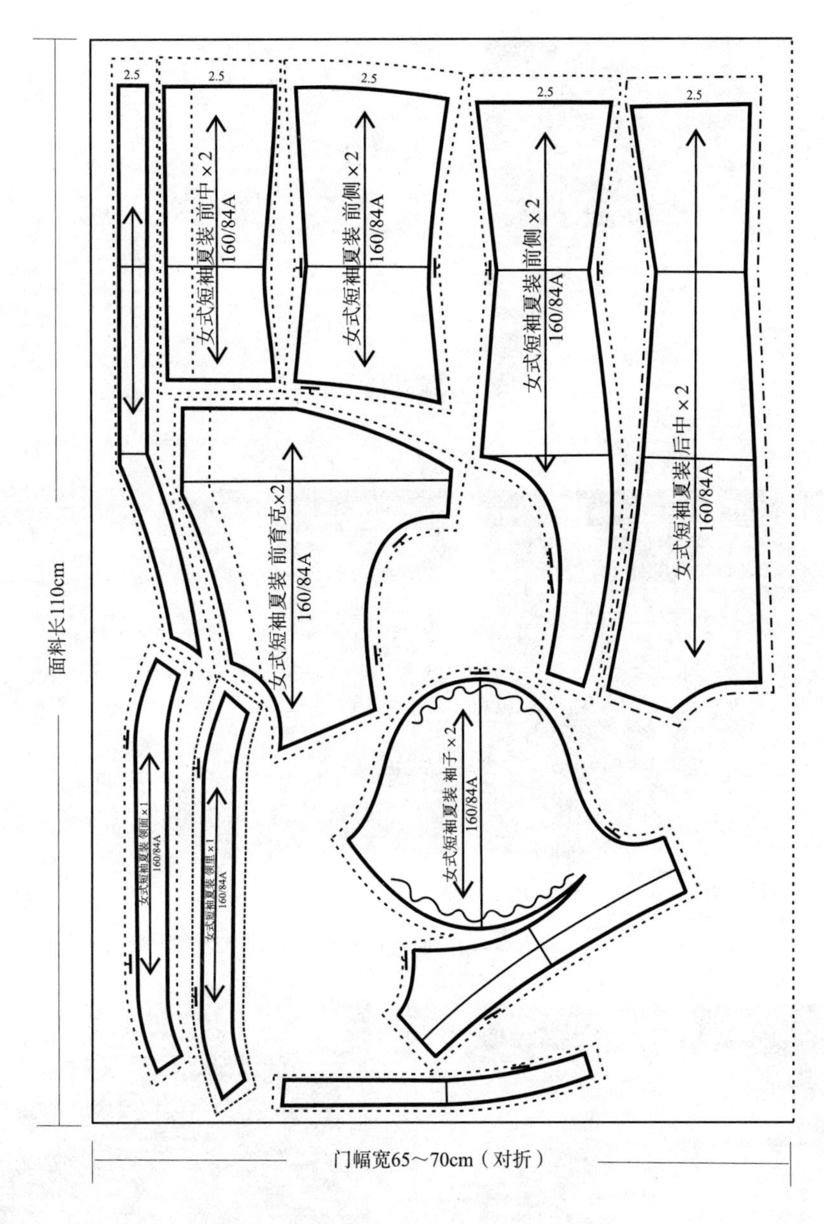

图4-10　单件立领泡泡袖衬衫排料示意图

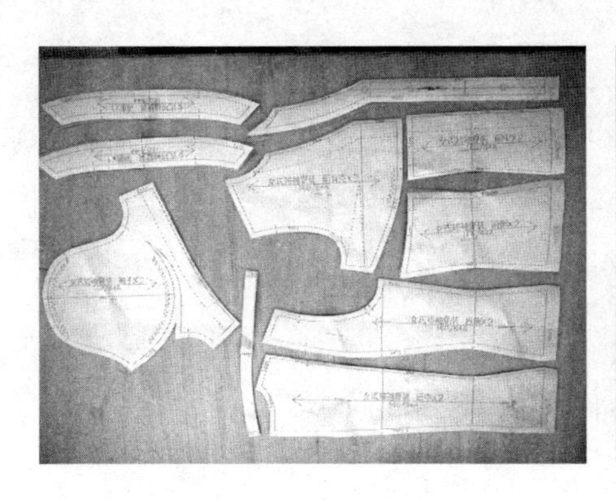

图4-11　检查裁片

图4-12　粘衬

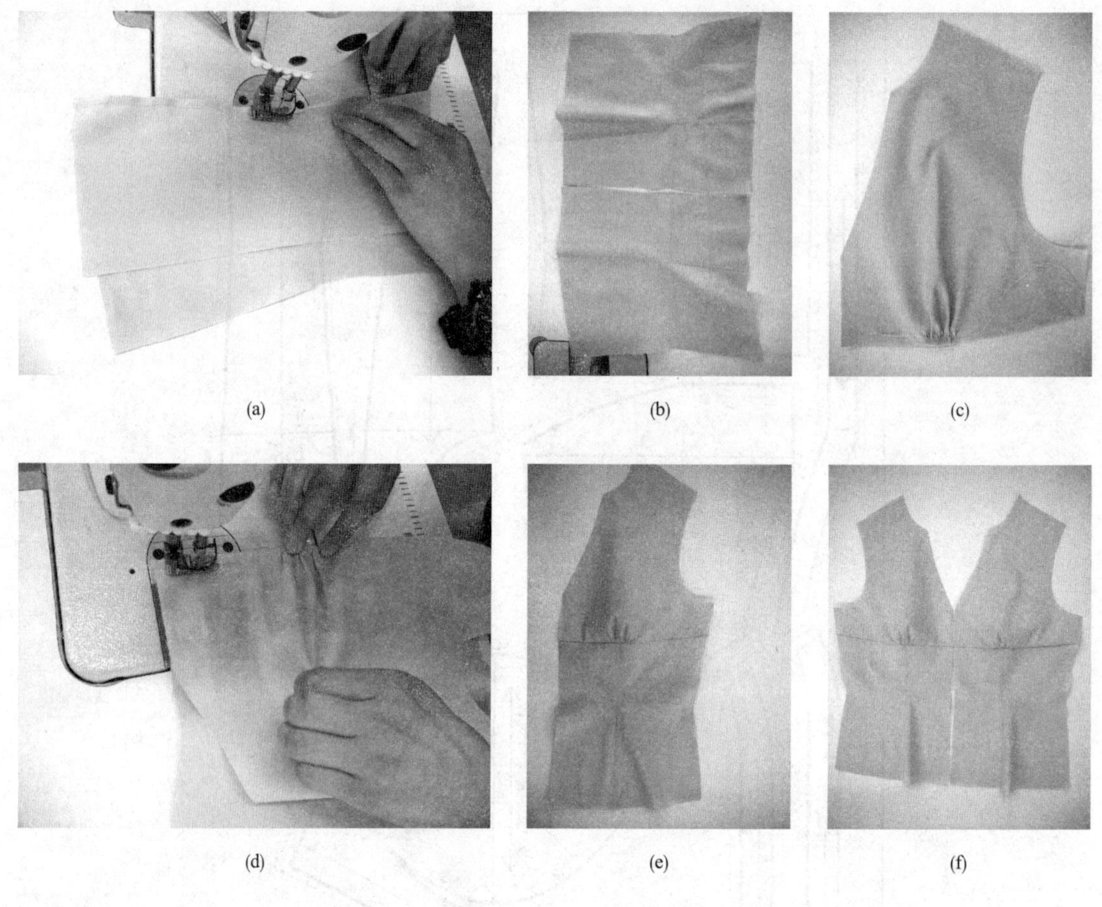

图4-13 前衣片缝制

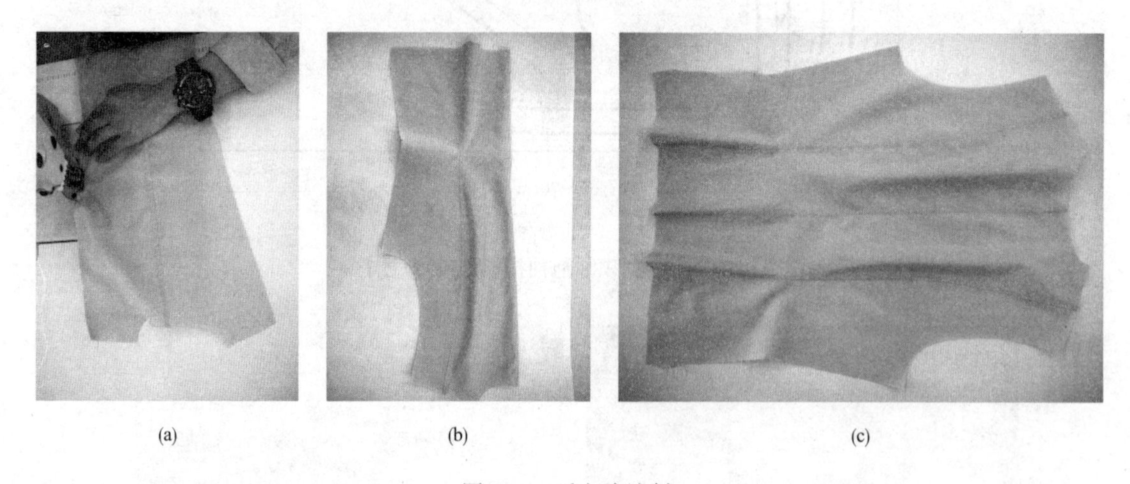

图4-14 后衣片缝制

3. 袖子缝制要领

（1）袖山、分割缝收皱褶、缝合后包边（图4-16）。

（2）袖底来去缝（图4-17）。

（3）加袖口翻边（图4-18）。

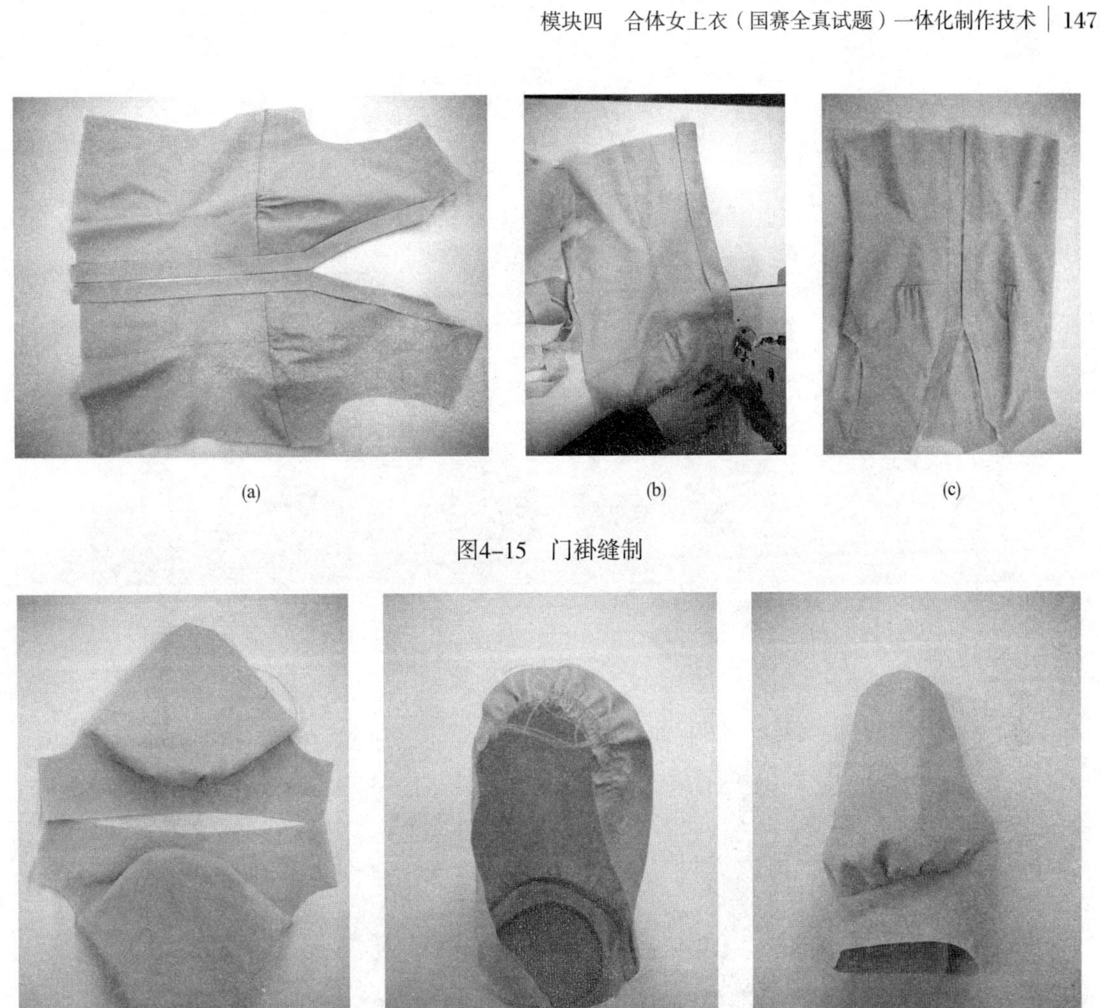

(a)　(b)　(c)

图4-15　门襟缝制

(a)　(b)

图4-16　袖山抽褶

图4-17　缝袖底

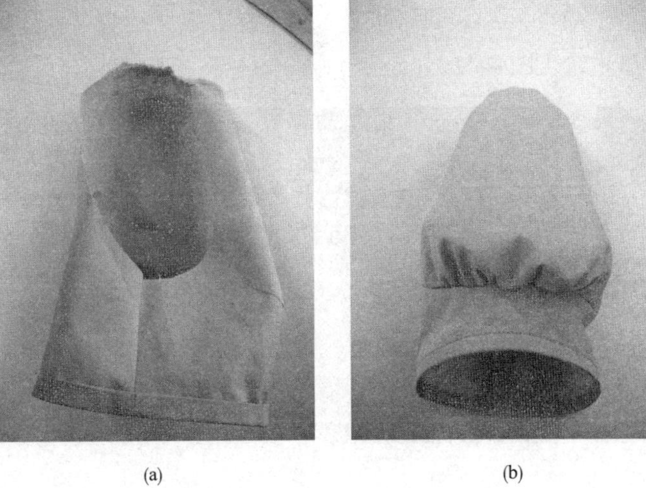

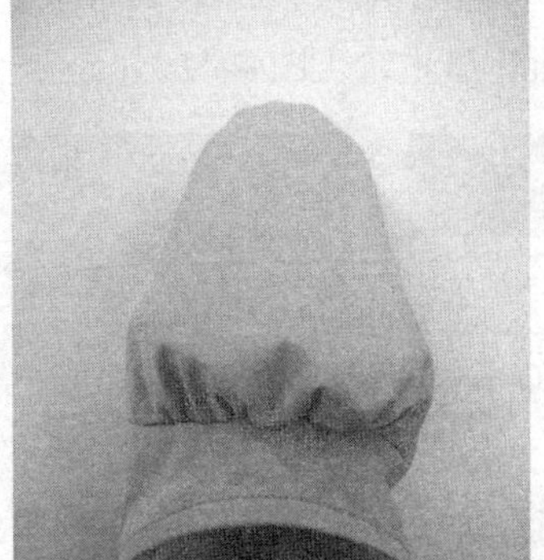

(a)　(b)

图4-18　加袖口翻边

4．做立领缝制要点

（1）领里划线、兜缉（图4-19）。

（2）熨烫领子（图4-20）。

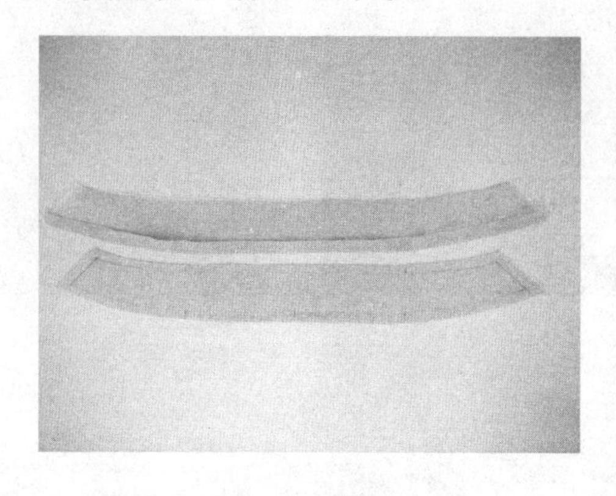

图4-19　缝领子

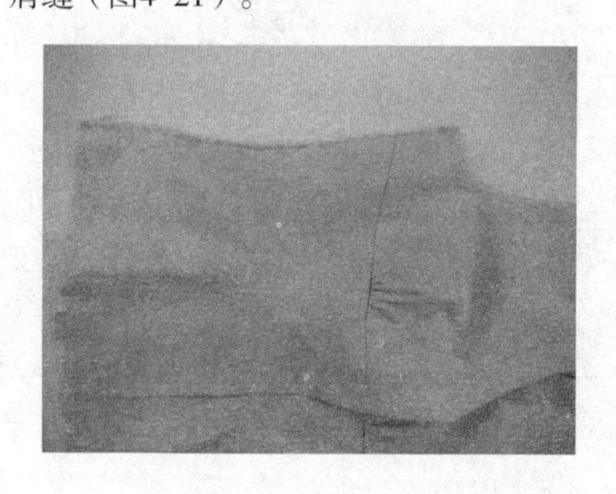

图4-20　熨烫领子

5．前后片组合缝制

缝合前后层的侧缝、肩缝（图4-21）。

图4-21　缝合前后片

6．装领

装领里、领面、压止口（图4-22）。

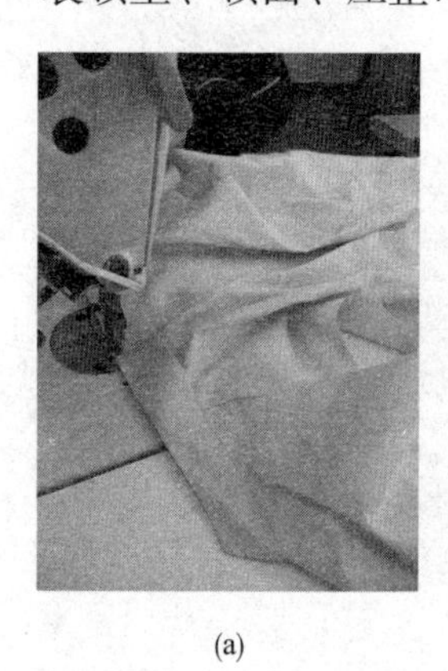

(a)

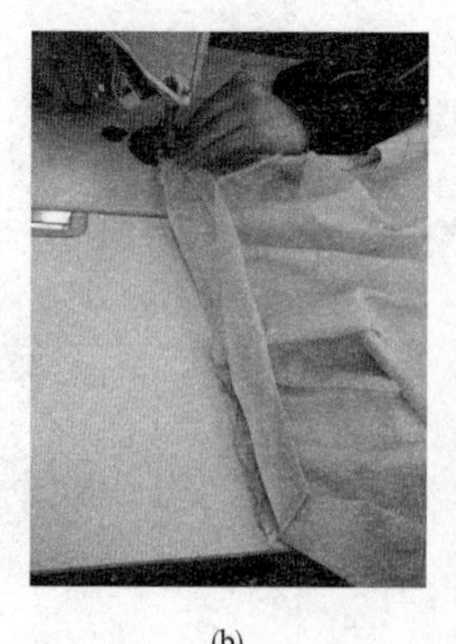

(b)

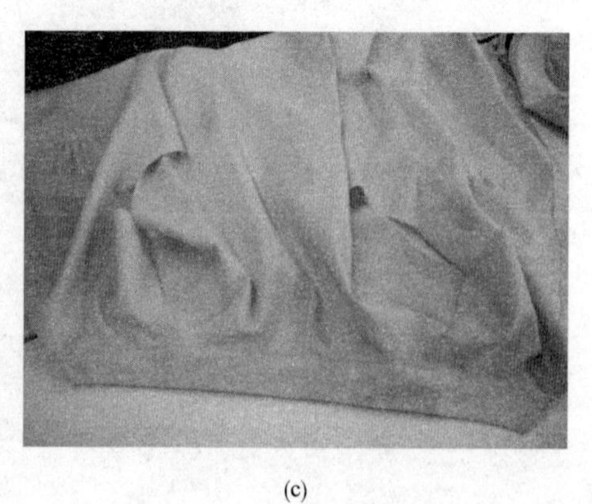

(c)

图4-22　装领

7. 装袖

装袖、袖窿包边、烫袖窿，如图4–23所示。

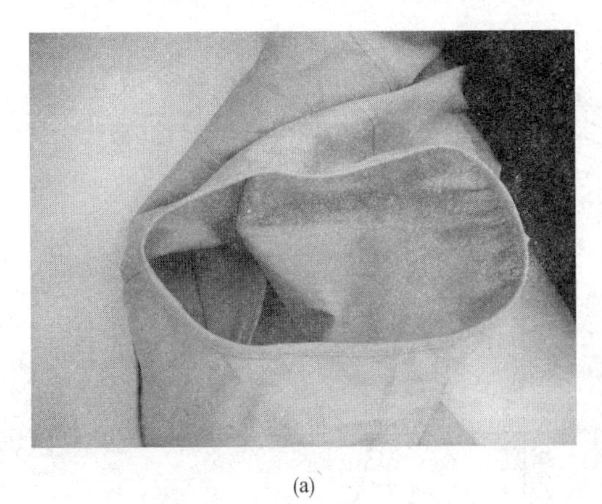
(a)

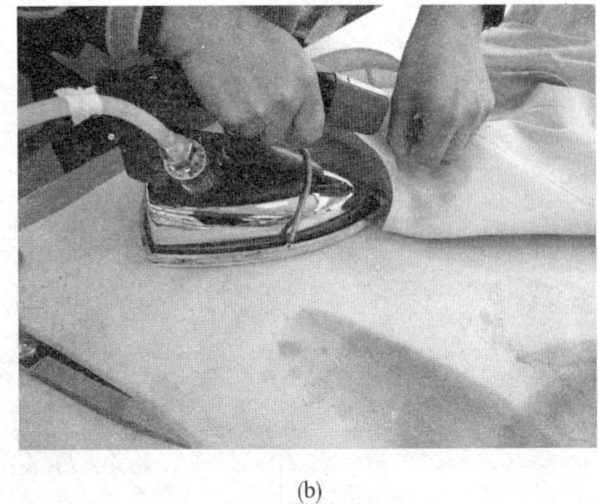
(b)

图4–23　装袖

8. 成品

成品示意图如图4–24所示。

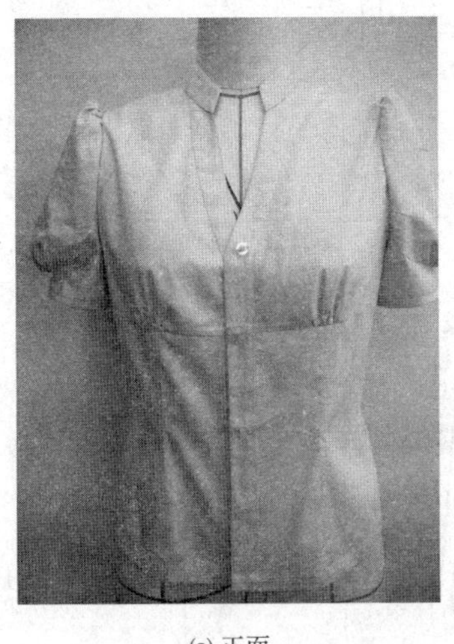
(a) 正面

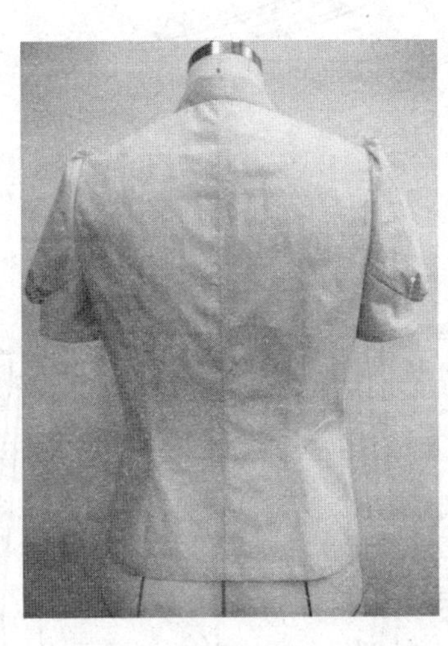
(b) 背面

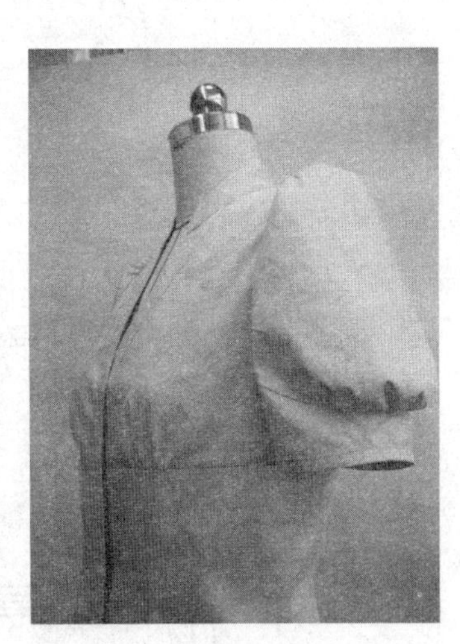
(c) 侧面

图4–24　成品图

四、系列样板推档

1. 前育克推档

女式立领泡泡袖衬衫前育克推挡示意图，如图4–25所示。

2. 前中片、前侧片推档

女式立领泡泡袖衬衫前中片、前侧片推档示意图，如图4–26所示。

3. 前片总推档

女式立领泡泡袖衬衫前片总推档示意图，如图4–27所示。

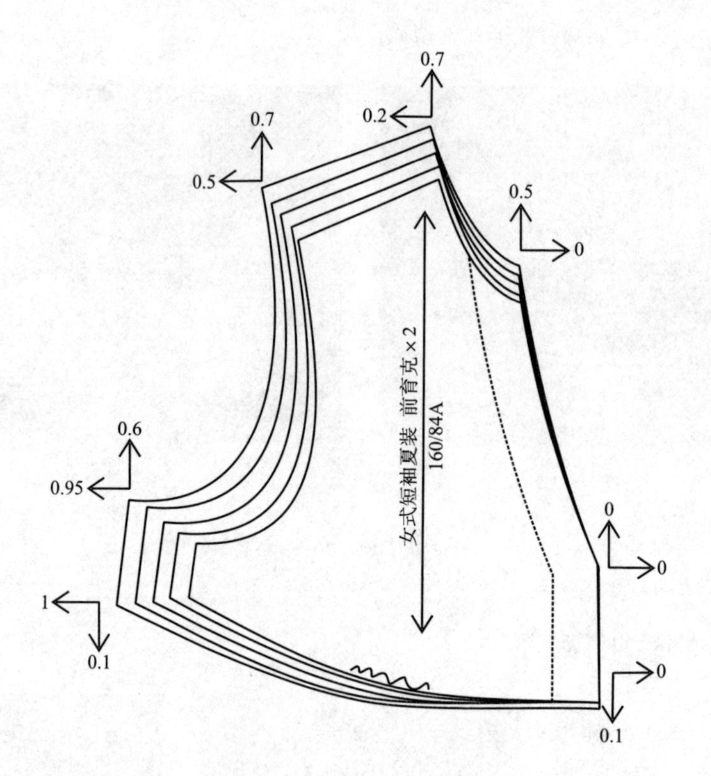

图4-25　前育克推档示意图

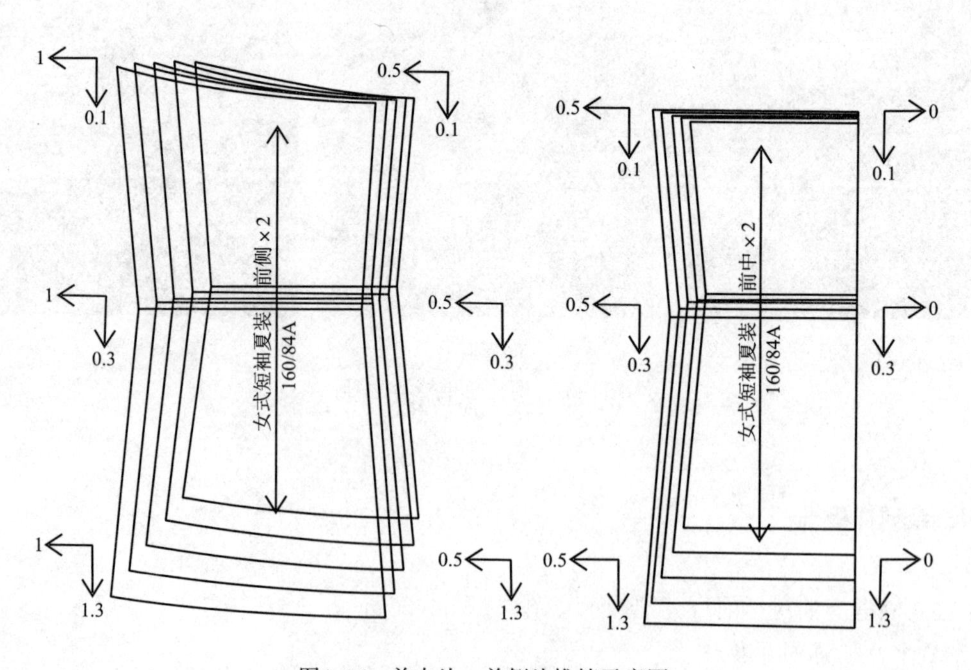

图4-26　前中片、前侧片推档示意图

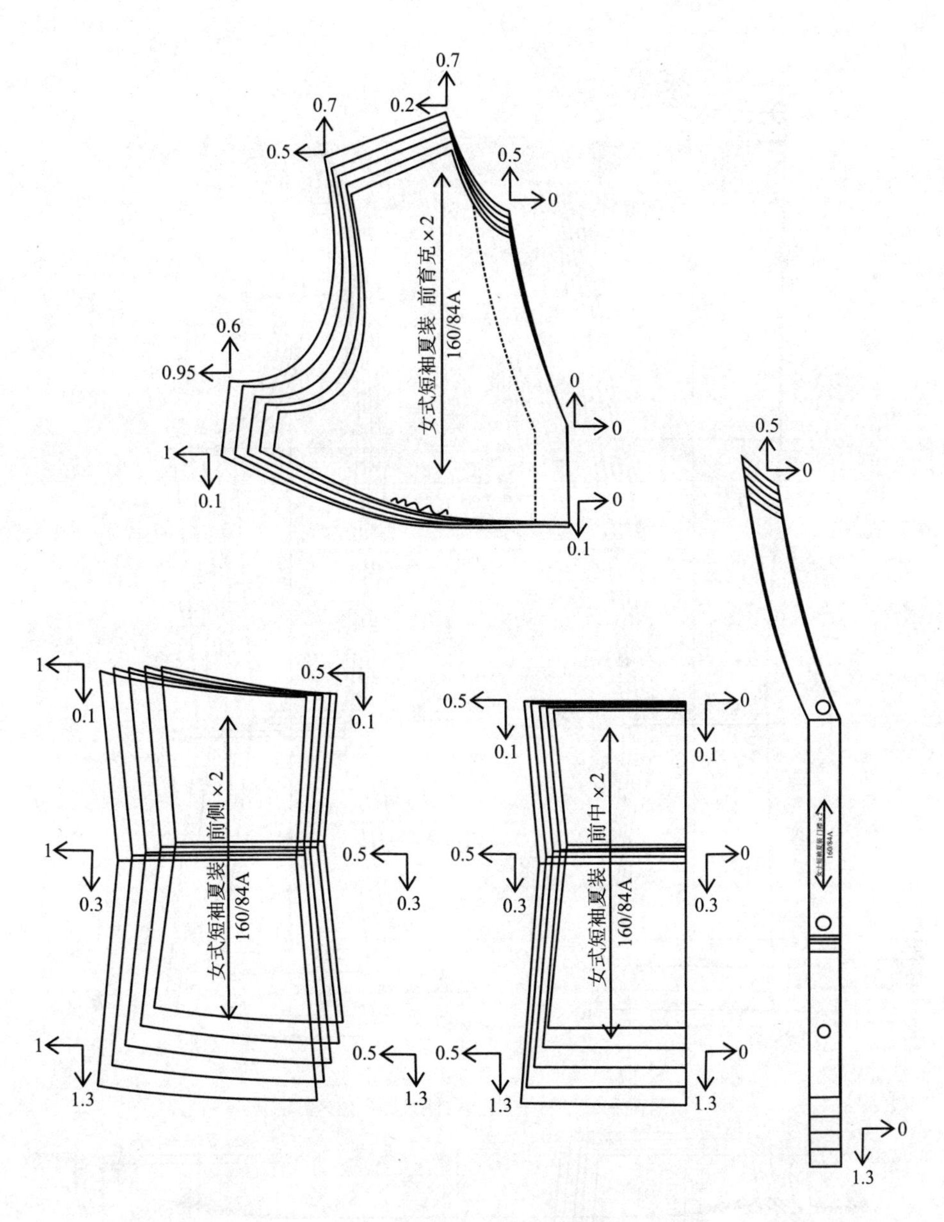

图4-27　前片总推档示意图

4. **后中片、后侧片推档**

女式立领泡泡袖衬衫后中片、后侧片推档示意图，如图4-28所示。

5. **领子推档**

女式立领泡泡袖衬衫领子推档示意图，如图4-29所示。

6. **袖片推档**

女式立领泡泡袖衬衫由片推档示意图，如图4-30所示。

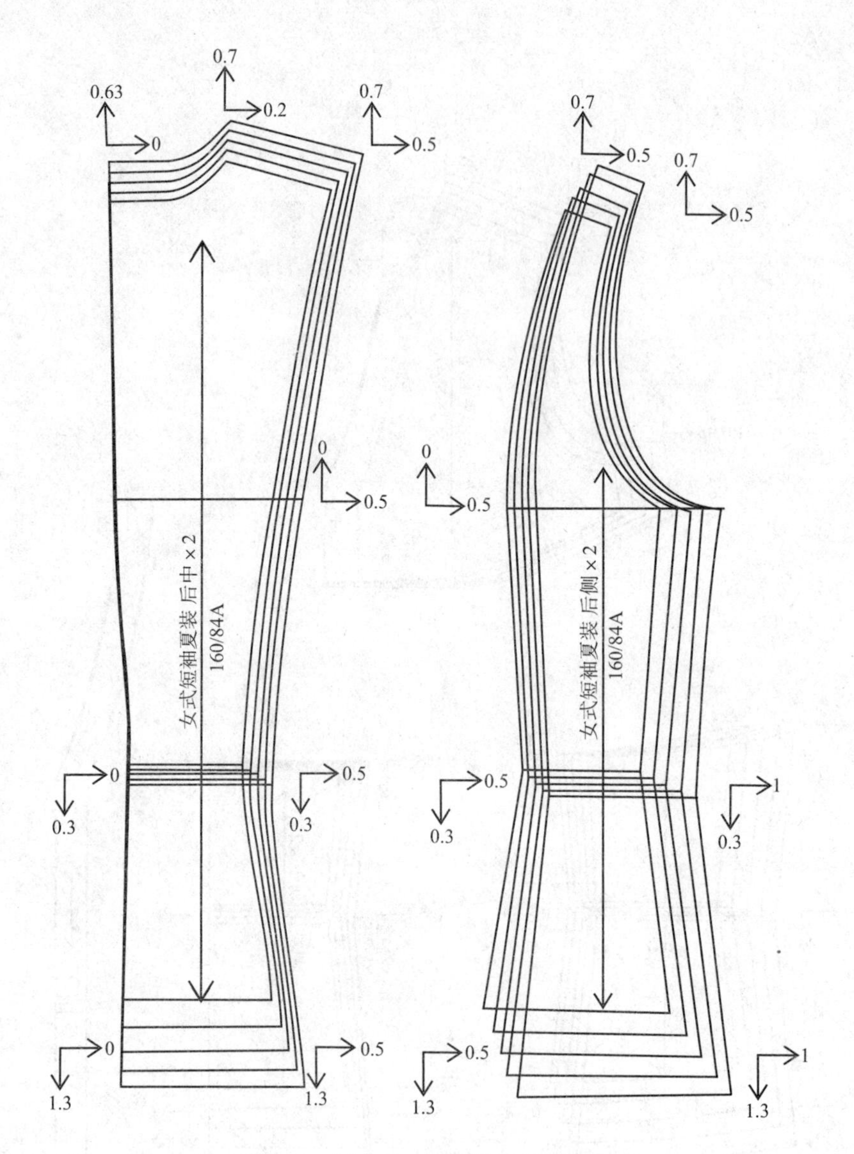

图4-28 后中片、后侧片推档示意图

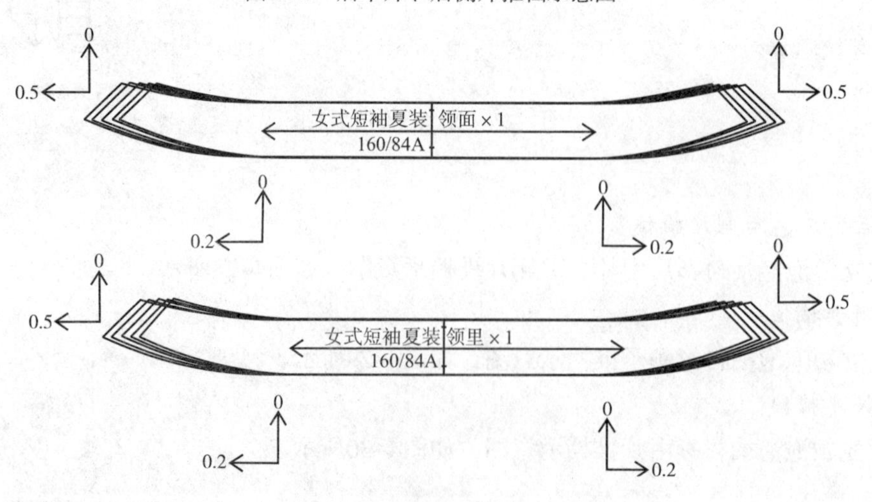

图4-29 领子推档示意图

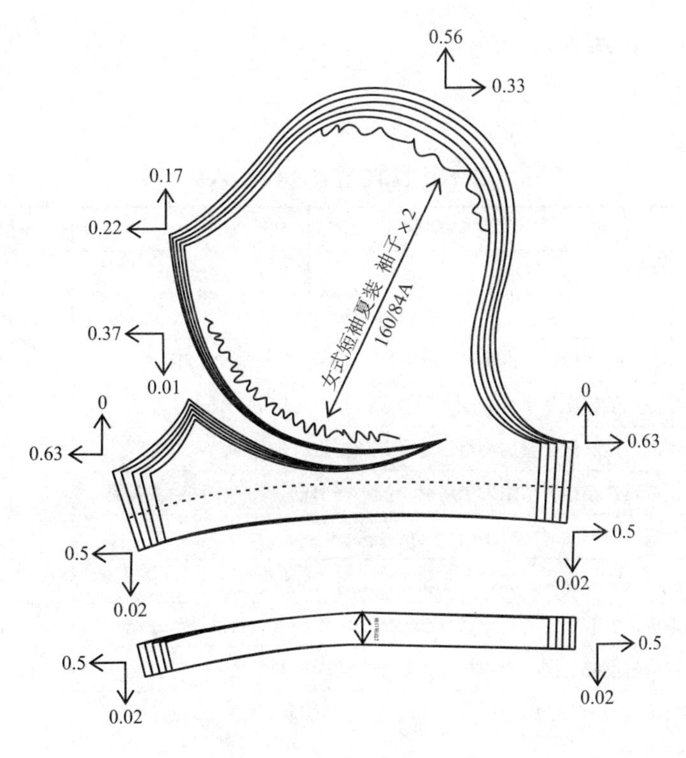

图4-30　袖片推档示意图

任务评价

一、项目任务自我评价表

本项目任务自我评价，见表4-2。

表4-2　项目任务自我评价表

姓名		班级		小组代号	
项目名称			活动时间		
序号	评价指标			分值	本项得分
1	能够理解项目任务的操作规范和要求			10	
2	能够积极承担小组分配的任务			10	
3	能够在项目任务完成的过程中提出有价值的建议			10	
4	能够根据项目推进主动学习相关知识			10	
5	能够按时完成小组分配的任务，不拖拖拉拉			10	
6	项目任务完成情况得到小组成员的认可			10	
7	能够清晰表述项目任务完成的过程和问题的解决方法			10	
8	能够尊重他人的观点，并能表达自己的观点			10	
9	能够帮助小组成员解决遇到的难题或提出合理化建议			10	
10	能将项目活动中的经验教训记录下来，与他人分享			10	
合计得分					

二、项目任务小组互评表

本项目任伤小组互评，见表4-3。

表4-3　项目任务小组互评表

评价对象		班级		小组代号	
项目名称			活动时间		
序号	评价指标			分值	本项得分
1	小组成员对项目任务的理解准确、到位，并能清晰地表达自已的认识			10	
2	小组成员能够服从小组分配，积极承担自己应完成的任务			10	
3	小组成员能够积极参加小组讨论，并能提出有价值的意见和建议			10	
4	小组成员在小组讨论陷入困境时，能够提出创新性的方法解决问题			10	
5	小组成员能够安时完成小组分配的任务			10	
6	小组成员任务完成情况符合小组工作的要求和标准			10	
7	小组成员能够条理清晰地对自己完成的工作任务进行陈述和总结			10	
8	小组成员能够与同学和睦相处，没有发生摩擦和矛盾			10	
9	小组成员能够给同学合理的建议，帮助其顺利解决工作任务中遇到的问题			10	
10	小组成员能够虚心接受其他同学的意见和建议，并对自己存在的问题进行改正。			10	
合计得分					

三、项目任务教师评价表

本项目任务教师评价，见表4-4。

表4-4　项目任务教师评价表

评价对象		所在班级		小组代号	
项目名称			活动时间		
评价模块	评价指标			分值	本项得分
学习态度（10分）	能完整参加项目的全过程，不缺席，不早退			3	
	能按照老师或小组要求完成任务，不做与项目无关的事			3	
	积极承担任务，参与小组讨论，与小组成员友好相处			4	
知识运用（25分）	能够认真学习与项目有关的知识			4	
	能够根据项目的推进主动学习新知识			6	
	能够运用所学的知识解决项目中遇到的问题			10	
	对所学知识能够融会贯通、举一反三			5	
操作能力（25分）	能根据项目的实践要求选择合适的材料、工具和设备			5	

续表

评价对象		所在班级		小组代号	
项目名称			活动时间		
评价模块	评价指标			分值	本项得分
操作能力（25分）	操作步骤规范、有序，操作细节符合要求			8	
	操作中遇到问题时能想办法解决			8	
	能够按时完成项目任务			4	
展示评价（30分）	能够利用多媒体教学手段对自己承担的项目任务进行介绍和展示，介绍具体，表达清晰流畅			6	
	项目作品在材料运用、颜色搭配、工艺细节等方面达到规定的标准			8	
	项目汇总的书面材料规范、齐全，上交及时			6	
	展示过程中能够积极协调、沟通，舞台展示效果好			10	
附加奖励分（20分）	项目作品质量好，有一定的销售价值			10	
	项目作品具有一定的创新性，设计方案被企业录用			10	
项目反思（10分）	能将项目推进过程中的经验、教训及时记录下来			4	
	能够将自己的经验、教训与他人分享			4	
	能够按时提交小结			2	
合计得分					

项目二　女式翻立领花苞袖衬衫工业制板一体化制作技术

知识目标：

1. 学习圆角翻立领的制作方法。
2. 掌握刀背缝弧型分割的省道转移在衣身结构中的具体应用。
3. 学习花苞袖的制板方法、缝制技术。

能力目标：

1. 能够进行服装工艺单的编制。
2. 能够根据服装工艺单的款式图进行中间码成衣CAD结构制图。
3. 能够根据结构图进行CAD板型制作、样板推档。
4. 能够裁剪配伍与样衣试制。

任务分析：

合体女式翻立领花苞袖衬衫是女装中一个重要的品类。本款是翻立领圆角，Y型门襟四粒扣，前、后衣身刀背缝弧形分割，袖子采用花苞袖造型，袖子的造型变化是重点。希望通过本项任务的综合实践，增强学生的分析能力和动手实战能力。

任务准备：

1. 服装CAD软件操作系统，面辅料裁剪、配伍，样衣试制的常用工具。
2. 面料为100%全棉富春纺面料，门幅130～140cm，用料110cm左右。
3. 辅料有薄型进口无纺衬70cm，衬衫纽扣5粒（含备用扣1粒），配色涤棉缝纫线1团。

任务实施：

一、技术资料分析

（一）款式描述

此款女式翻立领花苞袖衬衫面款式图，如图4–31所示。

1. 前片

女式圆角翻立领，Y型门襟翻边，门襟四粒纽扣，前片刀背缝弧形分割。

2. 后片

后背中缝、刀背缝弧形分割到下摆底部，吸腰合体型，平下摆。

3. 袖子

采用一片式泡泡花苞袖，袖底连缝，袖口卷窄边。

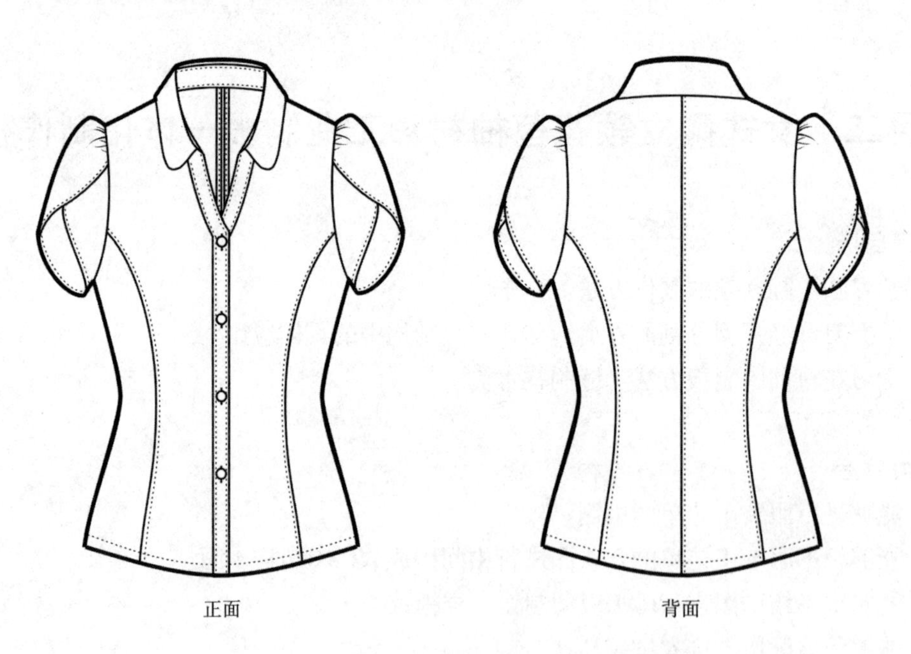

图4–31　女式翻立领花苞袖衬衫全面款式图

（二）工艺单具体内容

工艺单编制应包括的项目同上（略）。

此款女式翻立领花苞袖衬衫工艺单，见表4–5。

表4-5　女式翻立领花苞袖衬衫工艺单

<table>
<tr><td>款式名称</td><td>女式翻立领花苞袖衬衫</td><td colspan="5">系列规格表（5.4）</td></tr>
<tr><td>制单日期</td><td>2015年03月18日</td><td>规格</td><td>155/80A</td><td>160/84A</td><td>165/88A</td><td>档差</td></tr>
<tr><td colspan="2" rowspan="9">款式图及工艺说明：
正面款式图
背面款式图</td><td>部位</td><td>S</td><td>M</td><td>L</td><td>—</td></tr>
<tr><td>后中</td><td>50</td><td>52</td><td>54</td><td>2</td></tr>
<tr><td>背长</td><td>36</td><td>37</td><td>38</td><td>1</td></tr>
<tr><td>胸围</td><td>88</td><td>92</td><td>96</td><td>4</td></tr>
<tr><td>腰围</td><td>70</td><td>74</td><td>78</td><td>4</td></tr>
<tr><td>肩宽</td><td>35</td><td>36</td><td>37</td><td>1</td></tr>
<tr><td>袖长</td><td>17.5</td><td>18</td><td>19</td><td>0.5</td></tr>
<tr><td>袖口</td><td>13.5</td><td>14</td><td>14.5</td><td>0.5</td></tr>
<tr><td colspan="5">工艺说明：
1. 针距要求：为3cm14～15针
2. 领子：圆领角；领座后中宽2.5cm，领座前宽2cm；翻领后中宽3.7cm；领面、领座止口缉0.15cm明线
3. 袖子：花苞袖，袖山抽褶，袖口卷边0.3cm，止口缉线0.1cm
4. 前衣片：刀背分割线至底摆，内包缝缉0.5cm明线；门襟贴边宽2.5cm缉0.15cm明线；4粒扣
5. 后衣片：背中分割线至底摆，背中缝分缝包边，缉0.5cm明线；两侧刀背分割线内包缝，缉0.5cm明线
6. 缝型：侧缝、肩缝来去缝；袖窿滚边；底摆折边1.5cm，缉0.1cm明线
成品要求：
成品符合规定尺寸，前片止口处钉4粒扣；缝线平整，缉线宽窄一致；整洁无污渍，无线头</td></tr>
<tr><td colspan="2">款式特征描述：
翻立领圆角衬衫领，Y型门襟贴边，四粒纽扣，前片刀背分割至底摆边；花苞袖，袖口卷边；平下摆，后背中分割，刀背线分割，吸腰合体型。</td><td colspan="2">面料：全棉富春纺
纱支：40×40　密度：133×70</td><td colspan="3">黏合衬：有纺衬幅宽90cm，长70cm
纽扣：5粒</td></tr>
</table>

二、初板制作

（一）衣身结构设计

衣身结构设计，如图4–32所示。

1. 结构设计要点

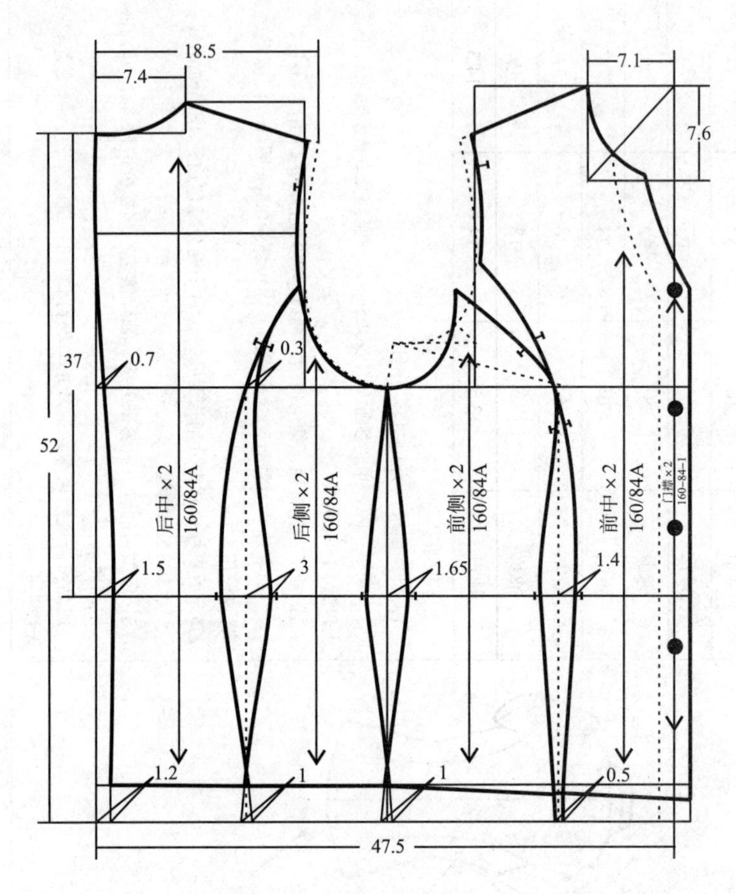

图4–32 女式翻立领花苞袖女衬衫

（1）制图时面辅料未加经纬缩率。

（2）考虑到面料与纸样的性能不同，制板时衣长加放1cm，袖长加放0.3cm，胸围加放2cm。

2. 后片结构设计

（1）首先画出前、后衣片原型，在此基础上进行具体结构制图。

（2）后中长：沿背中线，从后领深向下量52cm。

（3）后腰节线：后领深至腰节为37cm处。

（4）胸围线：从后领深向下量$\frac{B}{6}$+（5～5.5）cm=20.5cm。

（5）后领宽线：按原型宽7.4cm。

（6）后领深线：按原型后领深。

（7）后肩斜：按15：4.5的比值确定肩斜度。

（8）后肩宽：由后中线量取$\frac{S}{2}$。若是泡泡袖时，肩宽可以改小0.5～1cm。

（9）后背宽：$\frac{B}{6}$+2cm或肩宽点向左量1.5cm作后背宽线。

（10）后胸围大：后中线与胸围线的交点向右量$\frac{B}{4}$-0.5cm+1.5cm作后中线的平行线。

（11）侧缝：由胸围宽垂直于下摆边画线，腰节收进1.65cm，下摆放出1cm。

（12）后刀背分割线：在$\frac{腰围}{2}$处定点作垂直线，胸围线上8～9cm处作袖窿刀背公主线分割线，腰节处收省3～4cm，胸围处收省0.8cm。

（13）后背缝：胸围线处劈进0.7cm，腰节处劈进1.5cm，下摆处劈进1.2cm。

3. **前片结构设计**

（1）上平线：在后片上平线的基础上抬高1cm作平行线。

（2）前中线：垂直相交于上平线和衣长线。

（3）前领宽线：按原型宽7.1cm。

（4）前领深线：按原型领深7.6cm。

（5）前肩斜：按15∶6的比值确定肩斜度。

（6）前小肩长：取后小肩长-0.3cm。

（7）前胸宽：$\frac{B}{6}$+1cm或前小肩宽向右量2.5cm，垂直向下至胸围线。

（8）前胸围大：前中线与胸围线的交点向左星$\frac{B}{4}$+0.5cm作平行线，平行前中线。

（9）侧缝：由胸围宽垂直于下摆画线，腰节收进1.65cm，底摆放出1cm。

（10）叠门：为1.25cm，根据款式门襟翻边2.5cm。

（11）前袖窿公主线：将BP点朝袖窿方向移1～1.5cm作垂直线，交胸围线，过交点在胸围线上8～9cm处作重线交袖窿过交点，画刀背分割线，腰节处收省2.8cm，下摆处收省0.5cm。

（12）领口：直开领领深浅向上移1cm，直领口处偏进3cm。

（13）V型领、Y型门襟：V型领深在胸围线向上量7.5cm处。

（14）扣位：根据款式图定出扣位，胸围上7.5cm为最上一个扣位，腰节下7cm为最下一个扣位，中间3等分。

（二）袖片结构设计

女士翻立领花苞袖衬衫袖片结构设计，如图4-33、图4-34所示。如图4-33所示是短袖基本结构，如图4-34所示是在短袖基本结构上设计的泡泡、花苞袖。

（1）在前后袖窿基础上，作袖子基本原型。

（2）画袖山高为15cm左右，袖肥32～32.5cm，袖长18cm。

（3）根据前AH-0.3cm，后AH+0.2cm，画出袖山斜线。

（4）根据图示画顺袖山弧线，前袖山点高1.8cm，后袖山点高1.9cm。

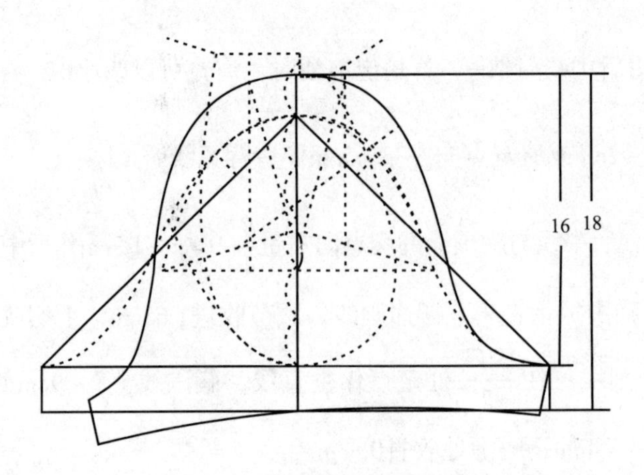

图4-33 短袖结构设计

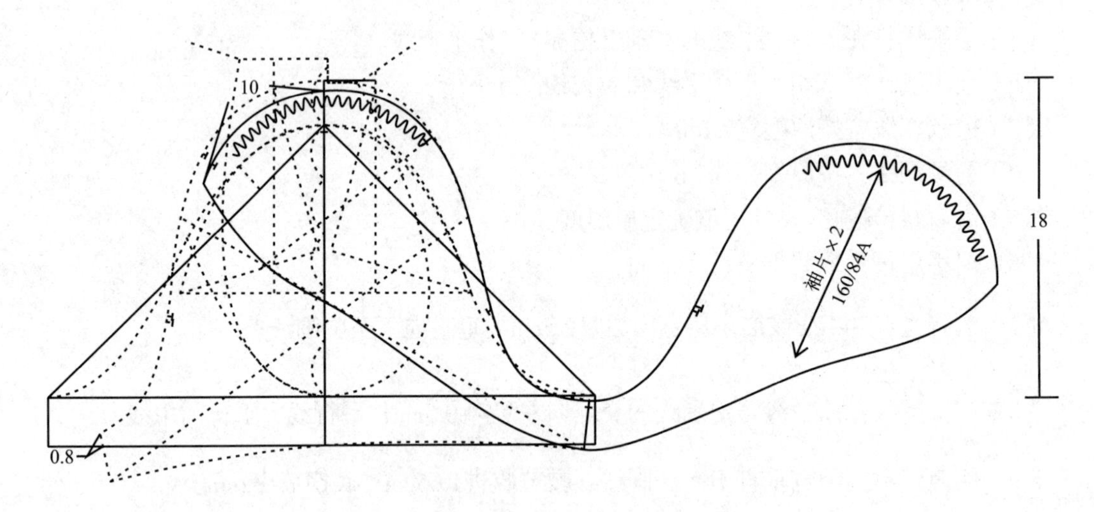

图4-34 泡泡袖、花苞袖结构设计

（5）由于人体手臂自然下垂时略向前微弯，为了适应人体活动和手臂造型，按一片袖基本原型，袖中线向前偏5°。

（6）画出袖口大：根据图示，以袖中线与袖口辅助线相交处定点，过该点向左右各取$\frac{1}{2}$袖口大，确定前、后袖底缝，过前、后袖底缝端点画袖口线。

（7）袖山弧线：修正、画顺袖山弧线。

（8）画顺袖口弧线。

（9）泡泡袖：取袖深的$\frac{3}{5}$剪开，袖山前后各展开4cm，画顺袖山弧线。

（三）翻立领结构设计

此款女式翻立领花苞袖衬衫，翻立领结构设计，如图4-35所示。

（1）领座：根据前、后领弧长确定领长，领座后中线宽2.5cm，领座前端上翘3cm，前领座宽2cm。

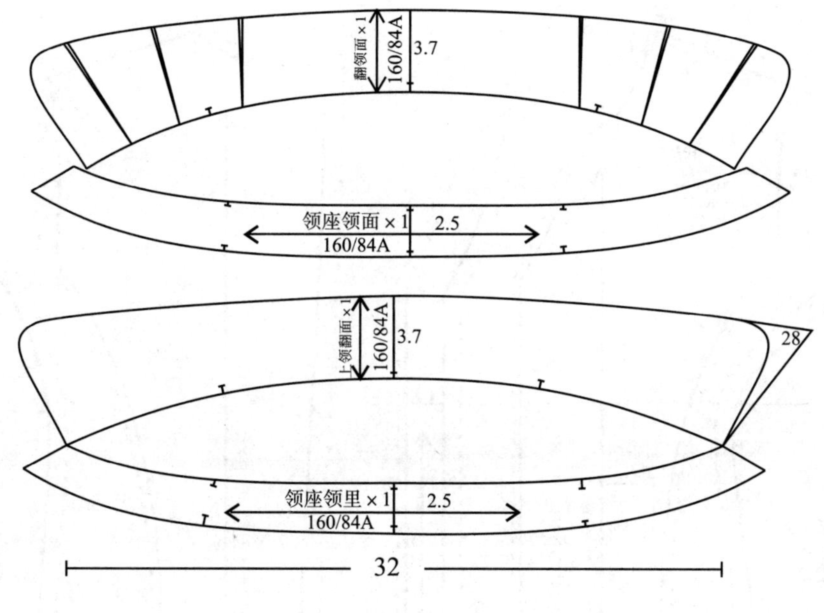

图4-35　立领结构设计

（2）领座前端造型：根据款式图进行修正。

（3）翻领：翻领后中线宽3.7cm，领弯势3cm，领角长6cm，角度为28°，根据款式画圆角。

三、初板确认

（一）样板放缝

1. 前衣片放缝

根据工艺单的款式图与工艺说明进行放缝如图4-36所示。

（1）肩缝、侧缝是来去缝工艺，缝份为1cm。

（2）袖窿平缝、包边，缝份为1cm，领圈缝份为1cm。

（3）刀背缝弧形分割是内包缝，应放大小缝，小缝放0.5cm，大缝放1.1cm。

（4）底边卷边1.5cm，缝份为2.5cm。

（5）前门襟翻遍，缝份为0.5cm。

（6）翻门襟与门襟缝合缝份为0.5cm，另一边缝份为1cm。

（7）放缝时弧线部位的端角要保持与净缝线垂直。

2. 后衣片放缝

后衣片放缝，如图4-37所示。

（1）衣肩缝、侧缝是来去缝工艺，缝份为1cm。

（2）袖窿平缝、包边，缝份为1cm。

（3）领圈缝份为0.8cm。

（4）后中缝是内包缝，缝份为1.2cm，刀背缝弧形分割是内包缝，应放大小缝，小缝放0.5cm，大缝放1.1cm。

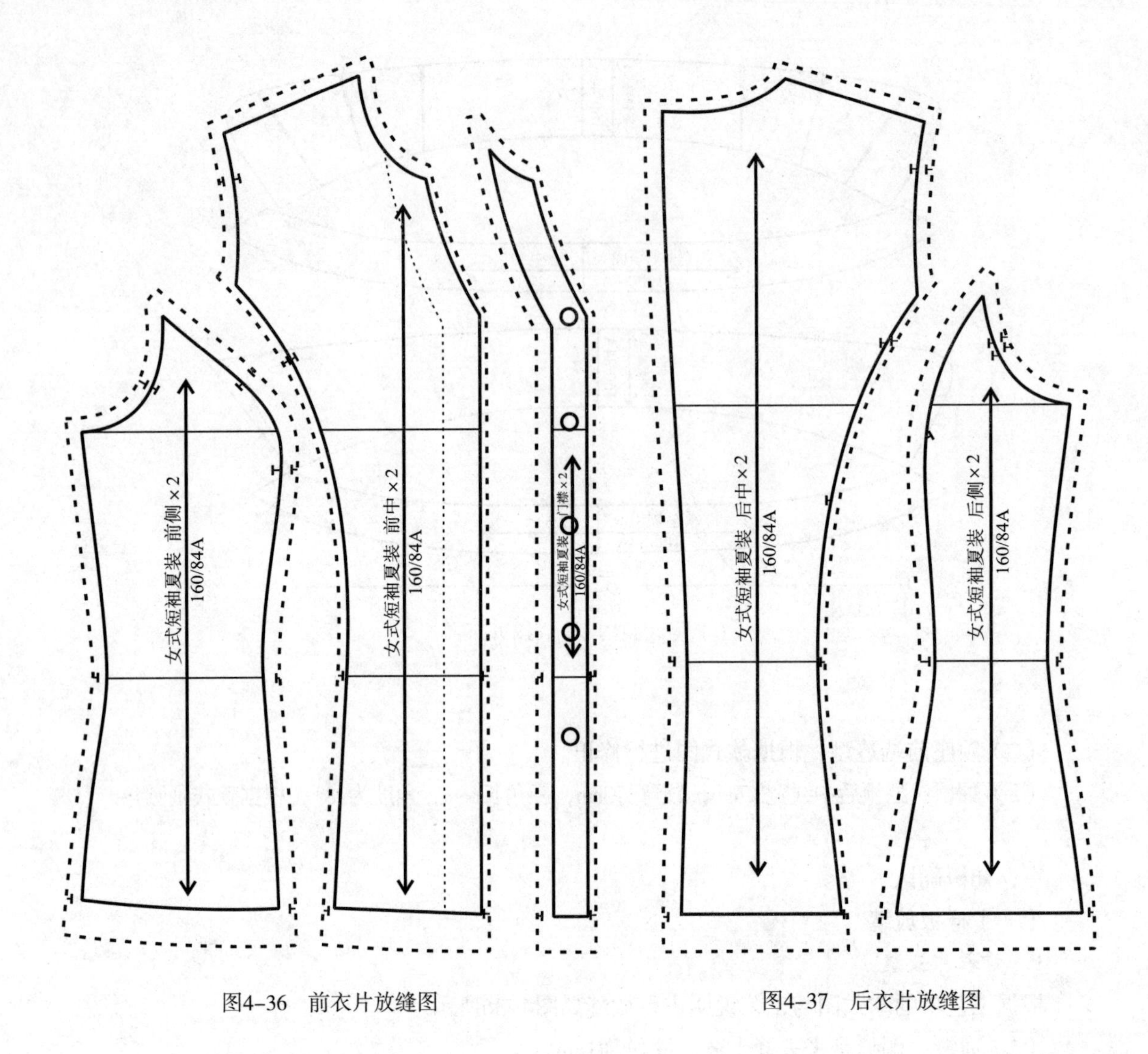

图4-36 前衣片放缝图　　　　图4-37 后衣片放缝图

（5）底边卷边1.5cm，缝份为2.5cm。

3. **袖子放缝**

袖子放缝，如图4-38所示。

（1）袖底缝是链缝。

（2）袖山是平缝、包边，缝份为1cm。

（3）袖口卷窄边，缝份为1cm；

4. **翻立领放缝**

翻立领放缝，如图4-39所示。

（1）领座面、里：三面缝份为1cm；与翻领缝合部分用缝份0.7cm。

（2）翻领面、里：三面缝份为1cm；与领座缝合部分用缝份0.7cm。

（二）样板标识

（1）所有样板上作好丝缕线，写上款式名、裁片名称、裁片数量、号型规格等。

（2）作好所有对位标记、剪口。

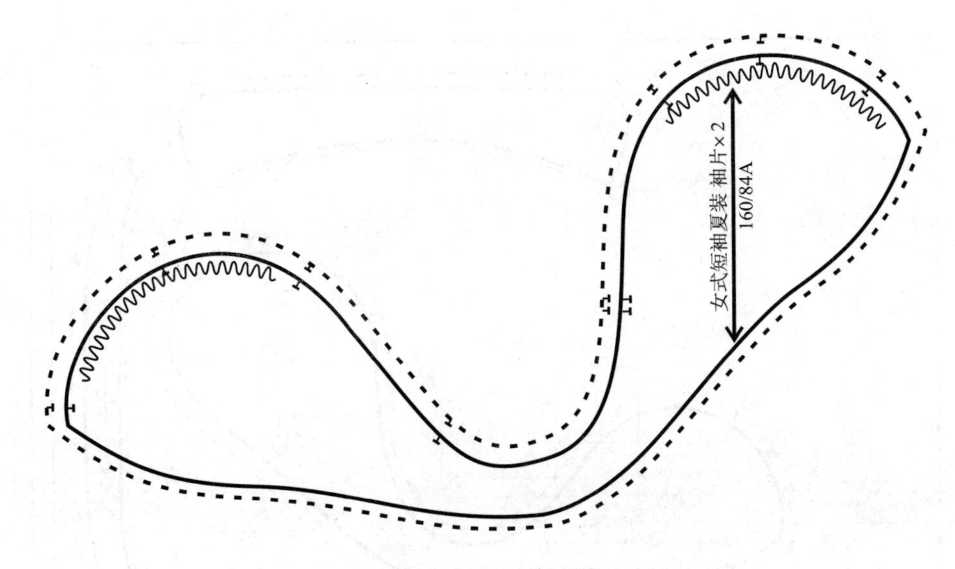

图4-38　袖子放缝图

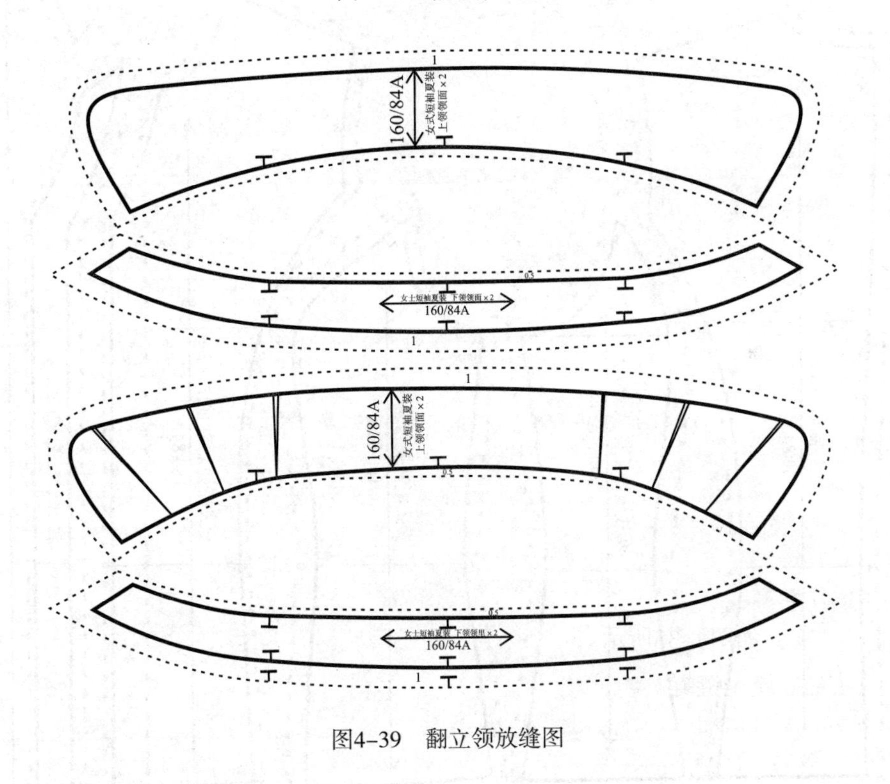

图4-39　翻立领放缝图

（3）收褶处作好收褶符号和对位标记。

（三）翻立领花苞袖单件衬衫裁剪排料图

翻立领花苞袖单件衬衫排料、裁剪示意图，如图4-40所示。

（四）坏样试制

样衣的缝制应严格按照工艺单和样板操作。缝制操作时车工相对集中完成，再到烫台进行小烫；小烫相对集中完成后再进行车缝，以便提高缝制样衣的速度。

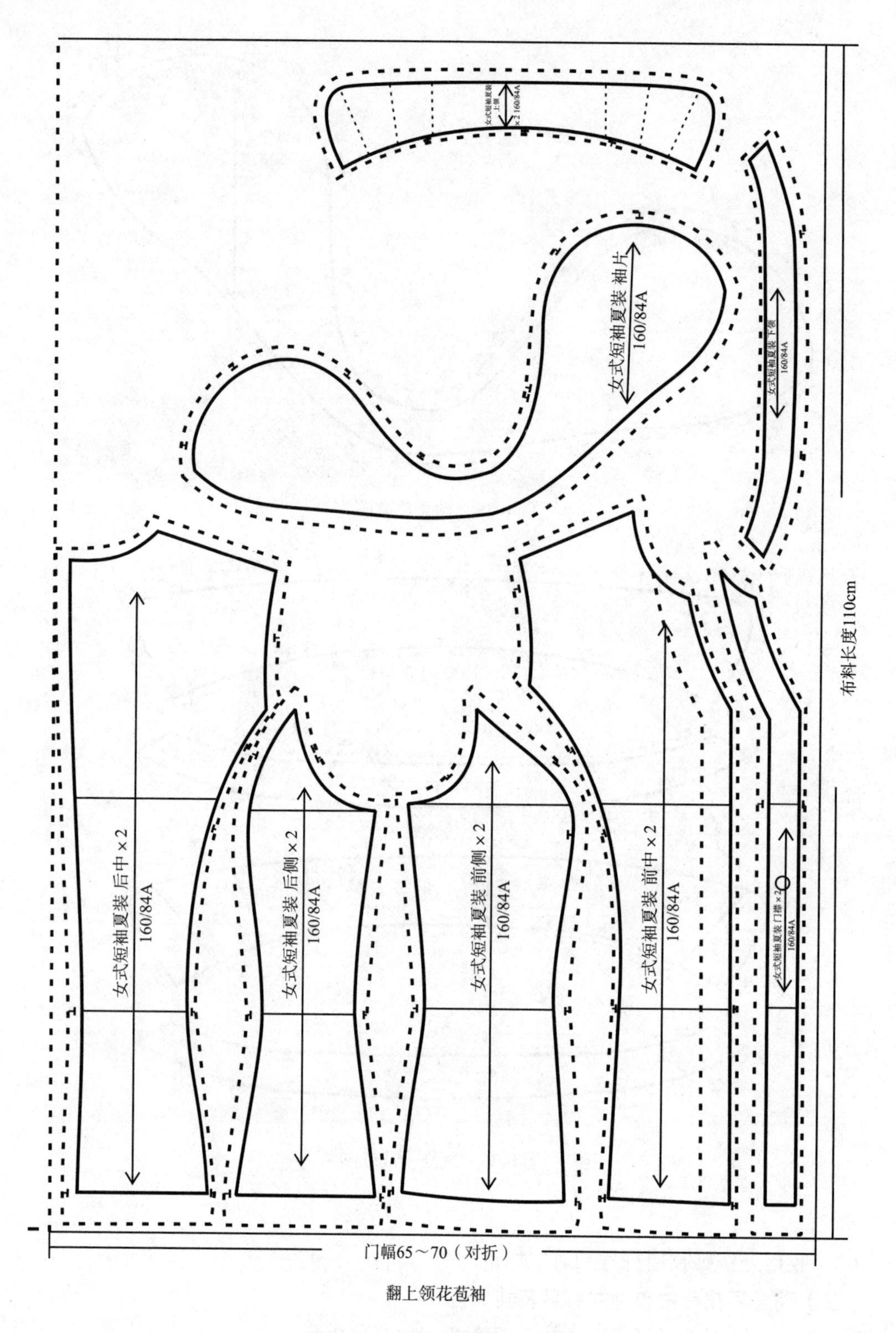

翻上领花苞袖

图4-40 单件衬衫排料示意图

具体的缝制工序：检查裁片、作缝制标记、粘衬→前、后片弧形分割内包缝→前片翻门襟合肩缝、侧缝→做领子、装领子→做袖子、装袖子→下摆卷边→整烫→袖窿包边→定扣位→钉扣→检验→样衣展示。

1．缝制前准备工作

（1）检查裁片、部件、零件；作缝制标注（图4–41）。

（2）粘衬：门襟、领面、袖口（图4–42）。

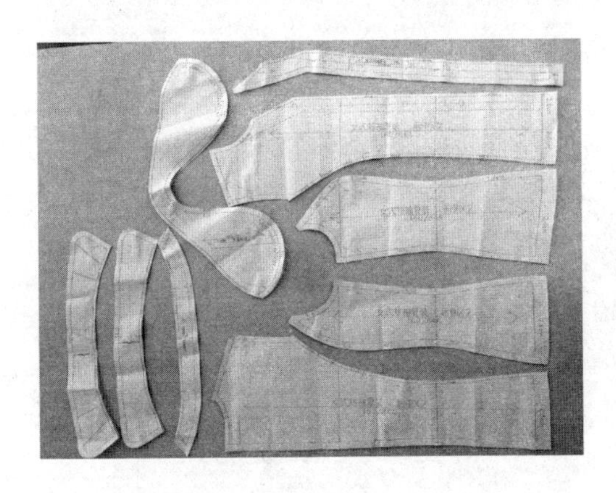

图4–41　检查

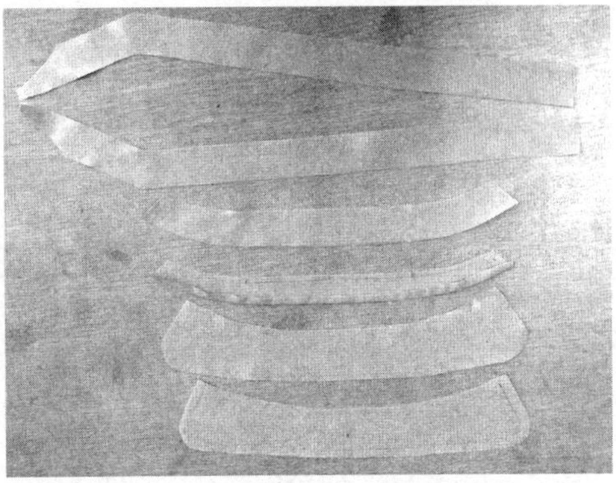

图4–42　粘衬

2．前、后片重要部位缝制要点

（1）前片：刀背缝内包缝（图4–43）。

（2）后片：后中缝、刀背缝内包缝（图4–44）。

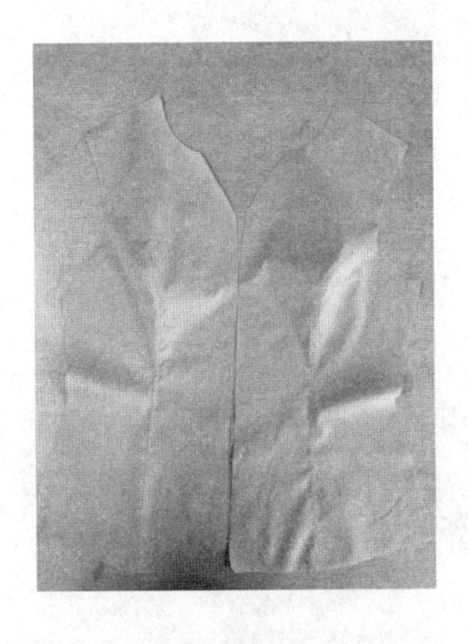

图4–43　前片

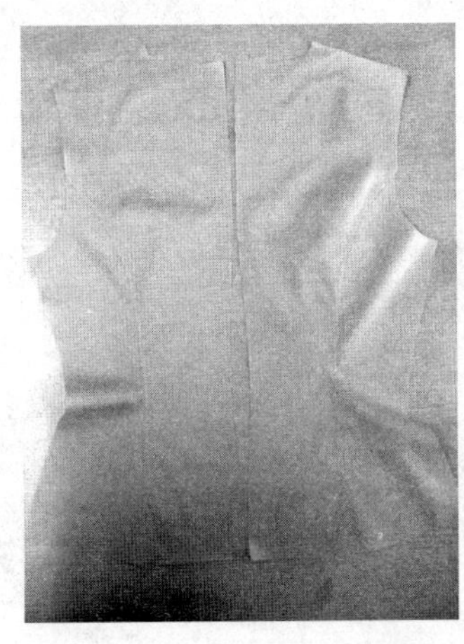

(a)

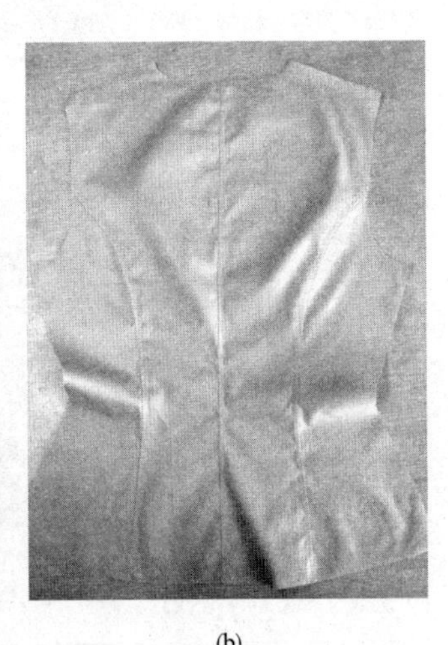

(b)

图4–44　后片

（3）前片翻门襟（图4–45）。

3．袖子重要部位缝制要点

（1）袖口卷边。

（2）袖山收皱（图4–46）。

4．前后片组合

前后片合肩缝、侧缝（图4–47）。

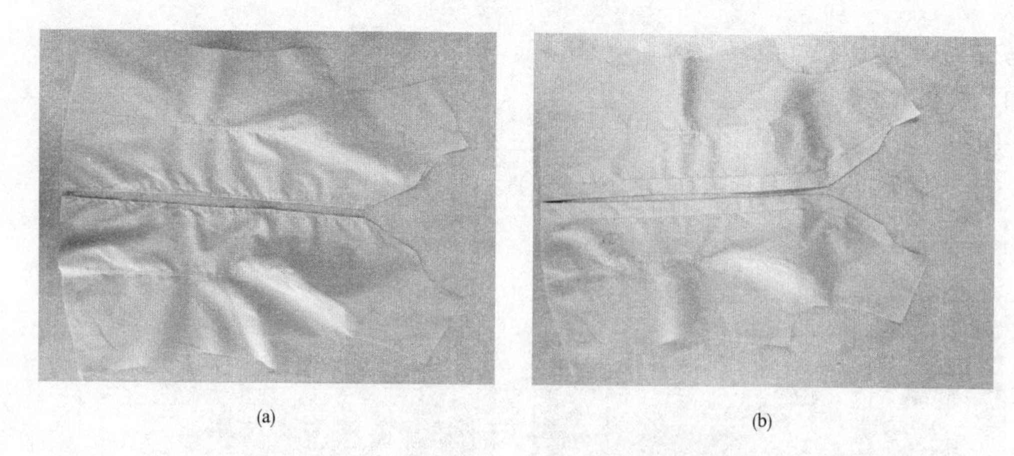

(a) (b)

图4-45 前片翻门襟

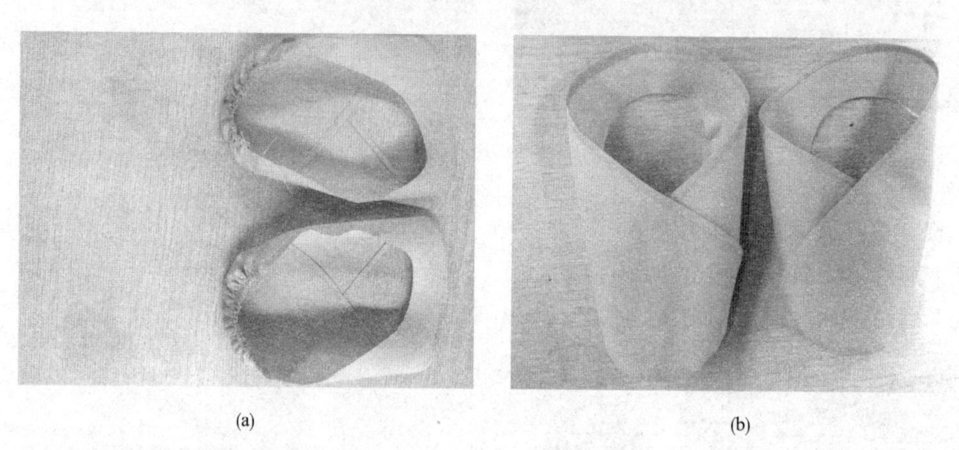

(a) (b)

图4-46 袖山收皱

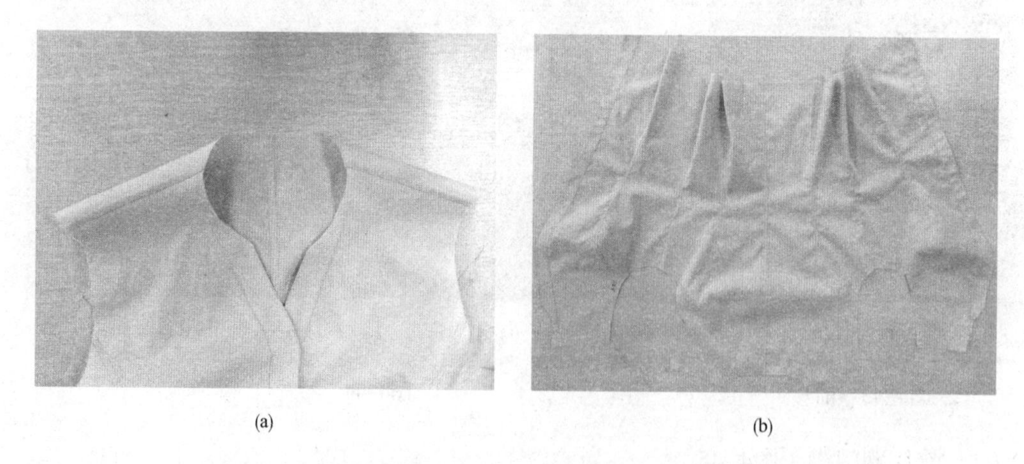

(a) (b)

图4-47 前后片组合

5. 做翻立领

领里画线、兜缉领子、上下领组合，如图4-48所示。

6. 装领

装领里如图4-49所示，装领面如图4-50所示。

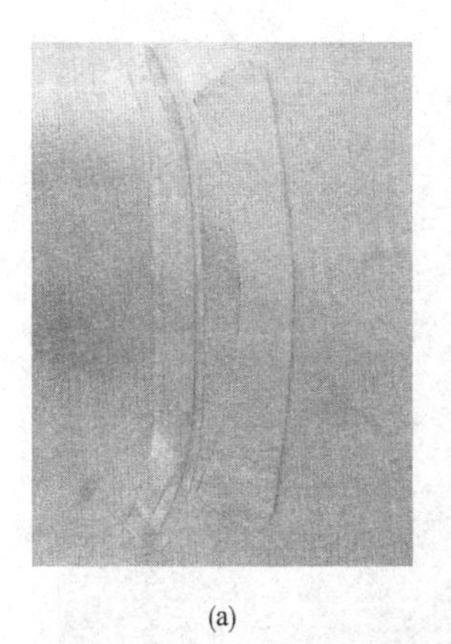
(a)

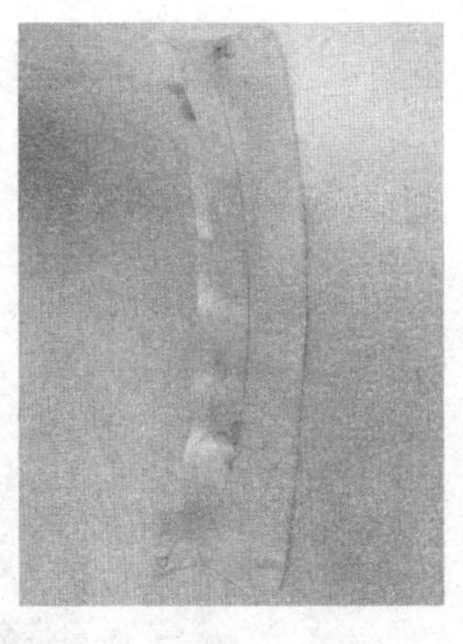
(b)

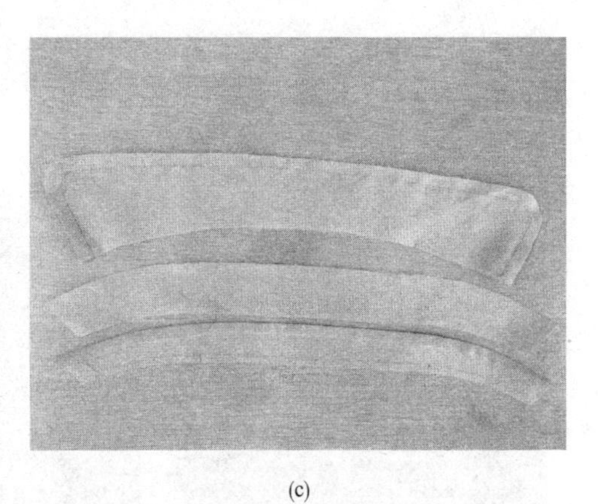
(c)

图4-48　做翻立领

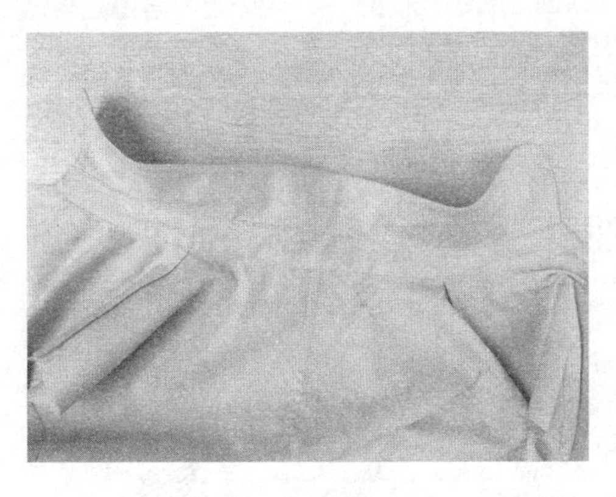
图4-49　装领里

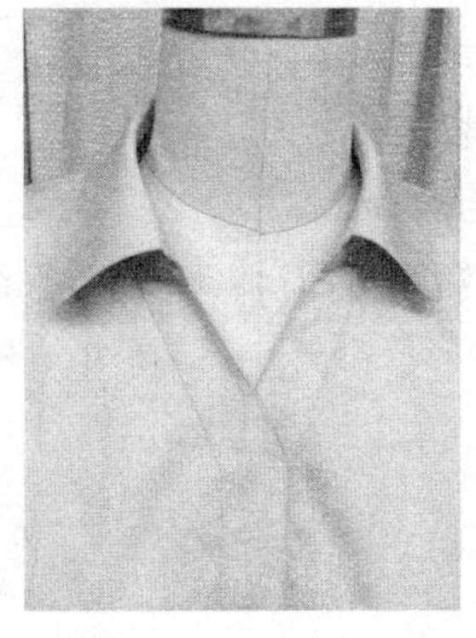
图4-50　装领面

7. 装袖

装袖、袖窿包边如图4-51所示。

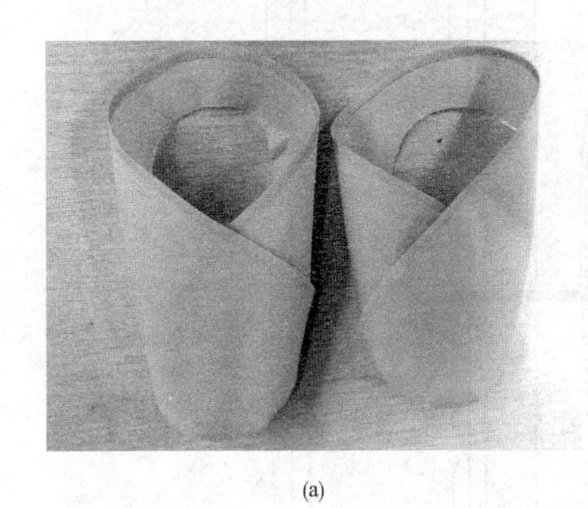
(a)

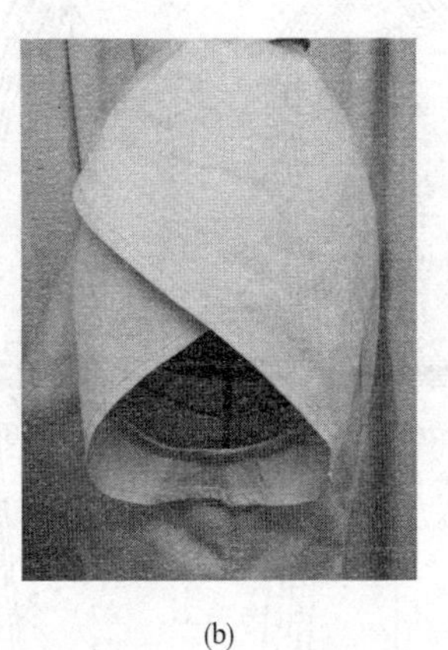
(b)

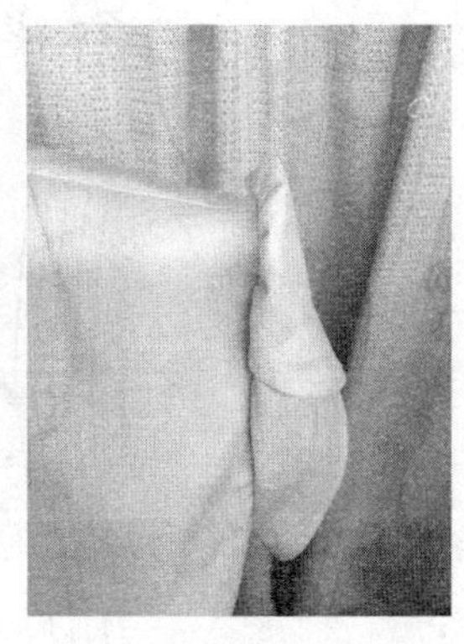
(c)

图4-51　装袖

8. 成品图

成品如图4-52所示。

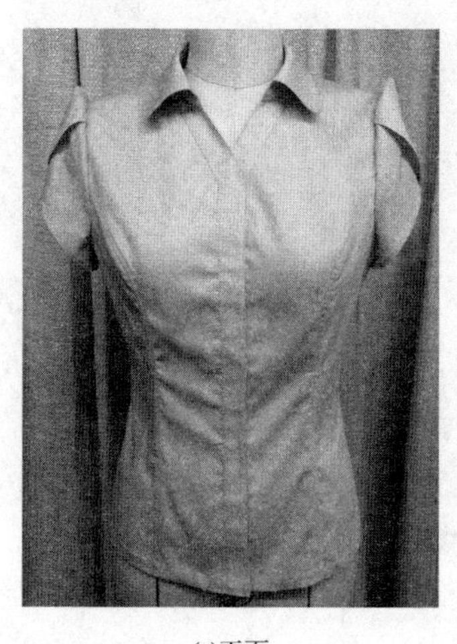
(a)正面

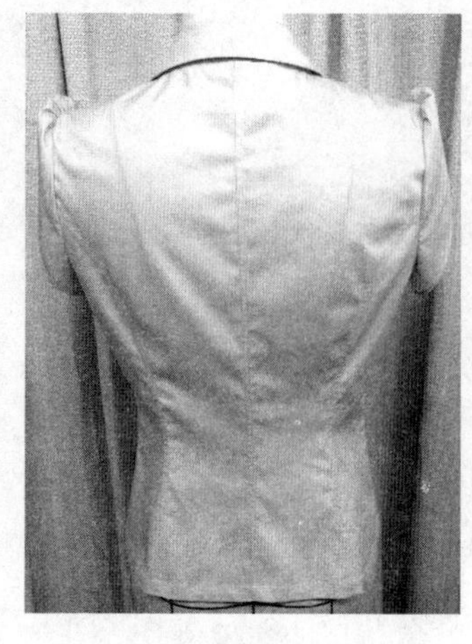
(b)背面

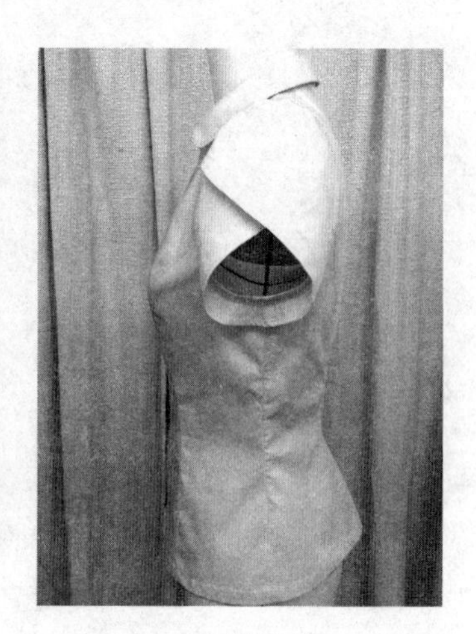
(c)侧面

图4-52 成品图

四、系列样板

1. 前衣片推档

女式翻立领花苞袖衬衫前衣片推档示意图，如图4-53所示。

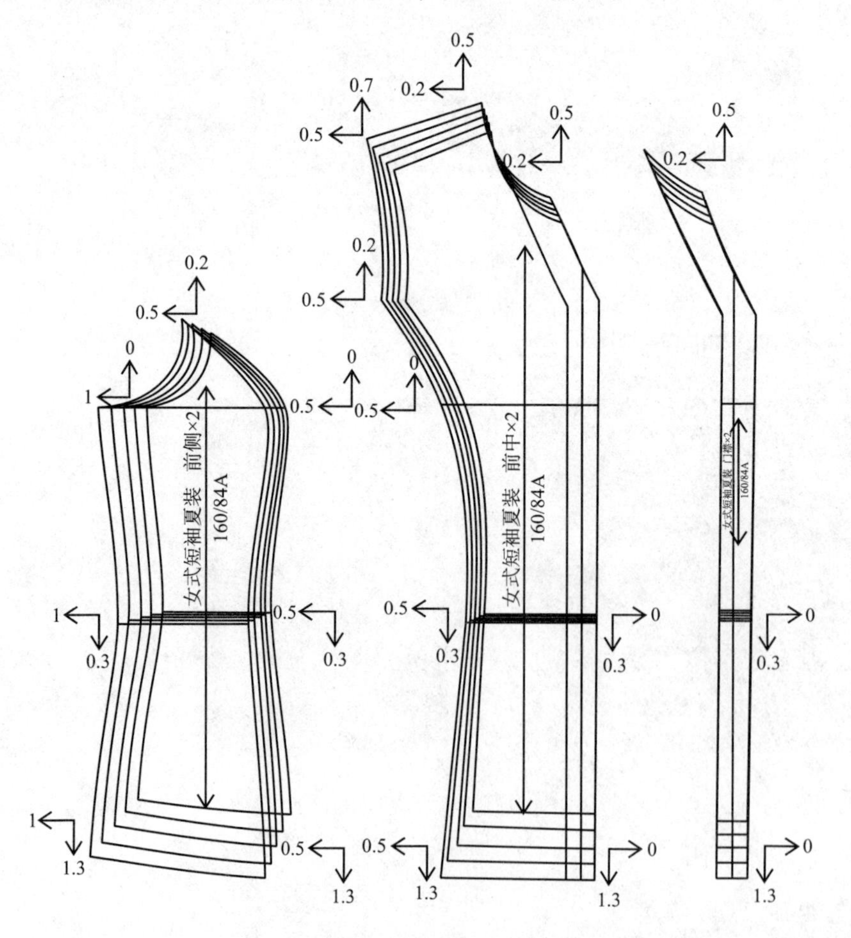

图4-53 前衣片推档示意图

2. 后衣片推档

女式翻立领花苞袖衬衫后衣片推档示意图，如图4-54所示。

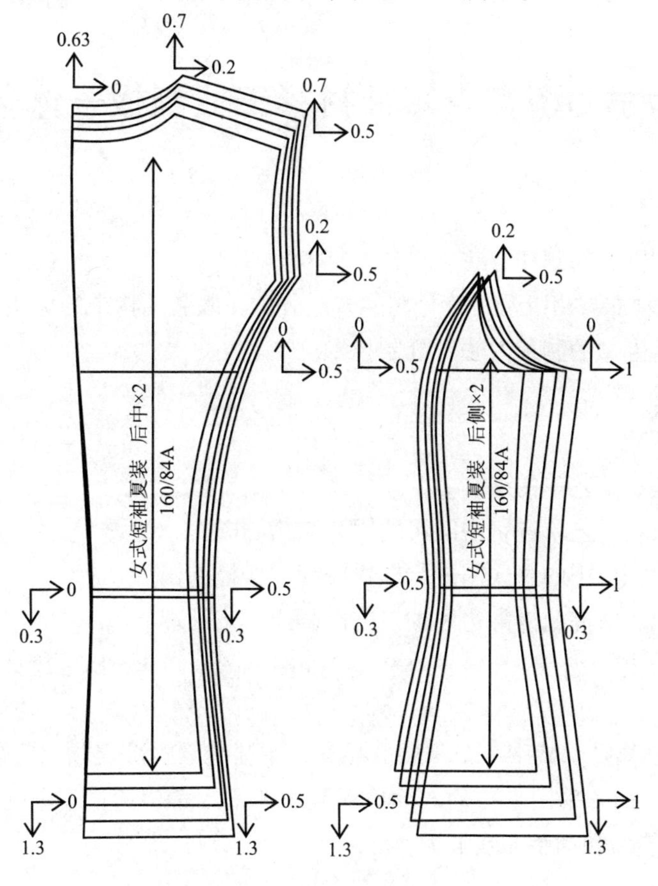

图4-54　后衣片推档示意图

3. 袖片推档

女式翻立领花苞袖衬衫袖片推档示意图，如图4-55所示。

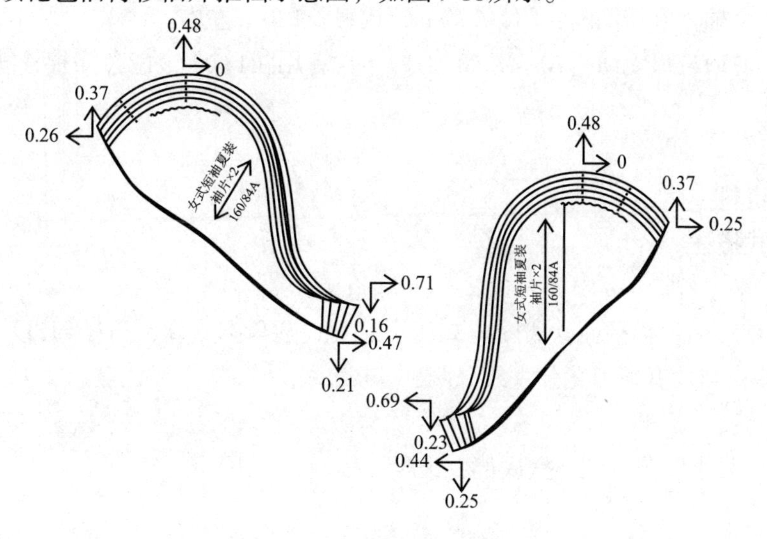

图4-55　袖片推档示意图

任务评价：同前(略)

项目三　女式U型育克短袖衬衫工业制板一体化制作技术

知识目标：

1．学习圆角翻立领的制作方法。

2．掌握U型分割加皱褶以及刀背分割的省道分配在服装结构中的应用。

3．学习袖口活翻边的制板方法、缝制技术。

能力目标：

1．能够进行基本工艺单的编制。

2．能够根据服装工艺单进行中间码的服装结构制图。

3．能够根据工艺单中的款式图进行样板设计、样板推档。

4．样衣试制中，掌握门襟翻边和袖口的活翻边工艺处理。

任务分析：

U型育克短袖衬衫是女装中一个重要的品类。本款是圆角翻立领、门襟翻边钉6粒扣，前胸U型分割加皱褶，袖子采用平装袖、袖口活翻边造型。希望通过本项任务的综合完成，增强学生的任务分析能力和动手实践能力。

任务准备：

1．基本的裁剪、制作工具，服装CAD软件操作系统。

2．面料：全棉富春纺面料：门幅148cm，用料长120cm左右。

3．辅料：薄型进口无纺衬70cm，纽扣7粒（含备用扣1粒），配色涤棉缝纫线1团。

任务实施：

一、技术资料

（一）款式描述

1．*前片*

女式圆育克短袖衬衫平面款式图4-56所示。女式圆角翻立领，门襟翻边六粒纽扣，前胸U型分割有皱褶，前片有窿刀背公主线分割。

2．*后片*

后背中缝，公主线分割到下摆底部，吸腰合体型，平下摆。

3．*袖子*

圆装短袖，袖口活翻边。

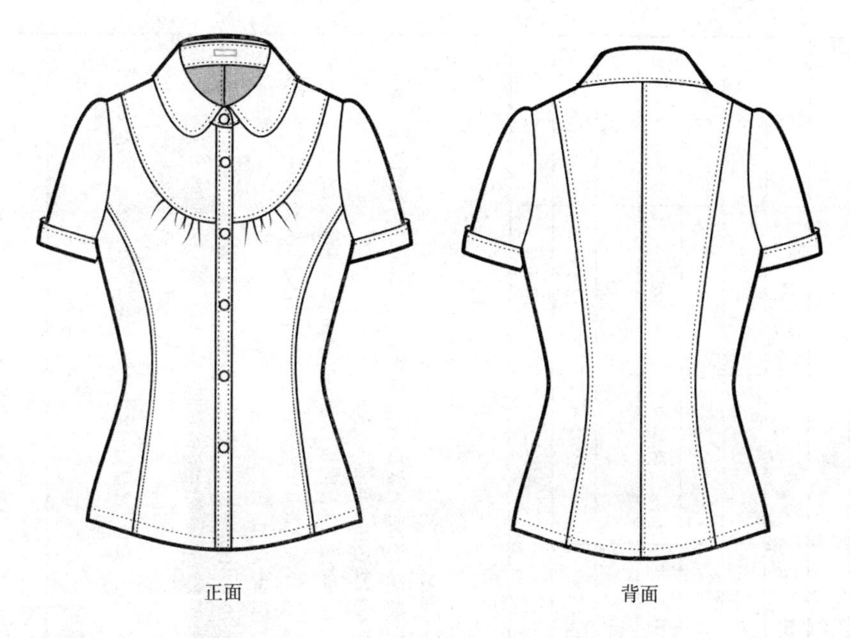

图4-56　女士U型育克短袖衬衫平面款式图

（二）工艺单具体内容

此款女式圆育克短袖衬衫工艺单，见表4-6。

工艺单编制应包括的项目同上（略）。

二、初板制作

（一）衣身结构设计

衣身结构设计，如图4-57所示。

1. **结构设计要点**

（1）制图时面辅料未加经纬缩率。

（2）考虑到面料与纸样的性能不同，制板时衣长加放1cm，袖长加放0.7cm，胸围加放2cm。

2. **后片结构设计**

（1）首先画出前、后衣片原型，在此基础上进行具体结构制图。

（2）后中长：沿背中线，从后领深浅向下量52cm。

（3）后腰节线：后领深浅至腰节为37cm。

（4）胸围线：从后领深浅向下量$\frac{B}{6}$+（5～5.5）cm=20.5cm。

（5）后领宽线：按原型后领宽7.4cm。

（6）后领深线：按原型后领深2.3cm。

（7）后肩斜：按15∶4.5的比值确定肩斜度。

（8）后肩宽：由后中线量取$\frac{S}{2}$。

表4-6　女式U型育克短衬衬衫工艺单

款式名称	女式U型育克短袖衬衫
制单日期	2015年03月18日

系列规格表（5.4）

规格	155/80A	160/84A	165/88A	档差
部位	S	M	L	
后中	50	52	54	2
背长	36	37	38	1
胸围	88	92	96	4
腰围	70	74	78	4
肩宽	36	37	38	1
袖长	17.5	18	18.5	0.5
袖口	13.5	14	14.5	0.5

款式图及工艺说明：

工艺说明：

1. 针距要求：为3cm14～15针
2. 领子：衬衫领，圆领角，领座后中宽2.5cm，领座前端宽2cm，翻领后中宽3.7cm；领角长6.5cm，领面、领座止口缉0.15cm明线
3. 袖子：圆装短袖，袖口翻边2.5cm，内折边1.5cm，缉0.15cm明线
4. 前衣片：育克分割、力背线分割为内包缝，缉0.5cm明线;育克处做细褶；门襟宽2.5cm，缉0.1cm明线；门襟钉6粒纽扣
5. 后衣片：背中缝至底边，内包缝缉0.5cm明线；两侧公主线内包缝，缉0.5cm明线
6. 缝型：侧缝、肩缝缉来去缝；袖窿滚边；底摆1.5cm宽，缉0.1cm明线

成品要求：

成品符合规定尺寸，前片止口处钉六粒扣；缝线平整，缉线宽窄一致；整洁无污渍，无线头

款式特征描述：

女式圆角衬衫领，门襟贴边，六粒扣，前片椭圆形育克，刀背公主线分割，圆装短袖，袖口活口翻边。平下摆，后背中心分割，公主线分割，吸腰合体型

面料：面料为全棉富春纺	黏合衬：有纺衬幅宽90cm，长70cm 纽扣：7粒

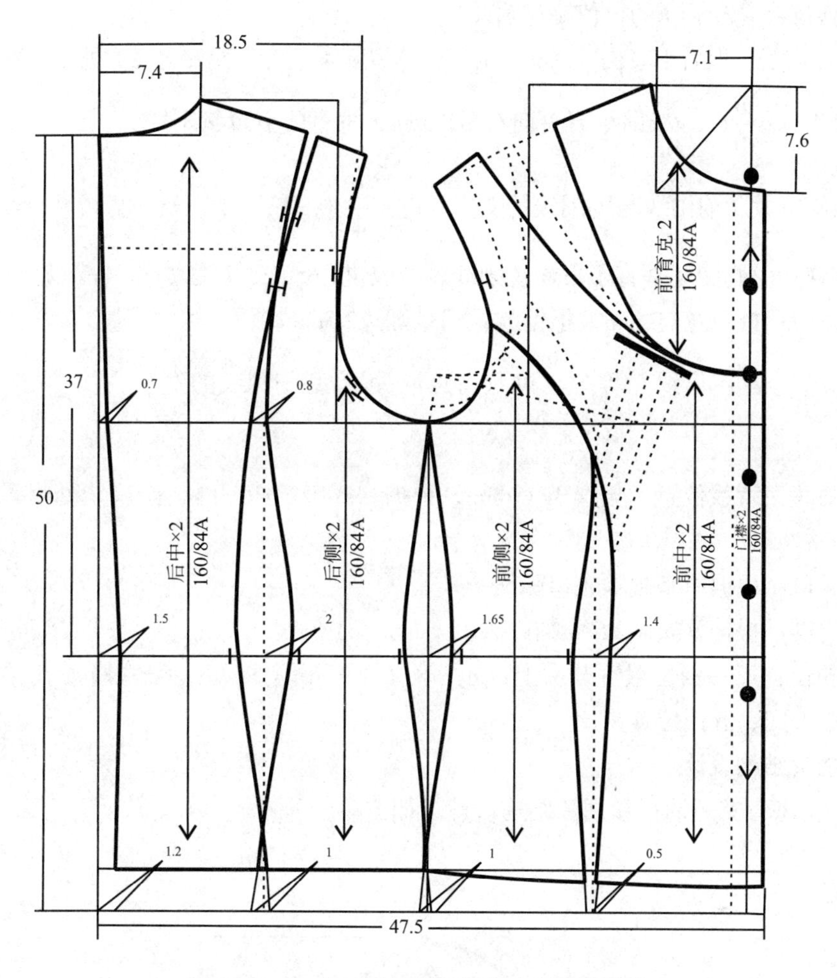

图4-57　女式U型育克短袖衬衫衣身结构设计

（9）后背宽：$\frac{B}{6}$+2cm或肩宽点向左量1.5cm作后背宽线。

（10）后胸围大：后中线与胸围线的交点向右量$\frac{B}{4}$–0.5cm+1.5cm，作后中线的平行线。

（11）侧缝：腰节收进，1.65cm，底摆放出1cm。

（12）公主线分割：在$\frac{B}{2}$处定点，作公主线分割线，腰节处收省4cm。向上画浅至肩省中心，胸围处收省0.8cm，后肩省转开0.8cm，向下画线，垂直于底边线。

（13）后背缝：胸围处劈进0.7cm，腰节处劈进1.5cm，下摆处劈进1.2cm。

3. 前片结构设计

（1）上平线：在后片上平线的基础上抬高1cm作平行线。

（2）前中线：垂直相交于上平线和衣长线。

（3）前领宽线：按原型7.1cm。

（4）前领深线：按原型7.6cm。

（5）前肩斜：按15：6的比值确定肩斜度。

（6）前小肩长：取后小肩长-0.3cm，由于人体肩胛骨呈弓形，故肩端点处小肩撇去0.3cm。

（7）前胸宽：$\frac{B}{6}$+1cm或前小肩宽向右量2.5cm，垂直向下至胸围线。

（8）前胸围大：前中线与胸围线的交点向左量$\frac{B}{4}$+0.5cm，作一条平行线平行于前中线。

（9）侧缝：由胸围宽垂直于下摆边画线腰节收进1.65cm，底摆放出1cm。

（10）搭门：搭门宽1.25cm，根据款式门襟翻边2.5cm。

（11）U型分割：肩线三等分，过颈肩点取$\frac{2}{3}$为U型分割线的宽度，长度与第三颗扣位平齐。

（12）袖窿刀背线位置：偏离BP点4cm，根据款式确定造型线，腰围线处收省2.8cm，下摆处收取0.5cm。

（13）领口：根据原型画顺领口弧线。

（14）门襟：根据款式画2.5cm翻边。

（15）扣位：第一档位置直开领上1cm，第二档直开领下4cm，第六档腰节下4cm，中间四等分，定三、四、五档位置。

（二）袖片结构设计

此款女式U型育克短袖衬衫袖片结构设计，如图4-58所示。

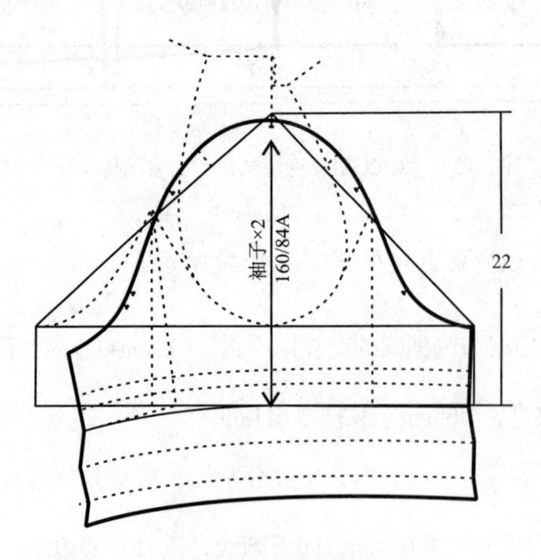

图4-58 短袖结构设计

（1）在前后袖窿基础上，作袖子基本原型。

（2）画袖山高为14.5cm左右，袖肥32～32.5cm，袖长23cm。

（3）根据前AH-0.3cm，后AH+0.2cm，画出袖山斜线。

（4）根据图示画顺袖山弧线，前袖山点高1.6cm，后袖山点高1.8cm。

（5）由于人体手臂自然下垂时略向前微弯，为了适应人体活动和手臂造型，按一片袖基本原型，袖中线向前偏4°～5°。

（6）画出袖口大：根据图示，在$\frac{1}{2}$处定点画线，作前袖底缝；在后袖口$\frac{1}{2}$处定点画线，翻转作后袖底缝。

（7）袖山弧线：修正、画顺袖山弧线。

（8）画顺袖口活口翻边。

（三）圆角翻立领结构设计

此款女式U型育克短袖衬衫圆角翻立领结构设计，如图4–59所示。

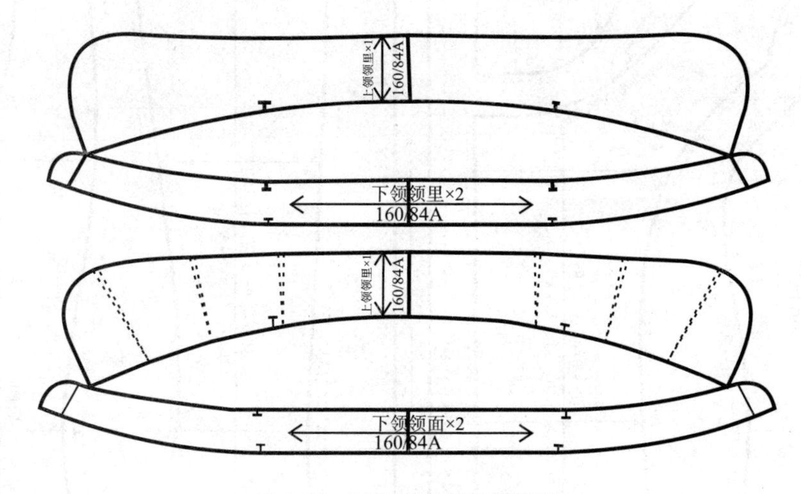

图4–59　圆角翻立领结构设计

（1）领座：根据前、后领弧长确定领长，领座后中线宽2.5cm，领座前上翘2～3cm，前领座宽2cm，画顺领座小圆角。

（2）翻领：翻领后领中线宽3.7cm，领角宽6.5cm，根据款式画顺圆角；翻领的弯势大于领座；领座与翻领组合刀眼对齐。

（3）翻领领面的吃势量根据面料适当展开0.6cm左右。

三、初板确认

（一）样板放缝

1. *前片放缝*

根据工艺单的款式图与工艺说明进行放缝，如图4–60所示。

（1）肩缝、侧缝是来去缝工艺，缝份为1cm。

（2）袖窿包边，缝份为1cm，领圈缝份为1cm。

（3）U型分割、袖窿刀背缝是内包缝，应放大小缝，小缝放0.5cm，大缝放1.1cm。

（4）底边卷边1.5cm，缝份为2.5cm。

（5）前门襟翻遍，缝份为0.5cm。

（6）翻门襟与门襟缝合缝份为0.5cm，另一边缝份为1cm。

（7）放缝时袖窿处弧线部位的端角要保持与净缝线垂直。

2. **后片放缝**

后片放缝，如图4-61所示。

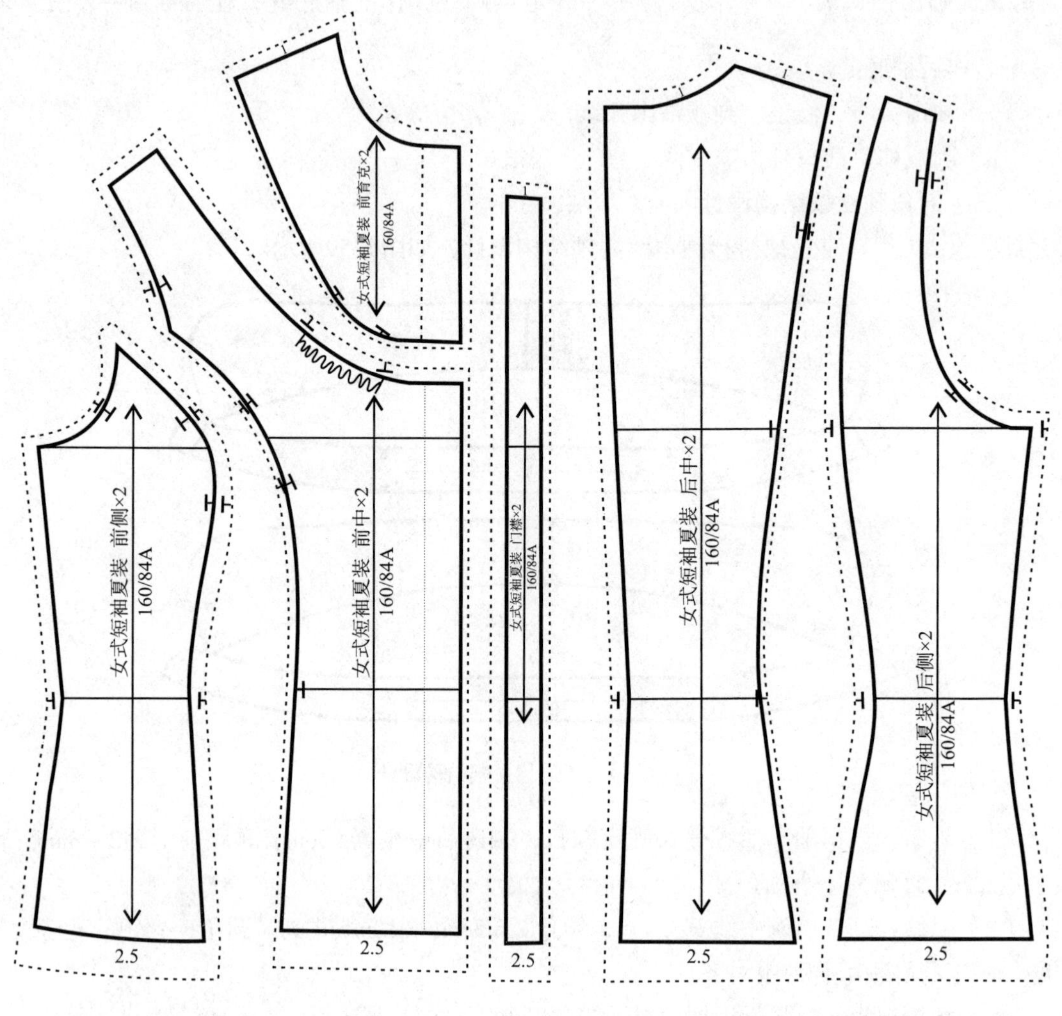

图4-60 前片放缝图　　　图4-61 后片放缝图

（1）肩缝、侧缝是来去缝工艺，缝份为1cm。

（2）袖窿包边，缝份为1cm，领圈缝份为1cm。

（3）后中缝、公主线分割为内包缝，应放大小缝，小缝放0.5cm，大缝放1.1cm。

（4）底边卷边1.5cm，缝份为2.5cm。

3. **袖子放缝**

袖子放缝，如图4-62所示。

（1）袖底缝是来去缝工艺，缝份为1cm。

（2）袖山缝合后包边，缝份为1cm。

（3）袖口活翻边，加长四倍的袖口翻边宽，袖口卷边缝份为1cm。

4. **圆角翻立领放缝**

圆角翻立领领座、翻领放缝，如图4-63所示。

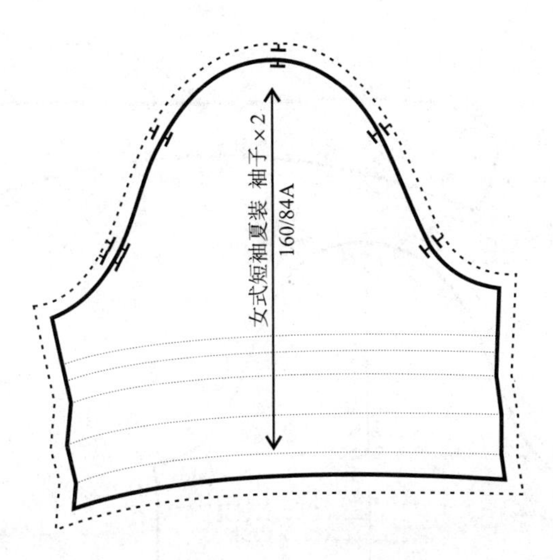

图4-62　袖子放缝图

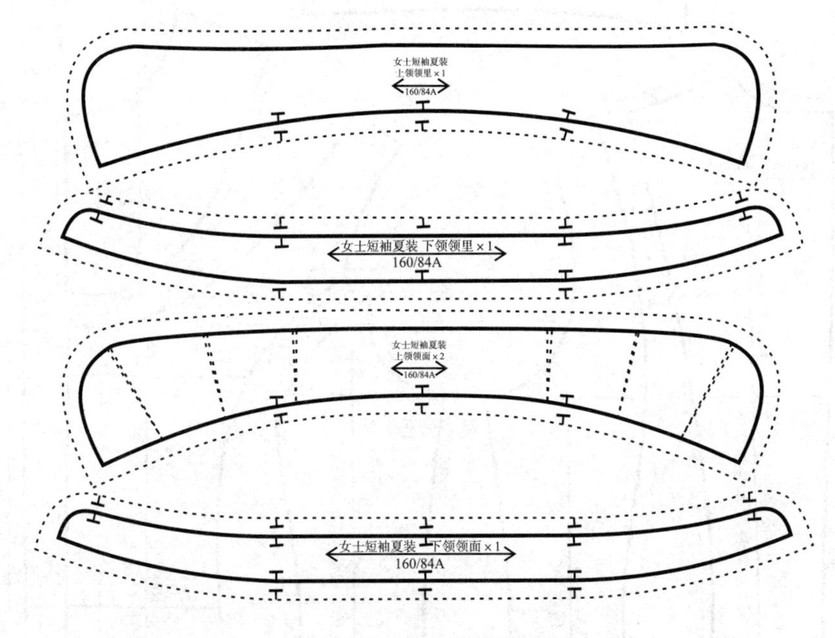

图4-63　翻立领放缝图

（1）领座、翻领的领里：四周缝份为1cm。

（2）领座、翻领的领面：在领里基础上放里外层势0.6cm，四周放缝份1cm。

（二）样板标识

（1）所有样板上作好丝缕线，写上款式名、裁片名称、裁片数量、号型规格等。

（2）作好所有对位标记、剪口。

（三）单件衬衫裁剪排料图

单件衬衫排料、裁剪示意图，如图4-64所示。

（四）坯样试制

样衣的缝制应严格按照工艺单和样板操作。操作时车工作业相对集中完成，再到烫台进

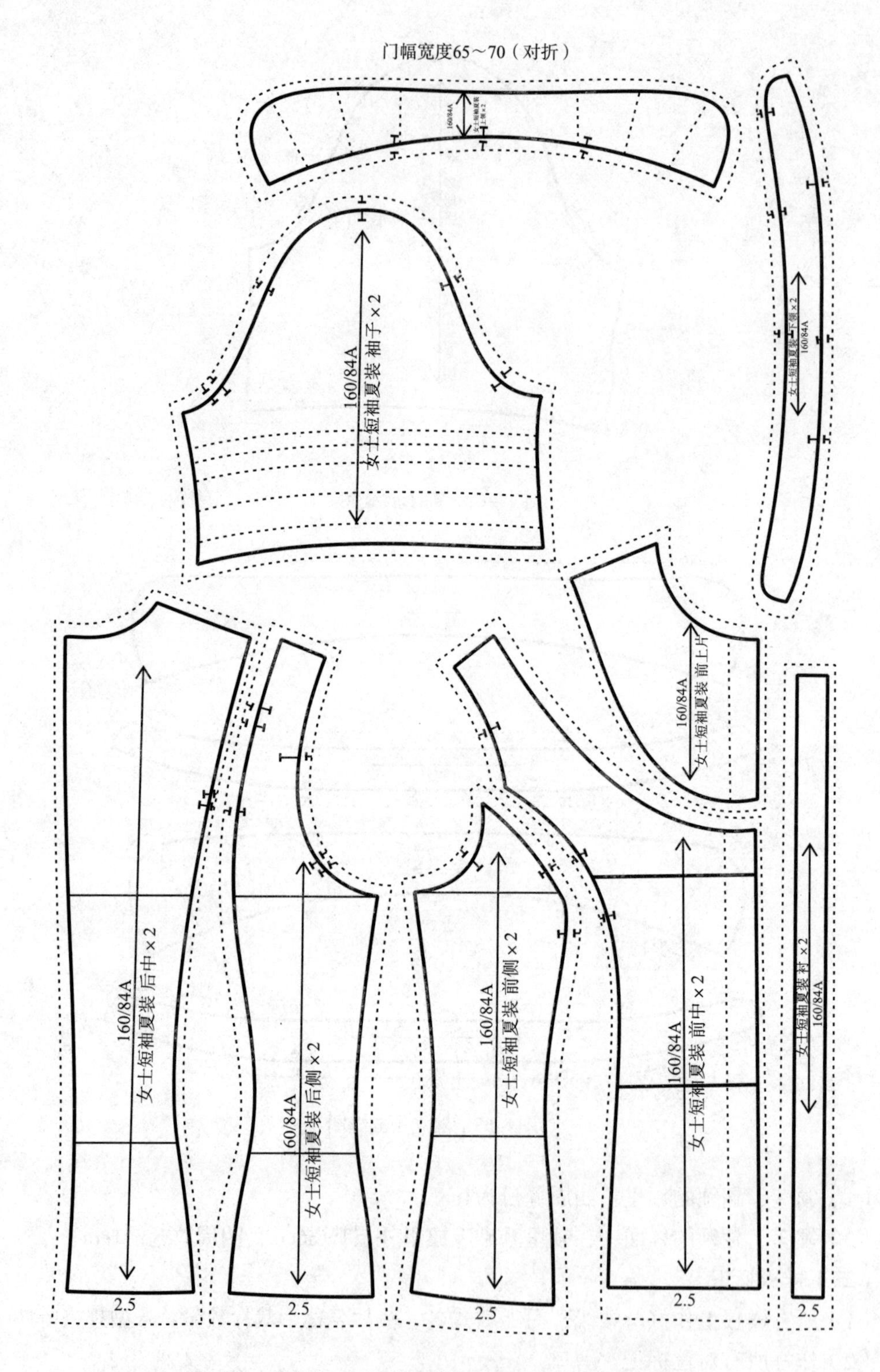

图4-64　单件女式U型育克短袖衬衫排料、裁剪示意图

行小烫；小烫相对集中完成后再进行车缝，以便提高缝制样衣的速度。

具体的缝制工序如下：

检查裁片、作缝制标记、粘衬→前片育克收皱、内包缝→后片内包缝、前片翻门襟→合肩缝、侧缝→做领子、装领子→做袖子、装袖子→袖窿包边→下摆卷边→整烫→定纽位→钉扣→检验→样衣展示。

1. **缝制前准备工作**

（1）检查裁片、作缝制标注：检查裁片，做前后片、袖片的对刀眼；裁片四周的用缝宽度（图4-65）。

（2）粘衬：门襟、领面、袖口（图4-66）。

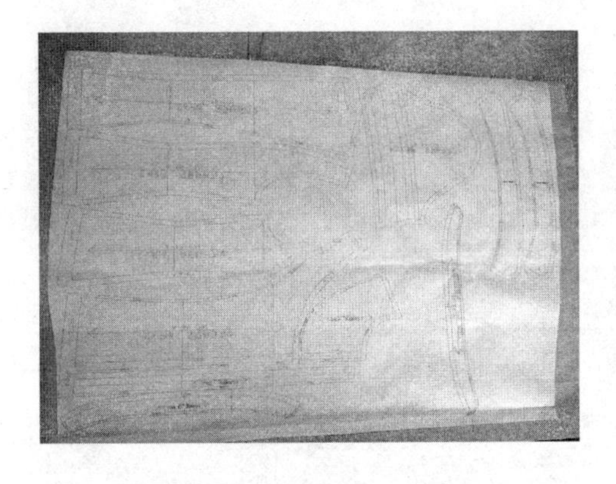

图4-65　检查裁片

图4-66　粘衬

2. **前、后片衣片缝制**

（1）前衣片：U型育克缉塔克线；收腰胸省；U型育克分割缝做内包缝（图4-67）。

（2）门襟：加翻门襟贴边（图4-68）。

（3）后衣片：中缝、公主线、断腰做内包缝（图4-69）。

3. **做袖子缝制要点**

（1）装袖开衩（图4-70）。

（2）袖底来去缝，袖口收褶（图4-71）。

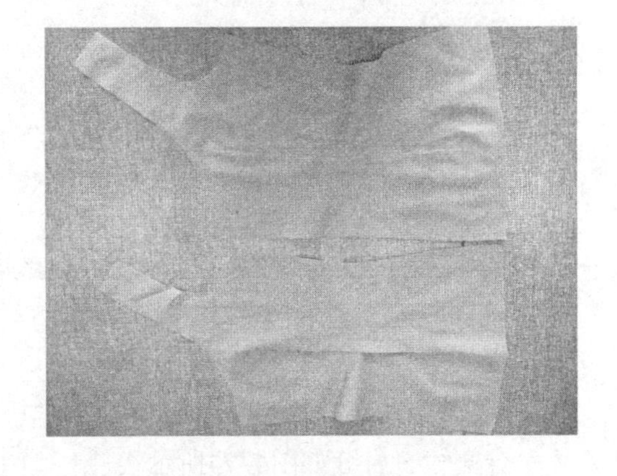

图4-67　前衣片

图4-68　门襟

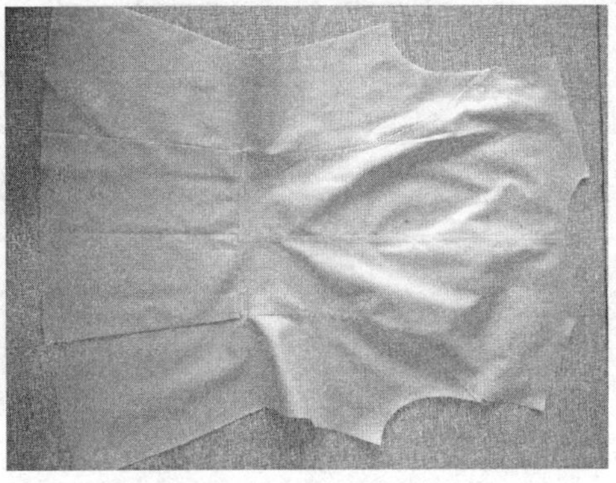

图4-69　后衣片

图4-70　袖开衩

图4-71　收褶

4. 衣领缝制要点

（1）制作上领（图4-72）。

（2）熨烫衣领（图4-73）。

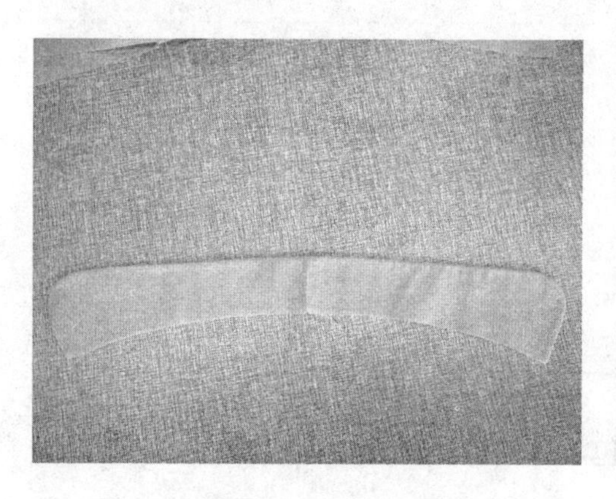

图4-72　制作上领

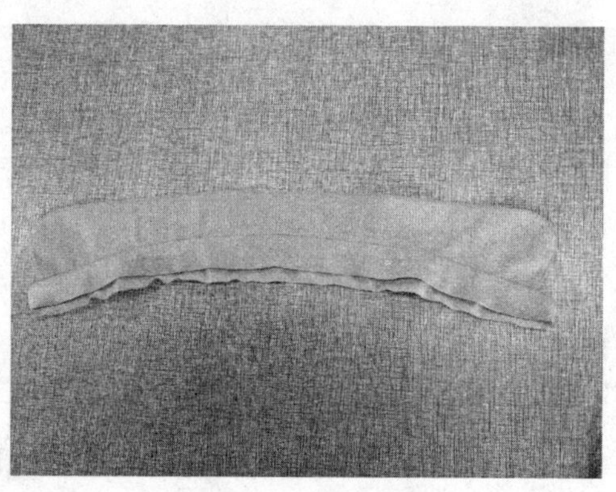

图4-73　熨烫衣领

5. 前后片组合缝制

合侧缝、肩缝如图4-74所示。

(a)

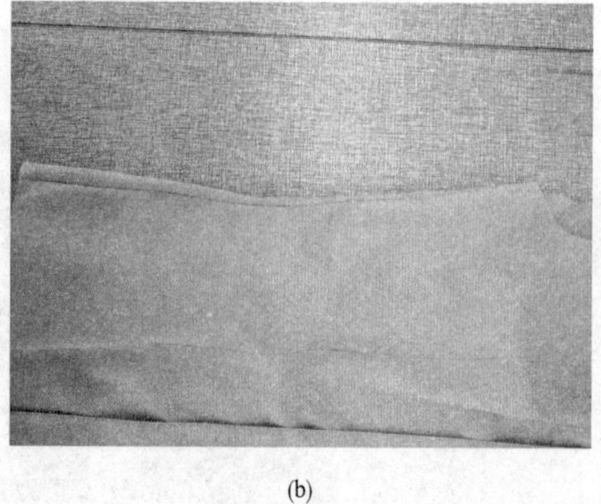

(b)

图4-74　前后片组合

6. **装领缝制要点**

装领里、领面，压止口，三眼刀对齐（图4–75）。

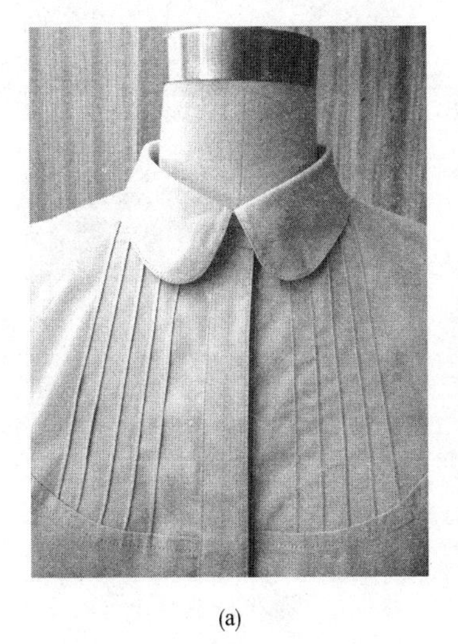
(a)

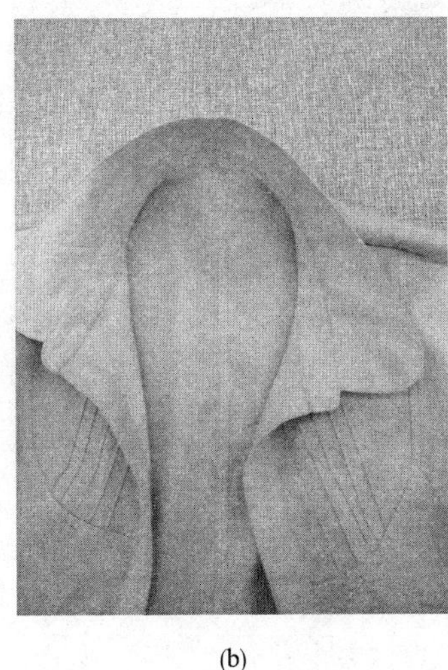
(b)

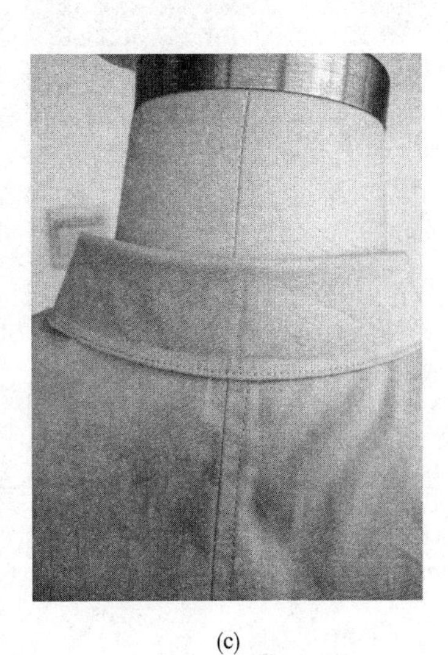
(c)

图4–75　装领

7，**装袖缝制要点**

装袖、袖窿包边、烫袖窿（图4–76）。

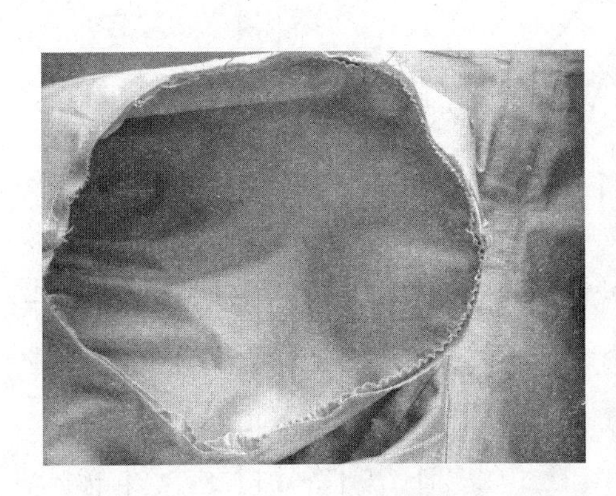

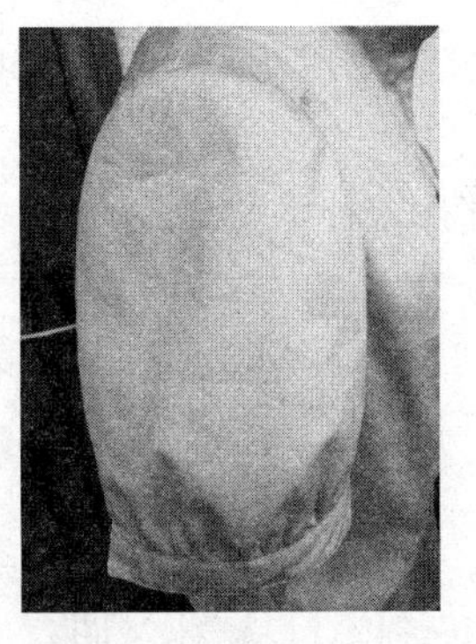

图4–76　装袖

8. **成品图**

成品如图4–77所示。

四、系列样板

1. **前片推档示意图**

此款女式U型育克短袖衬衫前中片、前侧片、U型育克推档示意图，如图4–78所示。

2. **后中片、侧片推档示意图**

此款女式U型育克短袖衬衫后中片、侧片推档示意图，如图4–79所示。

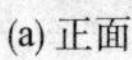

(a) 正面

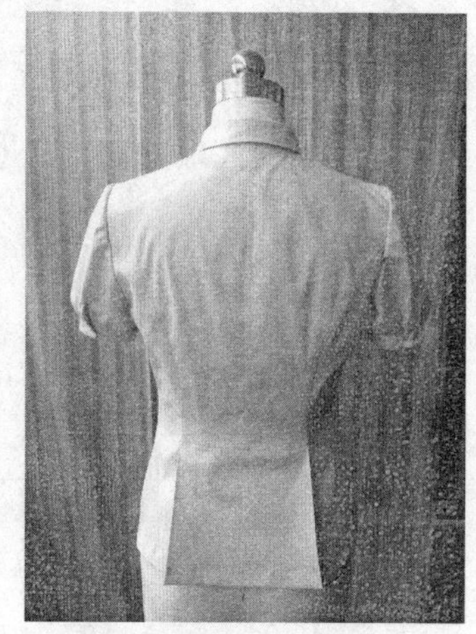

(b) 背面

(c) 侧面

图4-77 成品图

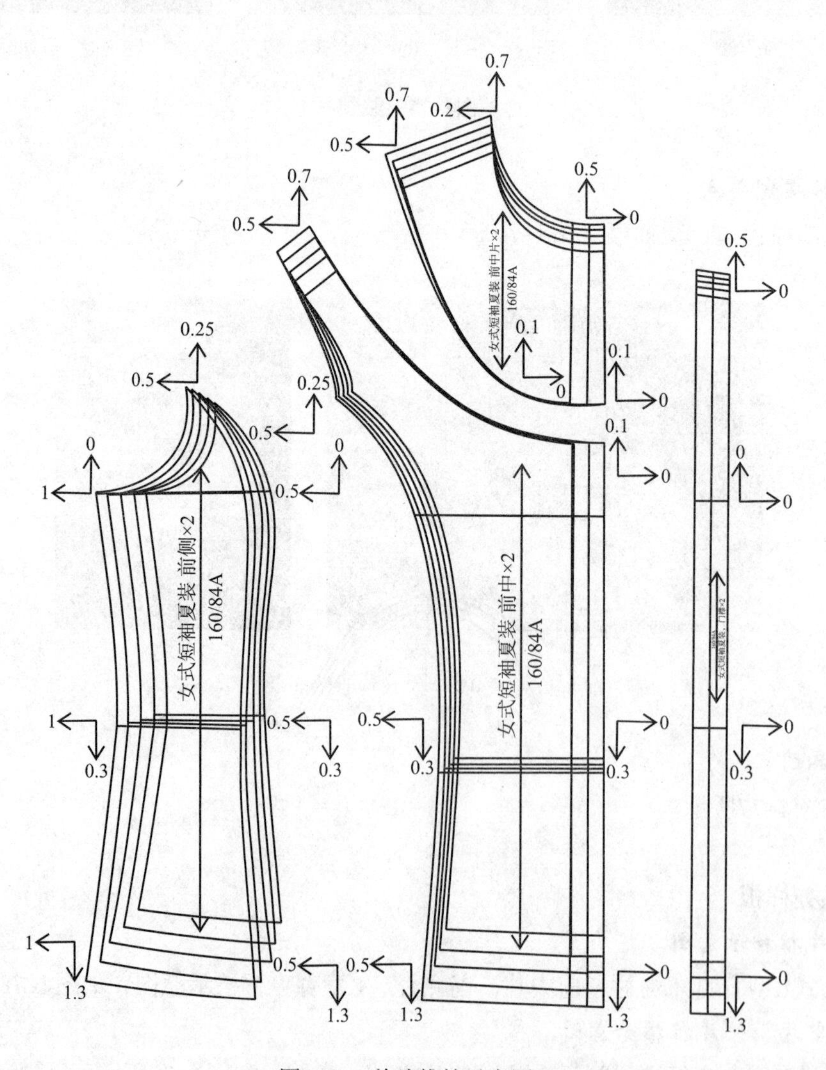

图4-78 前片推档示意图

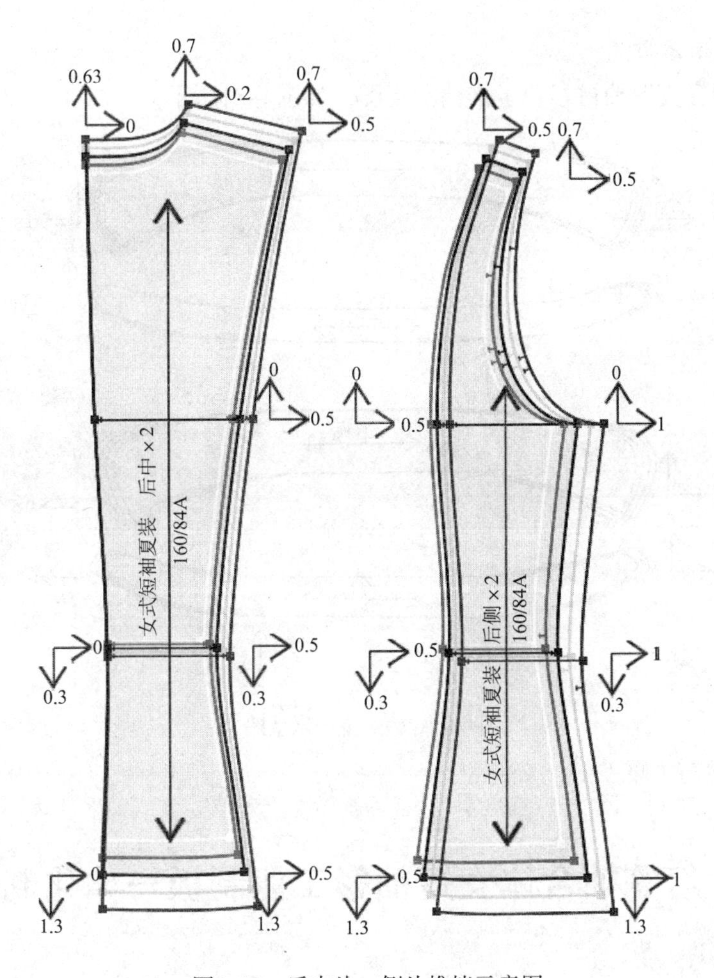

图4-79　后中片、侧片推档示意图

3. **袖片推档示意图**

此款女式U型育克短袖衬衫袖片推档示意图，如图4-80所示。

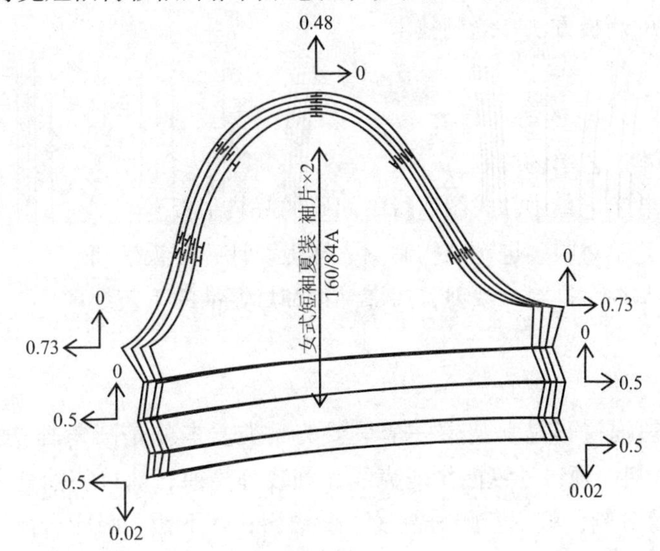

图4-80　袖子推档示意图

4．领子推档示意图

此款女式U型育克短袖衬衫领子推档示意图，如图4-81所示。

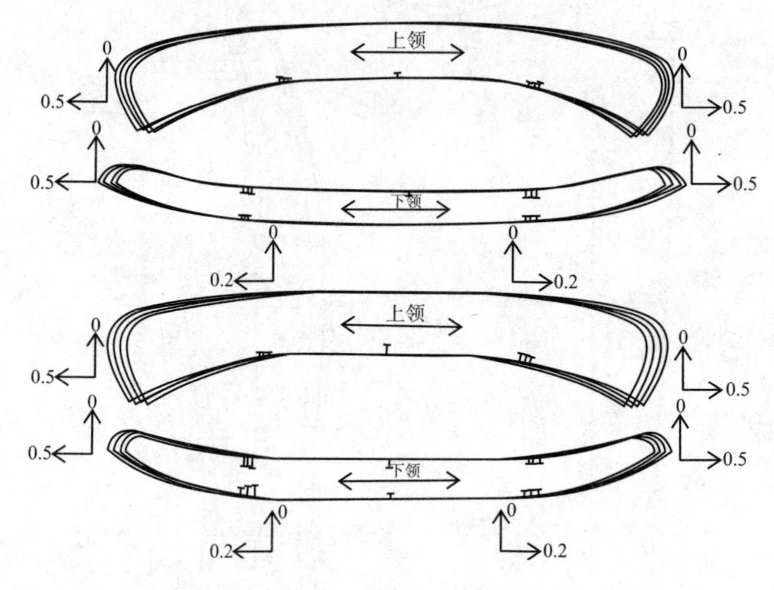

图4-81　领子推档示意图

任务评价：同前（略）

项目四　灯笼袖合体女短袖衫工业制板一体化制作技术

知识目标：

1．学习圆角翻立领的配制方法。

2．掌握U型育克分割、纵向绢塔克后的二次裁剪。

3．学习灯笼袖的制板方法、缝制技术。

能力目标：

1．能够进行基本工艺单的编制。

2．能够根据服装工艺单中款式图进行中间码的服装制板。

3．能够根据工艺单对服装进行结构制图、样板设计、样板推档。

4．样衣试制中掌握对排料、裁剪、门襟翻边和灯笼袖的工艺处理。

任务分析：

灯笼袖合体女短袖衬衫是女装中一个重要的品类。本款是圆角翻立领；门襟翻边6粒扣；前胸U型育克分割，领口处纵向绢塔克线；圆装灯笼袖、袖口装袖克夫、开袖衩；后背中线分割，两侧刀背分割，腰部断腰分割线下做皱褶；平下摆，吸腰合体型。希望通过本项任务的综合完成，增强学生的任务分析能力和动手实践能力。

任务准备：

1. 基本的裁剪、制作工具，服装CAD软件操作系统。
2. 面料：全棉富春纺面料，门幅148cm，用料120cm左右。
3. 辅料：薄型进口无纺衬70cm，纽扣9粒（含备用扣1粒），配色涤棉缝纫线1团。

任务实施：

一、技术资料分析

（一）款式描述

此款灯笼袖合体女短袖衫平面款式图，如图4-82所示。

1. 前片

女式圆角翻立领，门襟翻边6粒扣，前胸U型育克分割，领口处纵向缉塔克线。

2. 后片

后背中线分割，两侧刀背分割，腰部断缝，分割线下做褶裥；平下摆，吸腰合体型。

3. 袖子

灯笼袖、开袖衩、袖口装袖克夫。

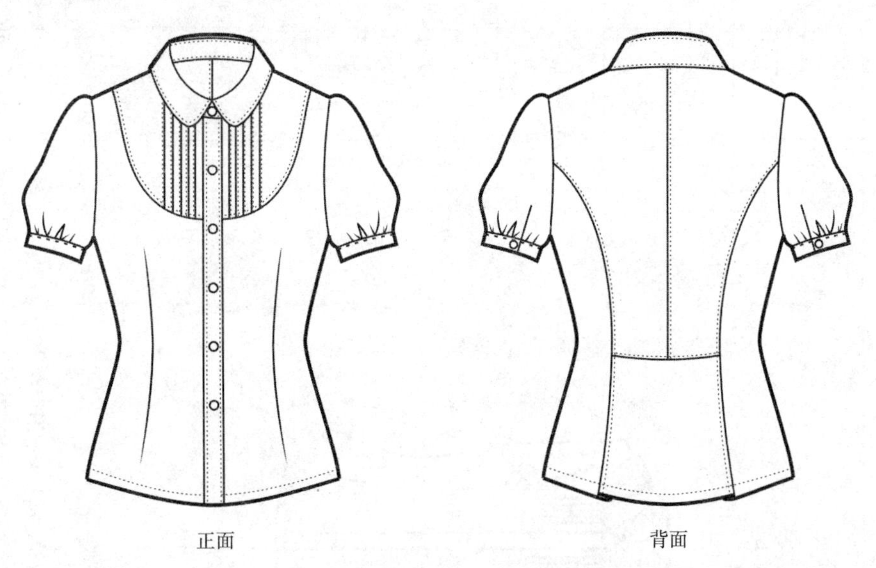

图4-82　灯笼袖合体女短袖衫平面款式图

（二）工艺单具体内容

工艺单编制应包括的项目同上（略）。

此款灯笼褶合体女式短袖衫工艺单，见表4-7。

二、初板制作

（一）衣身结构设计

衣身结构设计，如图4-83所示。

表4–7　灯笼袖合体女短袖衫工艺单

款式名称	灯笼袖合体女短袖衫
制单日期	2015年03月18日

系列规格表（5.4）

规格	155/80A	160/84A	165/88A	档差
部位	S	M	L	—
后中	50	52	54	2
背长	36	37	38	1
胸围	88	92	96	4
腰围	70	74	78	4
肩宽	36	37	38	1
袖长	17.5	18	18.5	0.5
袖口	13.5	14	14.5	0.5

款式图及工艺说明：

工艺说明：

1. 针距要求：为3cm14～15针

2. 领子：衬衫领，圆领角；领座后中宽2.5cm，领座前宽2cm，翻领中心宽3.7cm，领角长6.5cm，领面、领座止口缉0.15cm线

3. 袖子：圆装短袖，袖口抽褶，袖克夫宽2cm，缉0.15cm明线；袖口开衩，钉1粒纽扣

4. 前衣片：分割线缉内包缝，0.5cm明线，收腰省；育克压平行褶裥，每条缉0.2cm明线，门襟贴边宽2.5cm，缉0.15cm明线，6粒扣

5. 后衣片：背中心分割线至腰线，背中缝内包缝缉0.5cm明线；背部两侧力背线内包缝，缉0.5cm明线；后中腰线断缝，刀背线在腰下做褶裥

6. 缝型：侧缝、肩缝缉来去缝；袖窿滚边；底摆1 .5cm宽，缉0.1cm明线

成品要求：

成品符合规定尺寸，前片止口处钉六粒纽扣；缝线平整，缉线宽窄一致；整洁无污渍，无线头

款式特征描述：

女式圆角翻立领，门襟翻贴边，六粒扣，前片椭圆形育克呈弧形分割，分割线至领口纵向压褶；圆装袖，袖口装袖克夫；平下摆；后背中心分割，两侧刀背分割，腰部缝分割线下做褶裥，吸腰合体型

面料：面料为全棉富春纺

纱支：40×40

密度：133×70

黏合衬：有纺衬幅宽90cm，70cm

纽扣：9粒

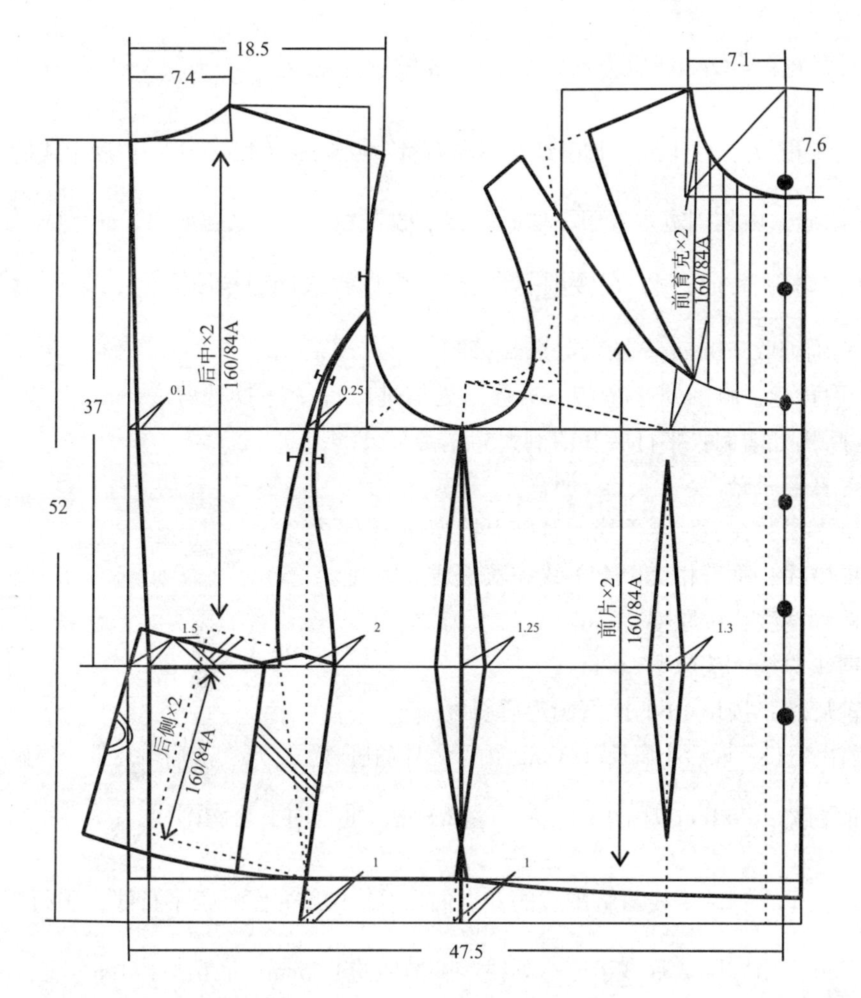

图4–83 灯笼袖合式女短袖衫衣身结构设计

1. **结构设计要点**

（1）制图时面辅料未加经纬缩率。

（2）考虑到面料与纸样的性能不同，制板时衣长加放1cm，袖长加放0.7cm，胸围加放2cm。

2. **后片结构设计**

（1）首先画出前、后衣片原型，在此基础上进行具体结构制图。

（2）后中长：沿背中线，从后领深向下量52cm。

（3）后腰节线：后领深至腰节为37cm处。

（4）胸围线：从后领深向下量$\frac{B}{6}$+（5～5.5）cm=20.5cm。

（5）后领宽线：按原型7.4cm。

（6）后领深线：按原型后领深2.3cm。

（7）后肩斜：按15：4.5的比值确定肩斜度。

（8）后肩宽：由后中线量取$\frac{S}{2}$。

（9）后背宽：$\frac{B}{6}$+2cm或肩宽点向左量1.5cm做后背宽线。

（10）后胸围大：后中线与胸围线交点向右量$\frac{B}{4}$-0.5cm+（1.5cm），作后中线的平行线。

（11）侧缝：由胸围宽垂直于下摆画线腰节收进1.65cm，底摆放出1cm。

（12）袖窿刀背线分割：在腰围$\frac{1}{2}$处定点，根据款式造型作袖窿公主线分割线，腰节处收省4cm，胸围处收省0.8cm。腰节处断腰分割。

（13）后背缝：胸围处劈进0.7cm，腰节处劈进1.5cm，下摆处劈进1cm。

（14）断腰处褶裥：平行展开褶裥大5cm。

3. **前片结构设计**

（1）上平线：在后片上平线的基础上抬高1cm作平行线。

（2）前中线：垂直相交于上平线和衣长线。

（3）前领宽线：按原型7.1cm。

（4）前领深线：按原型7.6cm。

（5）前肩斜：按15∶6的比值确定肩斜度。

（6）前小肩长：取后小肩长-0.3cm，由于人体肩胛骨呈弓形，故肩端点处小肩撇去0.3cm。

（7）前胸宽：$\frac{B}{6}$+1cm或前小肩宽向右量2.5cm，垂直向下至胸围线。

（8）前胸围大：前中线与胸围线的变点向左量$\frac{B}{4}$+0.5cm作一条平行线，平行于前中线。

（9）侧缝：由胸围宽垂直于底边画线，腰节收进1.75cm，底摆放出1cm。

（10）搭门：搭门宽1.25cm，根据款式门襟翻边2.5cm。

（11）U型分割：肩线三等分，取$\frac{2}{3}$为U型分割的宽度，高度与第三颗扣位平齐。

（12）腰省位置：距BP点4cm垂直向上画线确定省造型线，腰围线处省量为2.6cm，省下端离底边5cm。

（13）领口：根据原型画顺领口弧线。

（14）扣位：第一粒扣位置在直开领上1cm处，第二粒扣在直开领下5cm处；第六粒扣在腰围线下4cm处，中间4等分，定第三、第四、第五粒扣位置。

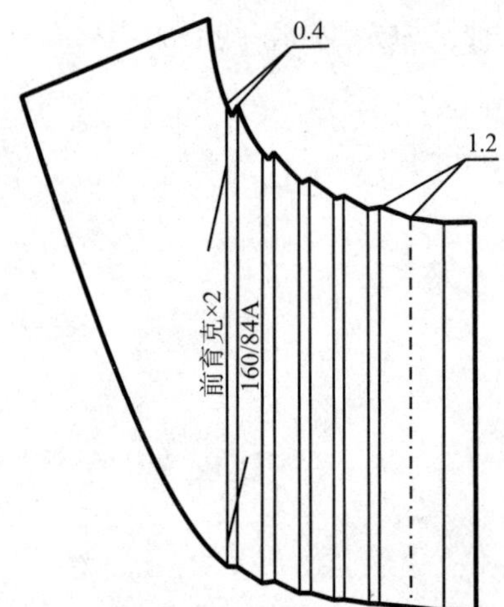

图4-84　育克缉塔克展开图

4. **前片育克缉塔克展开**

此款灯笼袖合体女短袖衫育克缉塔克展开示意图，如图4-84所示。

（二）袖片结构设计

此款灯笼袖合体女短袖衫袖片结构设计，如图4-85所示。

（1）在前后袖窿基础上，作袖子基本原型。

（2）画袖山高为14.5cm左右，袖肥32～32.5cm，袖长18cm。

（3）根据前AH−0.3cm，后AH+0.2cm，画出袖山斜线。

（4）根据图示画顺袖山弧线，前袖山点高1.6cm，后袖山点高1.8cm。

（5）袖口：根据灯笼袖造型，袖口展开6～8cm。以袖山与袖中线交点为中心，向前、后各定两条展开线，五条线的袖口处各展开1.5～1.8cm。袖开衩位置在后袖口$\frac{1}{2}$位置处，袖开衩长4cm。

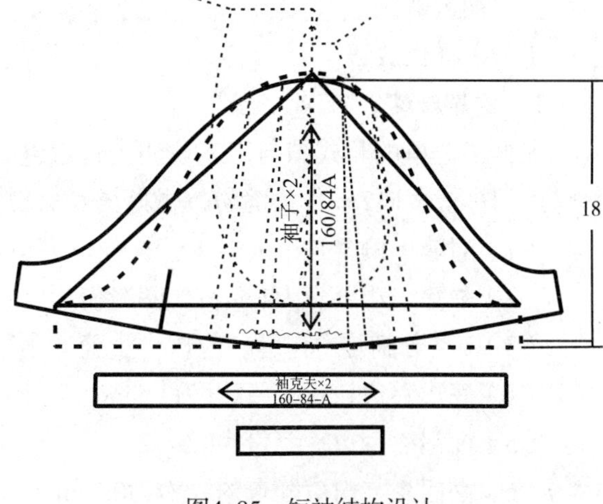

图4-85　短袖结构设计

（6）袖山弧线：修正、画顺袖山弧线。

（7）袖克夫：宽度2cm，长度28cm。

（8）袖衩布：宽度1.6cm，长度10cm。

（三）圆角翻立领结构设计

此款灯笼袖合体短袖衫圆角翻立领结构设计，如图4-86所示。

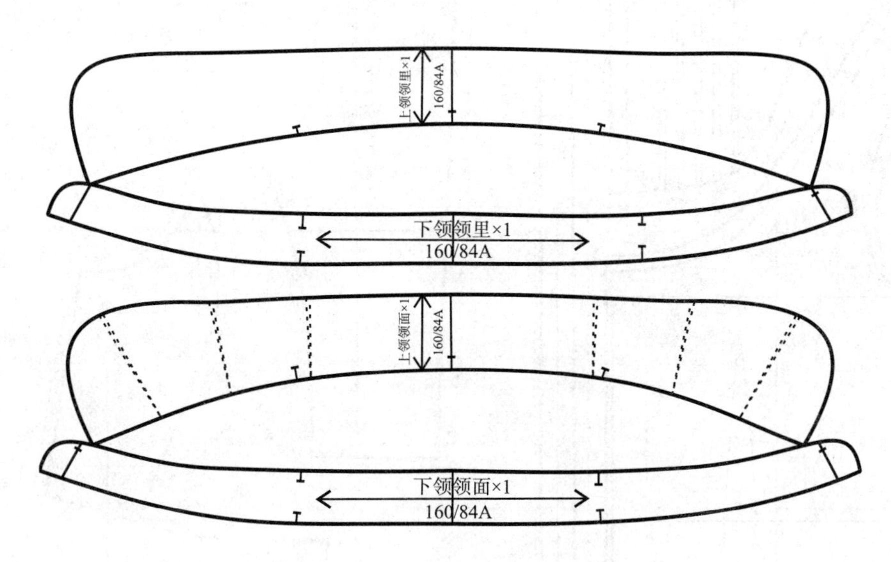

图4-86　圆角翻立领结构设计

（1）领座：根据前、后领弧长确定领长，后领座中线宽2.5cm，前领座上翘2～3cm，前领座宽2cm，画顺领座小圆角。

（2）翻领：后翻领中心宽3.7cm，领角长6.5cm，根据款式画顺圆角，翻领的弯势大于领座，翻领与领座组合时刀眼对齐。

（3）翻领领面的吃势量根据面料适当展开0.6cm左右。

三、初板确认

（一）样板放缝

1. 前片放缝

根据工艺单的款式图与工艺说明进行放缝，如图4-87所示。前育克可以根据放缝图，在领口、门襟处多放2cm作为缝份，做好塔克后熨烫，再做二次裁剪。

（1）肩缝、侧缝是来去缝工艺，缝份为1cm。

（2）袖窿包边缝份为1cm，领圈缝份为1cm。

（3）U型分割是内包缝，应放大小缝，小缝放0.5cm，大缝放1.1cm。

（4）底边卷边1.5cm，缝份为2.5cm。

（5）前门襟翻边，缝份为0.5cm。

（6）翻门襟与门襟缝合的缝份为0.5cm，另一边缝份为1cm。

2. 后片放缝

后片放缝，如图4-88所示。

（1）肩缝、侧缝是来去缝工艺，缝份为1cm。

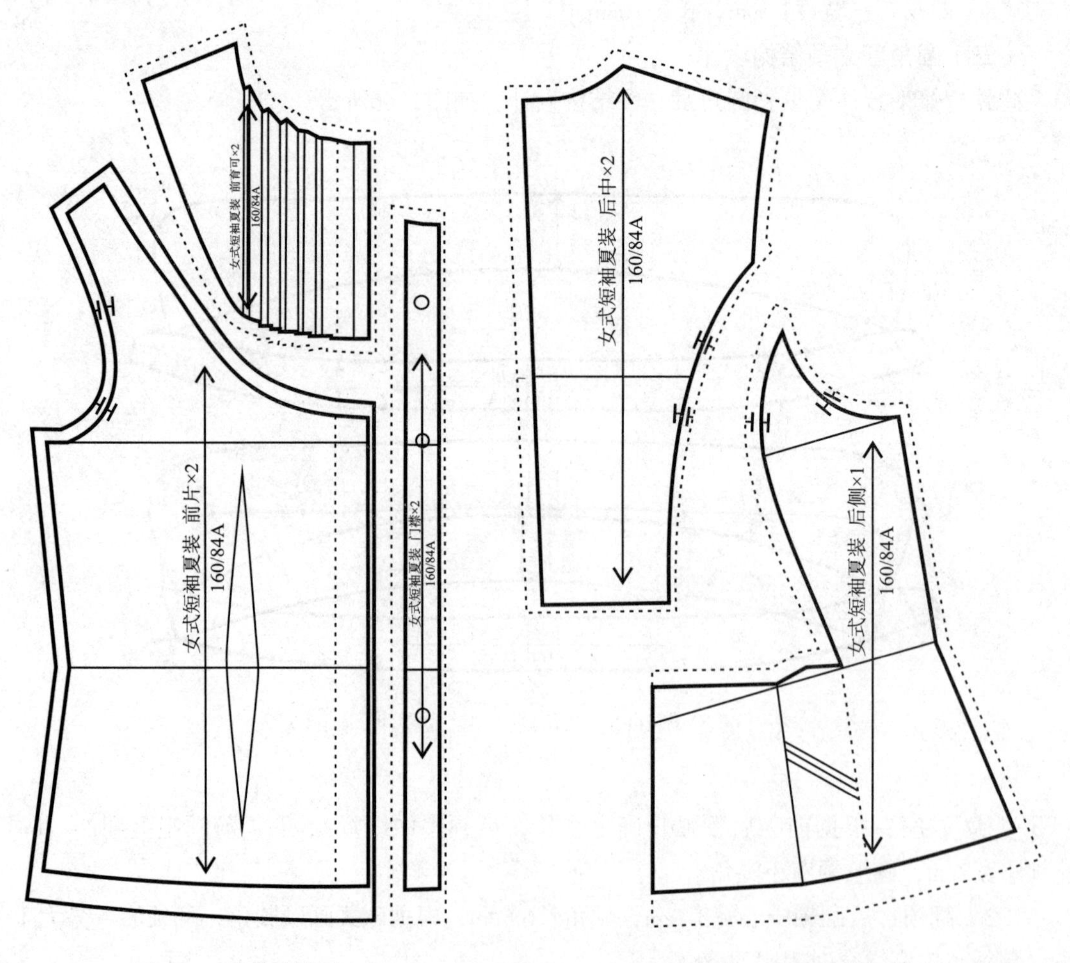

图4-87 前片放缝图　　图4-88 后片放缝图

（2）袖窿包边，缝份为1cm；领圈缝份为1cm。

（3）后中线、袖窿刀背线分割、断腰处是内包缝，放大小缝，小缝0.5cm，大缝1.2cm。

（4）底边卷边1.5cm，缝份为2.5cm。

3．袖子放缝

袖子放缝，如图4-89所示。

（1）袖底缝是来去缝工艺，缝份为1cm。

（2）袖山、袖分割缝收褶缝合后包边，缝份为1cm。

（3）袖口活口翻边，加长四倍的袖口翻边宽，袖口卷边用缝1cm。

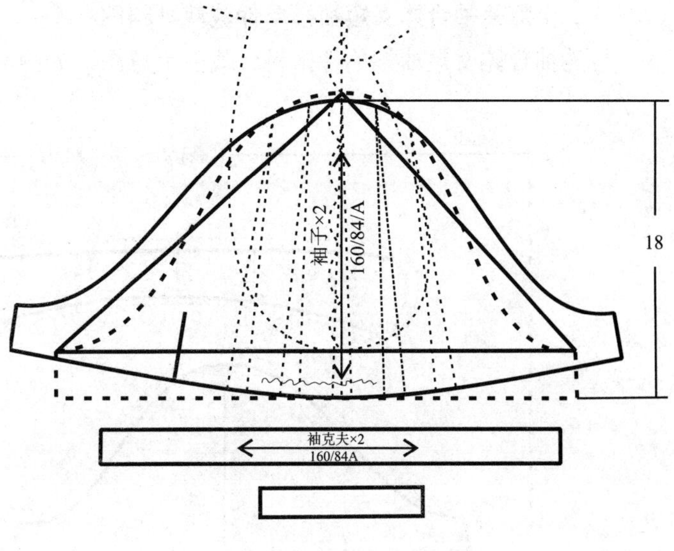

图4-89　袖子放缝图

4．圆角翻立领放缝要点

圆角翻立领放缝示意图，如图4-90所示。

（1）翻领、领座领里：四周放缝份为1cm。

（2）翻领、领座领面：在领里基础上放里外层势0.6cm，四周放缝份1cm。

（二）样板标识

（1）所有样板上作好丝缕线，写上款式名、裁片名称、裁片数量、号型规格等。

（2）作好所有对位标记、剪口。

（3）收褶处作好收褶符号和对位标记。

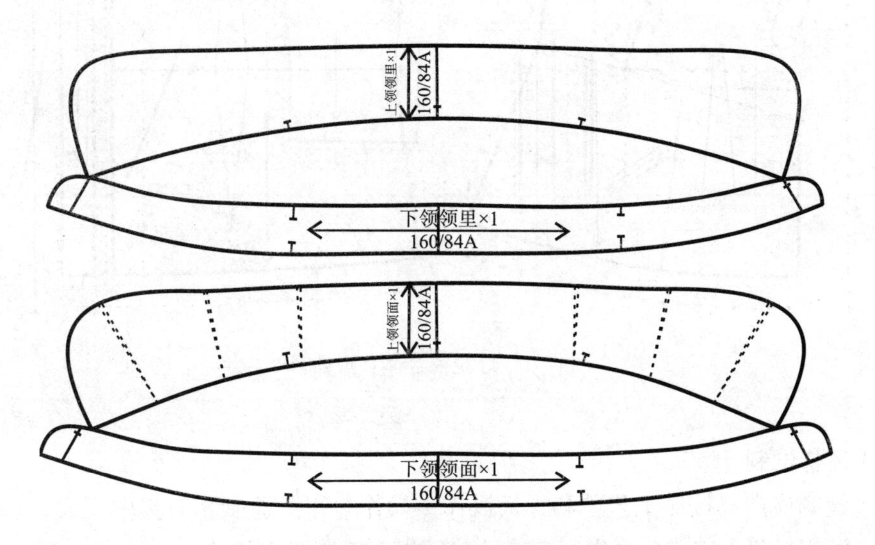

图4-90　翻立领放缝图

（三）灯笼袖合体女短袖衫单件裁剪排料图

灯笼袖合体女短袖衫单件排料、裁剪示意图，如图4–91所示。

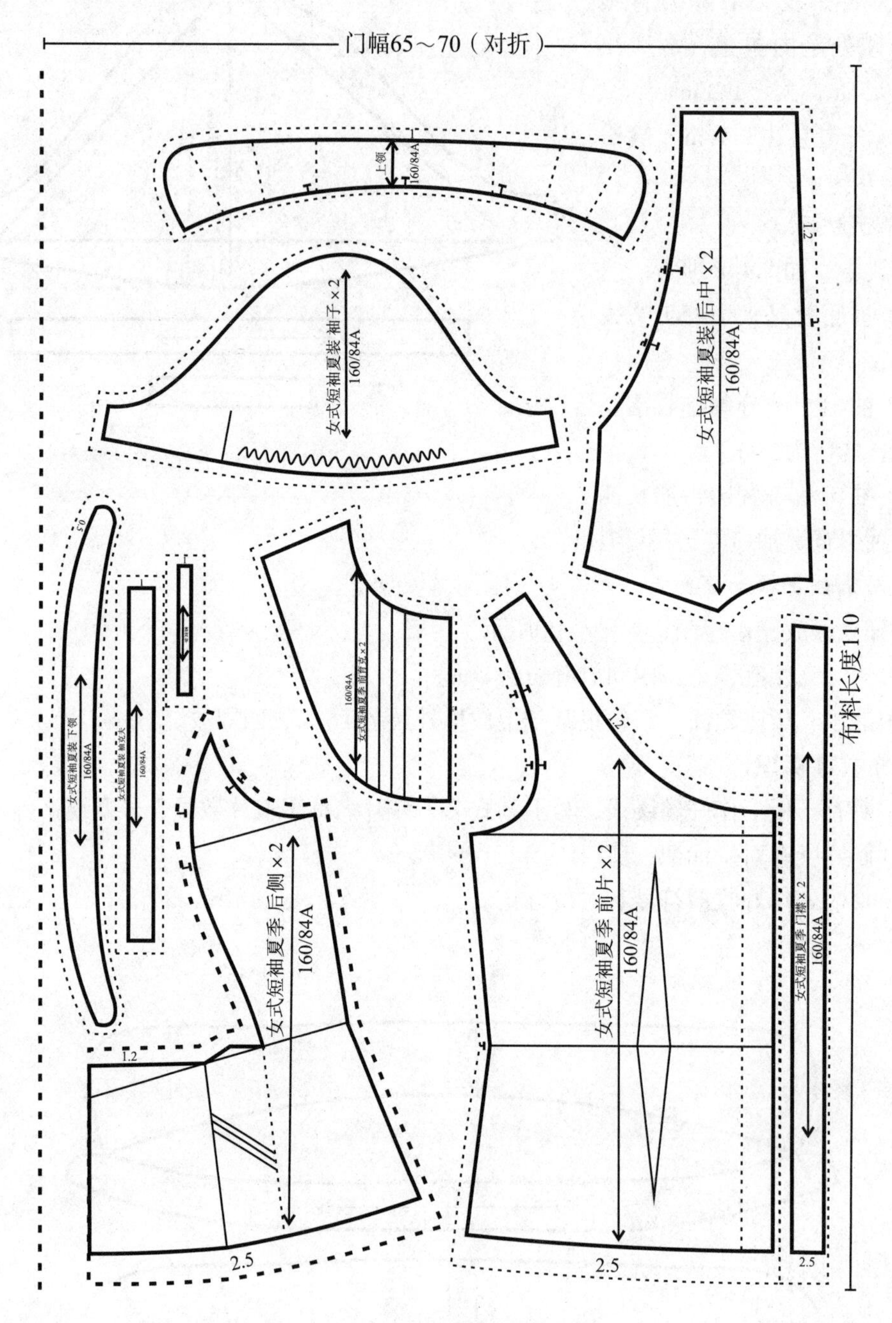

图4–91　灯笼袖合体女短袖衫

（四）坯样试制

样衣的缝制应严格按照工艺单和样板操作。操作时车工缝制相对集中完成，再到烫台进行小烫；小烫相对集中完成后再进行车缝，以便提高缝制样衣的速度。

具体的缝制工序如下：

检查裁片→作缝制标记→粘衬→前片内包缝、来去缝→后片内包缝→前片翻门襟→做领子→合肩缝、侧缝装领子→做袖子→装袖子→袖窿包边→下摆卷边→整烫→定纽位→钉扣→检验→样衣展示。

1. 缝制前准备工作

（1）检查裁片：部件、零部件（图4–92）。

（2）作缝制标注：根据工艺要求，作前后片、袖片的对刀眼；标记各处的用缝宽度。

（3）粘衬：门襟、领面、袖口（图4–93）。

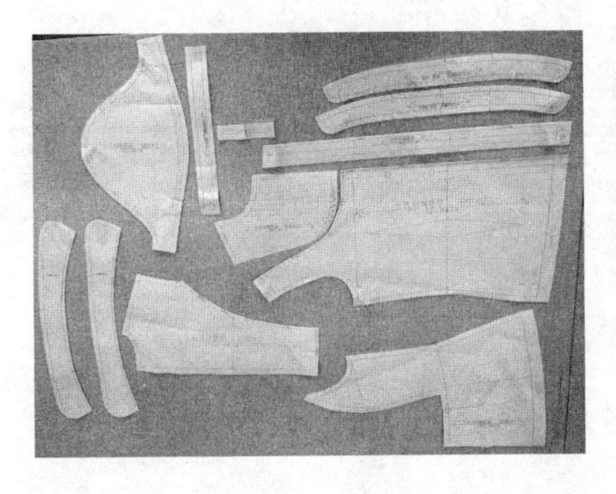

图4–92　检查裁片

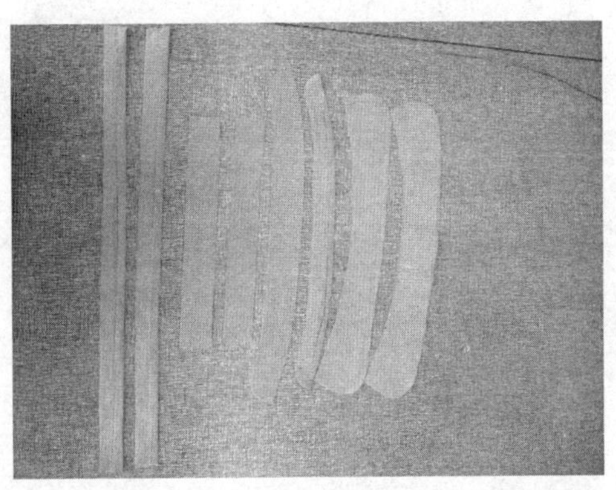

图4–93　粘衬

2. 前、后片衣片缝制

（1）前衣片：U型育克缉塔克线；收腰胸省；U型育克分割缝做内包缝（图4–94）。

（2）门襟：加翻门襟（图4–95）。

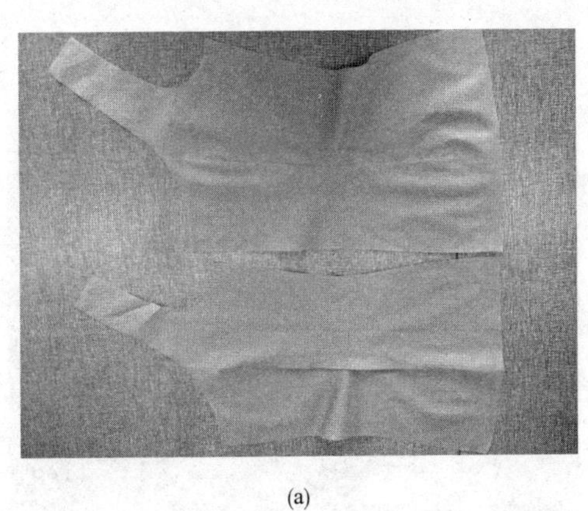

(a)

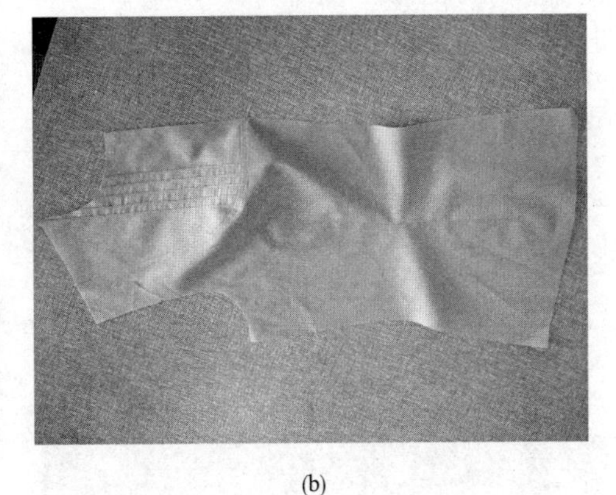

(b)

图4–94　前片

（3）后衣片：中缝、刀背缝、断腰做内包缝（图4–96）。

3. 袖子缝制要领

装袖开衩，袖底来去缝，袖口收褶，装袖克夫（图4–97）。

图4-95 加翻门襟

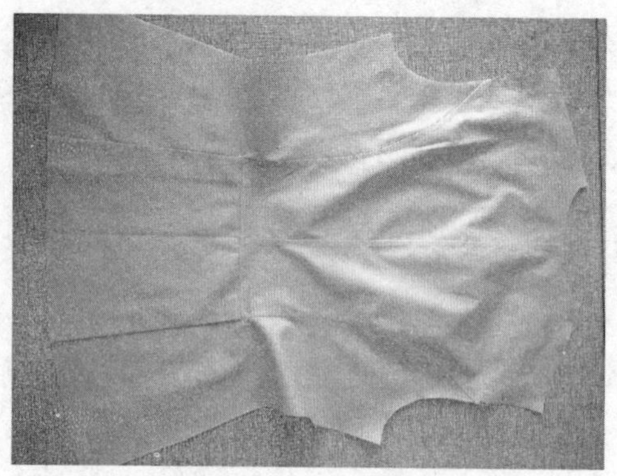

图4-96 后衣片

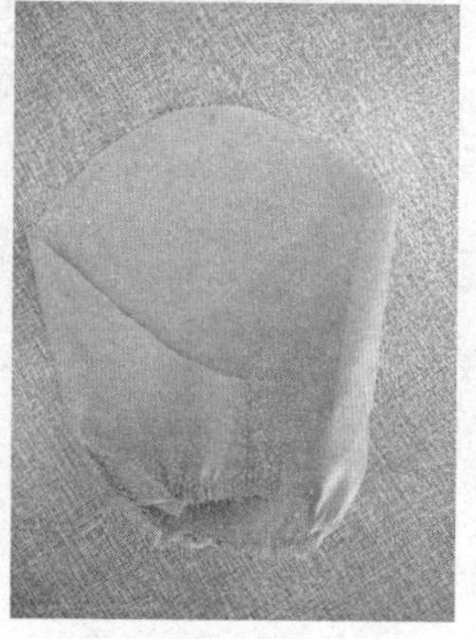

图4-97 袖子缝制

4. 衣领缝制要点

（1）制作翻领（图4-98）。

（2）熨烫衣领（图4-99）。

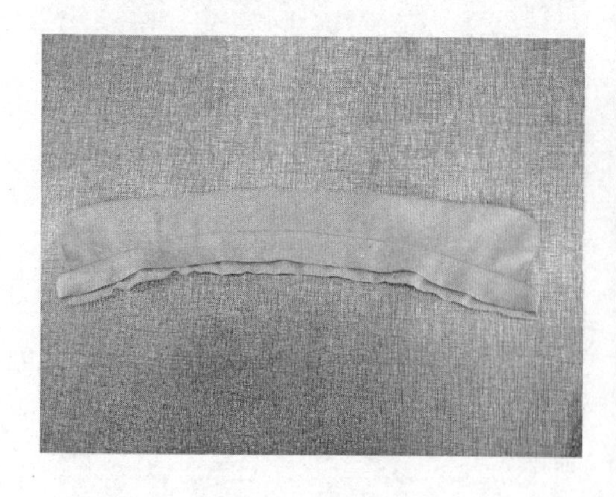

图4-98 制作翻领

图4-99 熨烫衣领

5. 前后片组合缝制

合侧缝、肩缝如图4-100所示。

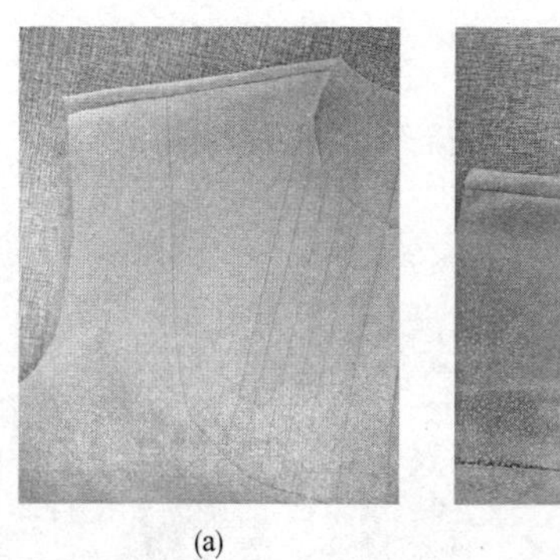
(a)

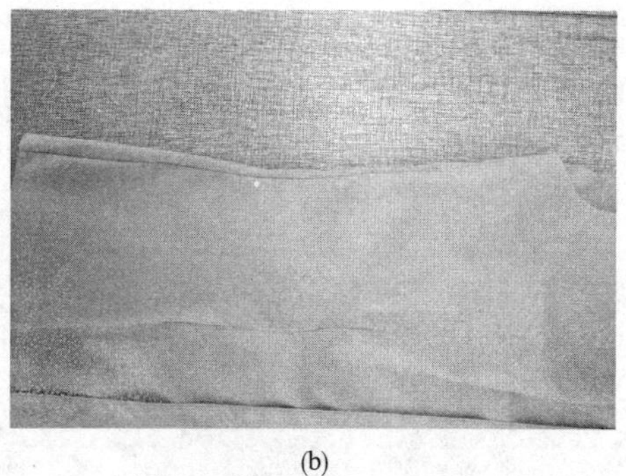
(b)

图4-100　前后片组合

6. 装领缝制要点

装领里、领面、压止口，三眼刀对齐（图4-101）。

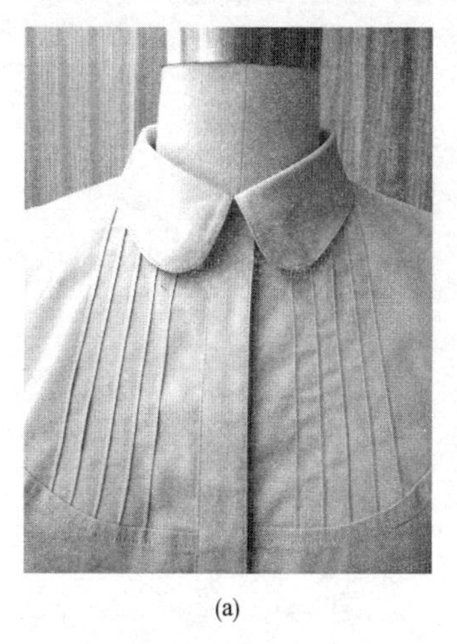
(a)

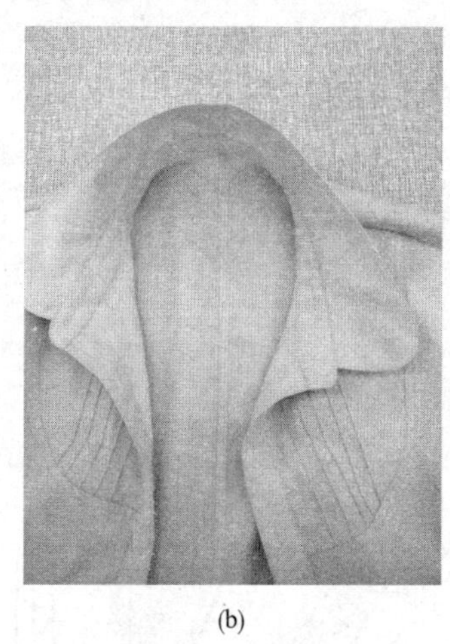
(b)

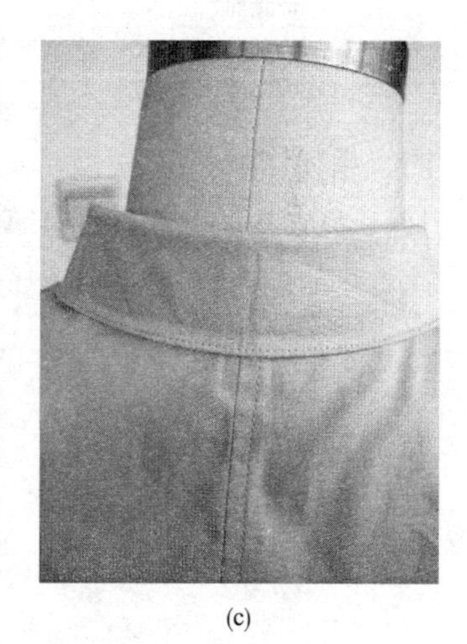
(c)

图4-101　装领

7. 装袖缝制要点

装袖、袖窿包边、烫袖窿如图4-102所示。

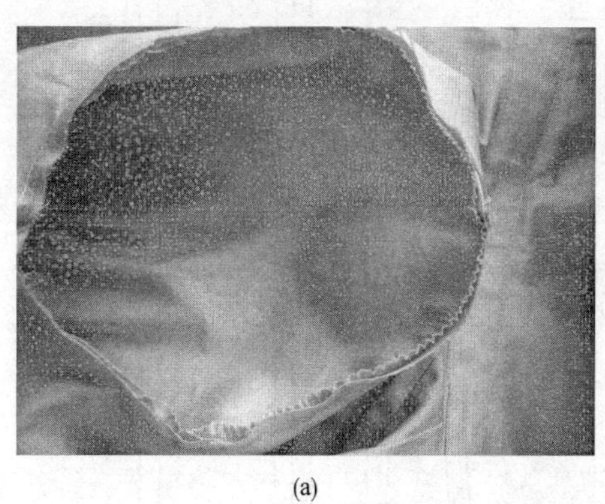
(a)

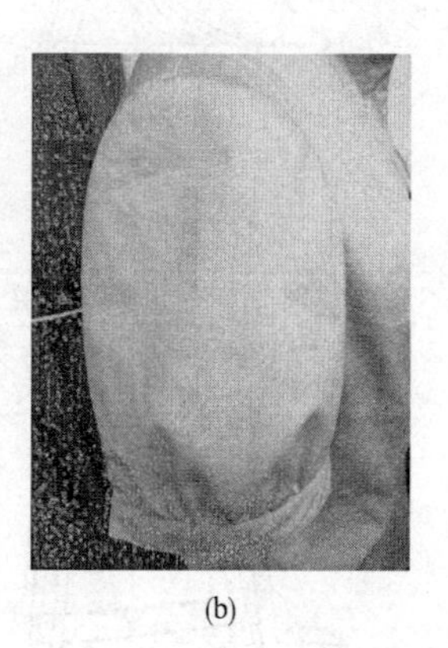
(b)

图4-102　装袖

8. 成品图

成品如图4-103所示。

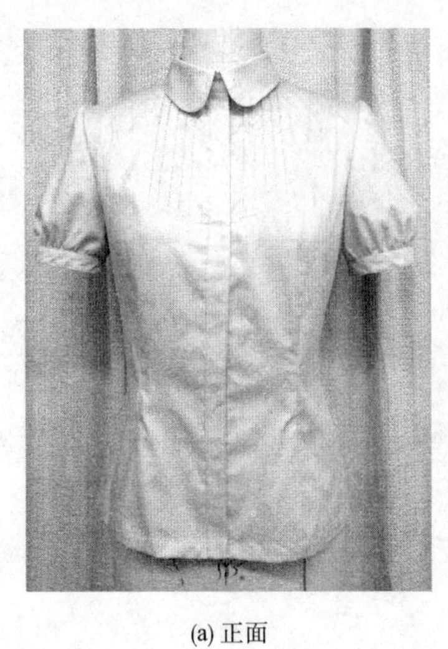

(a) 正面

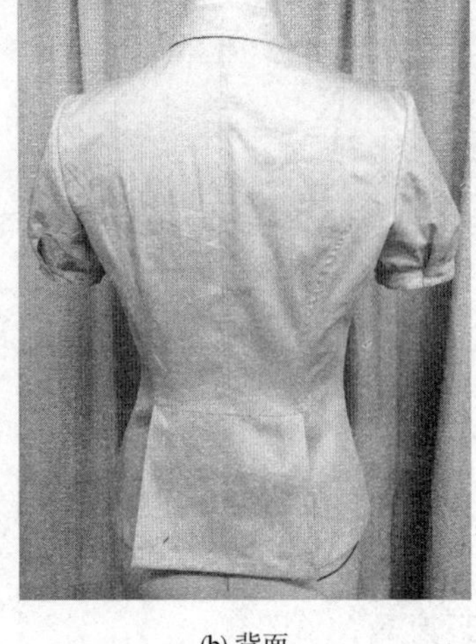

(b) 背面

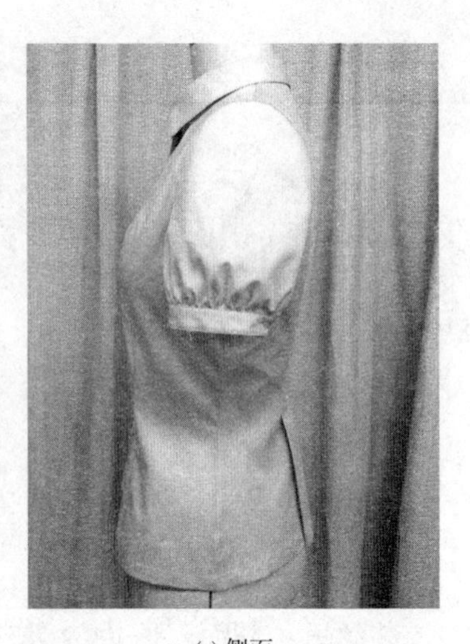

(c) 侧面

图4-103　成品图

四、系列样板

1. U型育克、前片、门襟推档示意图

此款灯笼袖合体短袖衫U型育克、前片、门襟推档示意图，如图 4-104所示。

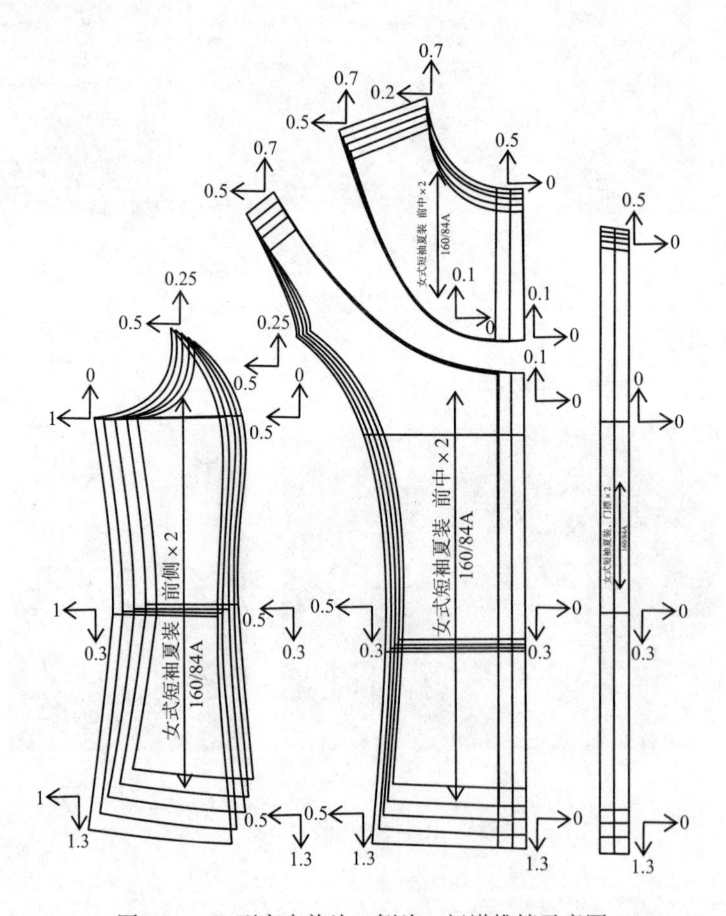

图4-104　U型育克前片、侧片、门襟推档示意图

2．**后中、侧片推档示意图**

此款灯笼袖合体女短袖衫后中、侧片推档示意图，如图4-105所示。

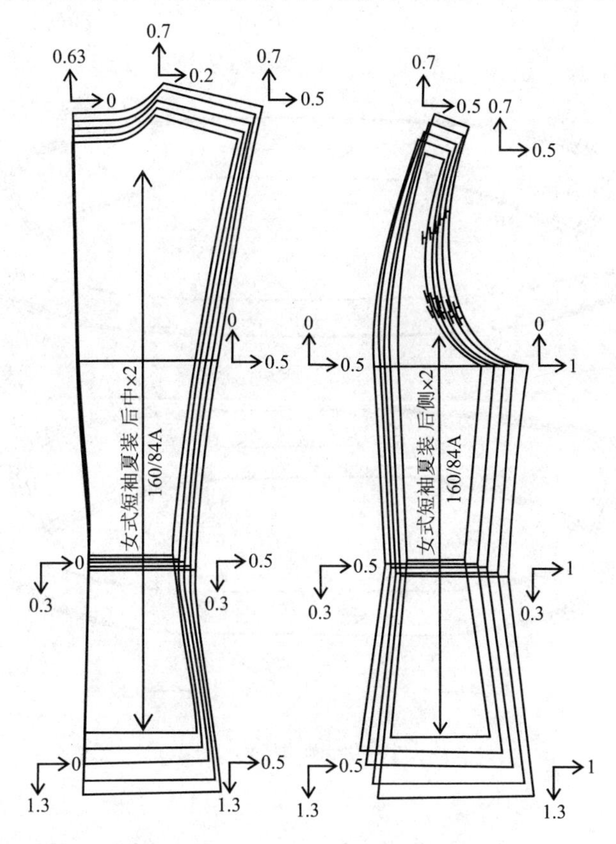

图4-105　后中、侧片推档示意图

3．**袖片推档示意图**

此款灯笼袖合体女短袖衫袖片推档示意图，如图4-106所示。

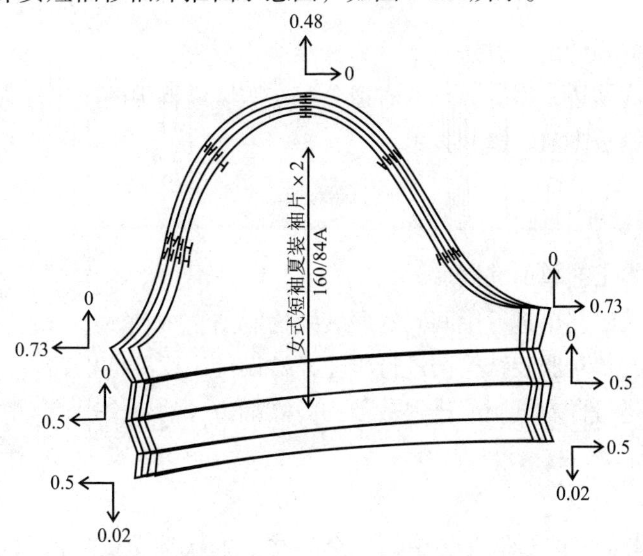

图4-106　袖片推档示意图

4. 领子推档示意图

此款灯笼袖合体女短袖衫领子框档示意图，如图4-107所示。

任务评价：同前（略）

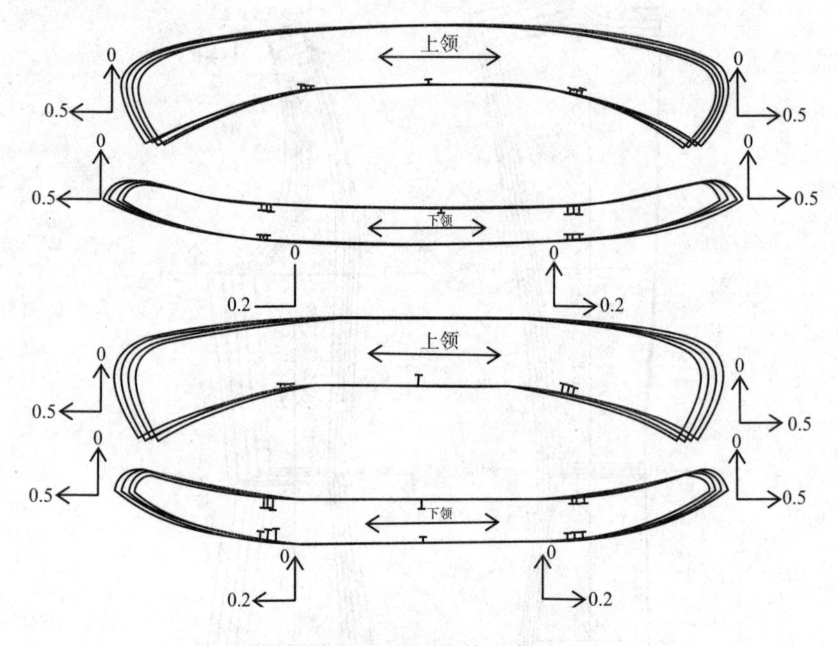

图4-107 领子推档示意图

项目五 尖角翻立领女短袖衫工业制板一体化制作技术

知识目标：

1. 学习尖角翻立领的配制方法。
2. 掌握胸省至底摆边，刀背分割的省道分配在服装结构中的应用。
3. 学习半袖的制板方法、缝制技术。

能力目标：

1. 能够进行基本工艺单的编制。
2. 能够根据服装工艺单进行中间码的服装结构制图。
3. 能够根据工艺单对服装结构图进行工业样板设计、样板推档。
4. 根据工艺单进行样衣试制，排料裁剪和门襟翻边、袖口滚边等工艺处理。

任务分析：

尖角翻立领合体女短袖衫是女装中的一个品类。本款是女式尖角翻立领、门襟翻边6粒扣，前衣片刀背线分割，胸省通底摆，后片倒L型纵向分割，后背中线分割；半袖，袖山做褶，袖口翻边；袖窿滚边正面压止口；平下摆，吸腰合体型。希望通过本项任务的综合完成，增强学生的任务分析能力和动手实践能力。

任务准备：

1．基本的排料裁剪、缝纫制作工具，服装CAD软件操作系统。

2．面料为全棉富春纺面料，门幅148cm，用料120cm左右。

3．辅料有薄型进口无纺衬70cm，纽扣7粒（含备用扣一粒），配色涤棉缝纫线1团。

任务实施：

一、技术资料分析

（一）款式描述

此款尖角翻立领女短袖衫款式图，如图4–108所示。

1．*前片*

女式尖角翻立领，门襟翻边6粒扣，前衣片刀背线分割，胸省通底摆。

2．*后片*

后片倒L型纵向分割，后背中线分割，平下摆，吸腰合体型女衬衫。

3．*袖子*

半袖，袖山做皱裥，袖口翻边，袖窿滚边，正面缉明线。

图4–108　尖角翻立领女短袖衫平面款式图

（二）工艺单具体内容

工艺单编制应包括的项目同上（略）。

此款尖角翻立领短袖衫工艺单见表4–8。

表4-8　尖角翻立领女短袖衫工艺单

款式名称	尖角翻立领女式短袖吸腰合体女衬衫	系列规格表（5.4）				
制单日期	2015年03月18日	规格	155/80A	160/84A	165/88A	档差
款式图及工艺说明：		部位	S	M	L	—
		后中	50	52	54	2
		背长	36	37	38	1
		胸围	88	92	96	4
		腰围	70	74	78	4
		肩宽	35	36	37	1
		袖长	12.7	13	13.3	0.3
		袖口贴边	20	21	22	1

0.4~0.5　0.1~0.15

正面　背面

工艺说明：

1．针距要求：为3cm14～15针

2．领子：尖角衬衫领，领座后中宽2.5cm，前中宽2cm，翻领后中宽3cm，领角长6.5cm，领止口缉0.15cm明线

3．袖口贴边宽2cm，缉0.15cm明线。袖山捏碎褶，袖窿内圈滚边，正面压0.6cm止口

4．前衣片：胸省缉来去缝，门襟贴边宽2.5cm，缉0.15cm明线，刀背分割线，内包缝缉0.5cm明线，6粒扣

5．后衣片：背中线分割线至底摆，背中缝和背两侧倒L型分割线，内包缝缉0.5cm明线

6．缝型：侧缝、肩缝缉来去缝；袖窿滚边；底摆1 .5cm宽，缉0.1cm明线

成品要求：

成品符合规定尺寸，前片门襟钉6粒扣；缝线平整，缉线宽窄一致；整洁无污渍，无线头

款式特征描述：

女式衬衫领，门襟翻贴边，6粒纽扣，前衣片刀背公主线分割，胸省通底摆；后片倒L型纵向分割，后背中心分割；半短袖，袖山做褶，袖口翻贴边；袖窿滚边正面压止口，平下摆，吸腰合体型

面料：面料为全棉富春纺
纱支：40×40
密度：133×70

黏合衬：有纺衬幅宽90cm，长70cm
纽扣：7粒

二、初板制作

（一）衣身结构设计

衣身结构设计，如图4–109所示。

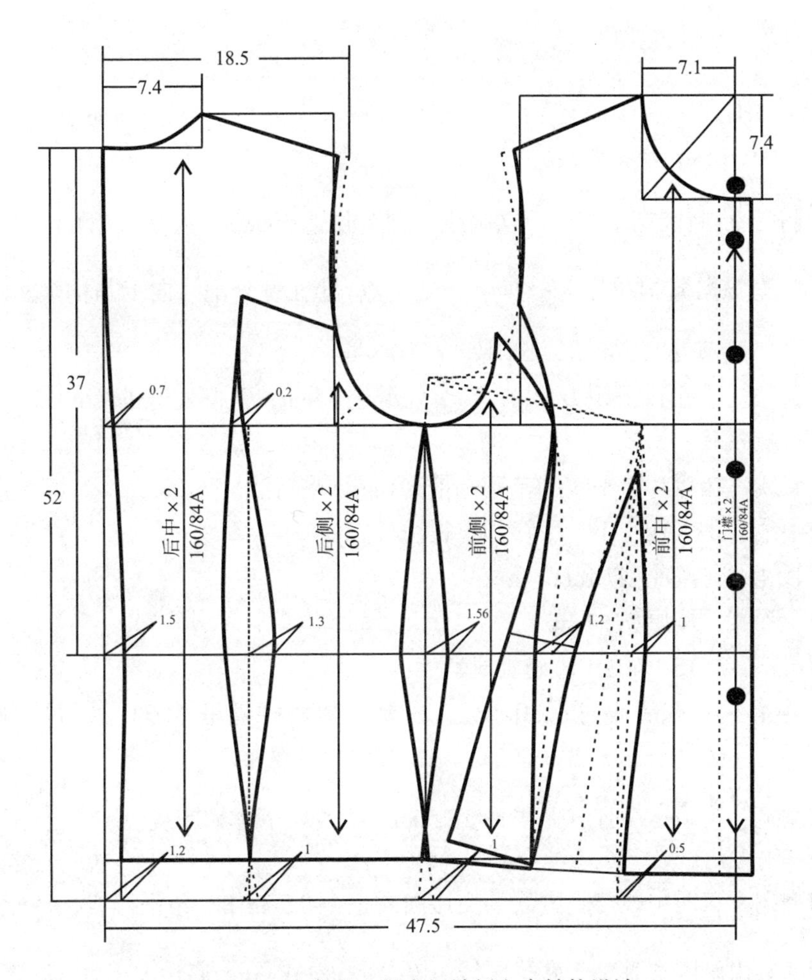

图4–109　尖角翻立领女短袖衫衣身结构设计

1. 结构设计要点

（1）制图时面辅料未加经纬缩率。

（2）考虑到面料与纸样的性能不同，制板时衣长加放1cm，袖长加放0.7cm，胸围加放2cm。

2. 后片结构设计

（1）首先画出前、后衣片原型，在此基础上进行具体结构制图。

（2）后中长：沿背中线，从后领深向下量52cm。

（3）后腰节线：后领深至腰节为37cm。

（4）胸围线：从后领深向下量$\frac{B}{6}$+（5～5.5）cm=20.5cm。

（5）后领宽线：按原型7.4cm。

（6）后领深线：按原型后领深2.3cm。

（7）后肩斜：按15∶4.5的比值确定肩斜度。

（8）后肩宽：由后中线量取$\frac{S}{2}$。

（9）后背宽：$\frac{B}{6}$+2cm或肩宽点向左量1.5cm作后背宽线。

（10）后胸围大：后中线与胸围线交点向右量$\frac{B}{4}$–0.5cm+（1.5cm），作后中线的平行线。

（11）侧缝：由胸围宽垂直于下摆画线，腰节收进1.65cm，底摆放出1cm。

（12）倒L型纵向分割线分割：在$\frac{腰围}{2}$处定点，倒L型分割线向上与袖窿$\frac{1}{2}$处画水平线，袖窿处下降3cm，腰节处收省4cm，胸围处收省0.8cm。

（13）后背缝：胸围处劈进0.7cm，腰节处劈进1.5cm，下摆处劈进1.2cm。

3. *前片结构设计*

（1）上平线：在后片上平线的基础上抬高1cm作平行线。

（2）前中线：垂直相交于上平线和衣长线。

（3）前领宽线：按原型7.1cm。

（4）前领深线：按原型7.4cm。

（5）前肩斜：按15∶6的比值确定肩斜度。

（6）前小肩长：取后小肩长–0.3cm，由于人体肩胛骨呈弓形，故肩端点处小肩撇去0.3cm。

（7）前胸宽：$\frac{B}{6}$+1cm或前小肩宽回量2.5cm，垂直向下至胸围线。

（8）前胸围大：前中线与胸围线的交点向左量$\frac{B}{4}$+0.5cm作一条平行线，平行于前中线。

（9）侧缝：由胸围宽垂直于底边画线，腰节收进1.65cm，底边放出1cm。

（10）叠门：为1.25cm，根据款式门襟翻边2.5cm。

（11）袖窿刀背分割线：根据款式胸围线向上8.5cm、距胸宽线2.5cm定点，画袖窿刀背分割线，中腰省量1.2cm。

（12）胸省位置：经BP点垂直画线4cm，腰省2cm，下摆处收取0.5cm。关闭胸省量画顺线条，省尖离开BP点3cm。

（13）领口：根据原型画顺领口弧线。

（14）门襟：根据款式画2.5cm翻边。

（15）钮位：第一粒扣位置在直开领上1cm处，第二粒扣在直开领下3cm；第六粒扣在腰节下4cm处，中间4等分，定第三、第四、第五粒扣位置。

（二）袖片结构设计衫

此款尖角翻立领女短袖衫袖片结构设计，如图4–110所示。

（1）在前后袖窿基础上，作袖子基本原型。

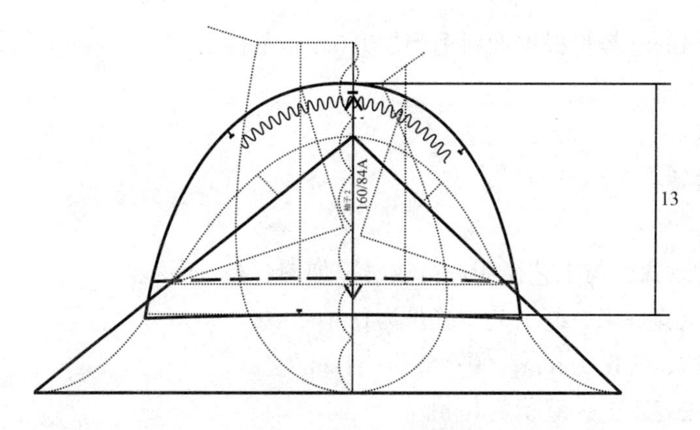

图4-110 短袖结构设计

（2）画袖山高为14.5cm左右，袖肥32～33cm。

（3）根据前AH-0.3cm，后AH+0.2cm，画出袖山斜线。

（4）根据图示画顺袖山弧线，前袖山点高1.6cm，后袖山点高1.8cm。

（5）泡泡袖展开位置：取袖长的$\frac{2}{5}$为展开线，袖山前后各展出3cm。

（6）袖山弧线：修正、画顺袖山弧线。

（7）袖长：根据袖山确定袖长位置。

（8）画顺袖口弧线。

（三）尖角翻立领结构设计

此款尖角翻立领短袖衫尖角翻立领结构设计，如图4-111所示。

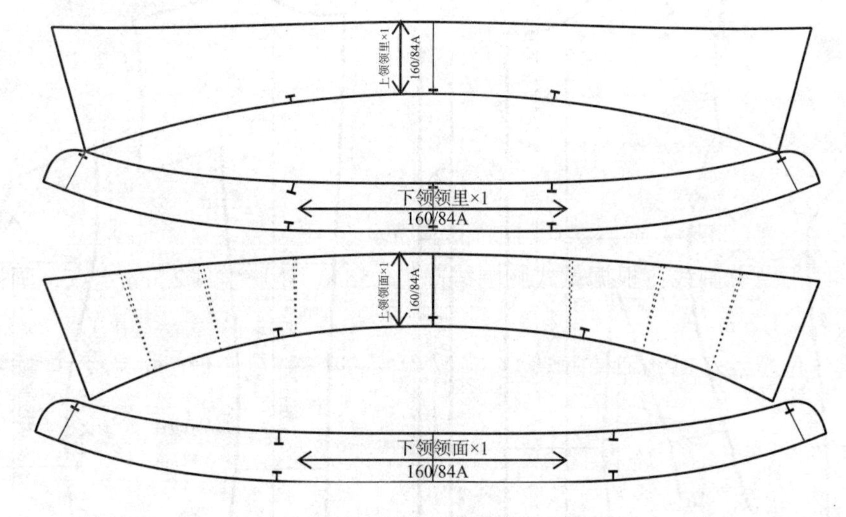

图4-111 尖角翻立领结构设计

（1）领座：根据前、后领弧长确定领长，领座中线宽2.5cm，领座前端上翘2～3cm，领座前宽2cm，画顺领座小圆角。

（2）翻领：翻领后中心宽3.7cm，领角长6.5cm；翻领的弯势大于领座；翻领与领座组合刀眼对齐。

（3）翻领领面的吃势量根据面料适当展开0.6cm左右。

三、初板确认

（一）样板放缝

1. 前片放缝

根据工艺单的款式图与工艺说明进行放缝，如图4–112所示。

（1）肩缝、侧缝是来去缝工艺，缝份为1cm。

（2）袖窿滚边，缝份为1cm；领圈缝份为1cm。

（3）胸省来去缝工艺，缝份为1cm。

（4）刀背缝分割内包缝工艺，应放大小缝，小缝放0.5cm，大缝放1.1cm。

（5）底边卷边1.5cm，缝份为2.5cm。

（6）前门襟翻边工艺缝份为0.5cm。

（7）翻门襟：与门襟缝合缝份为0.5cm，另一边缝份为1cm。

（8）放缝时袖窿处弧线部位的端角要保持与净缝线垂直。

2. 后片放缝

后片放缝，如图4–113所示。

（1）肩缝、侧缝是来去缝工艺，缝份为1cm。

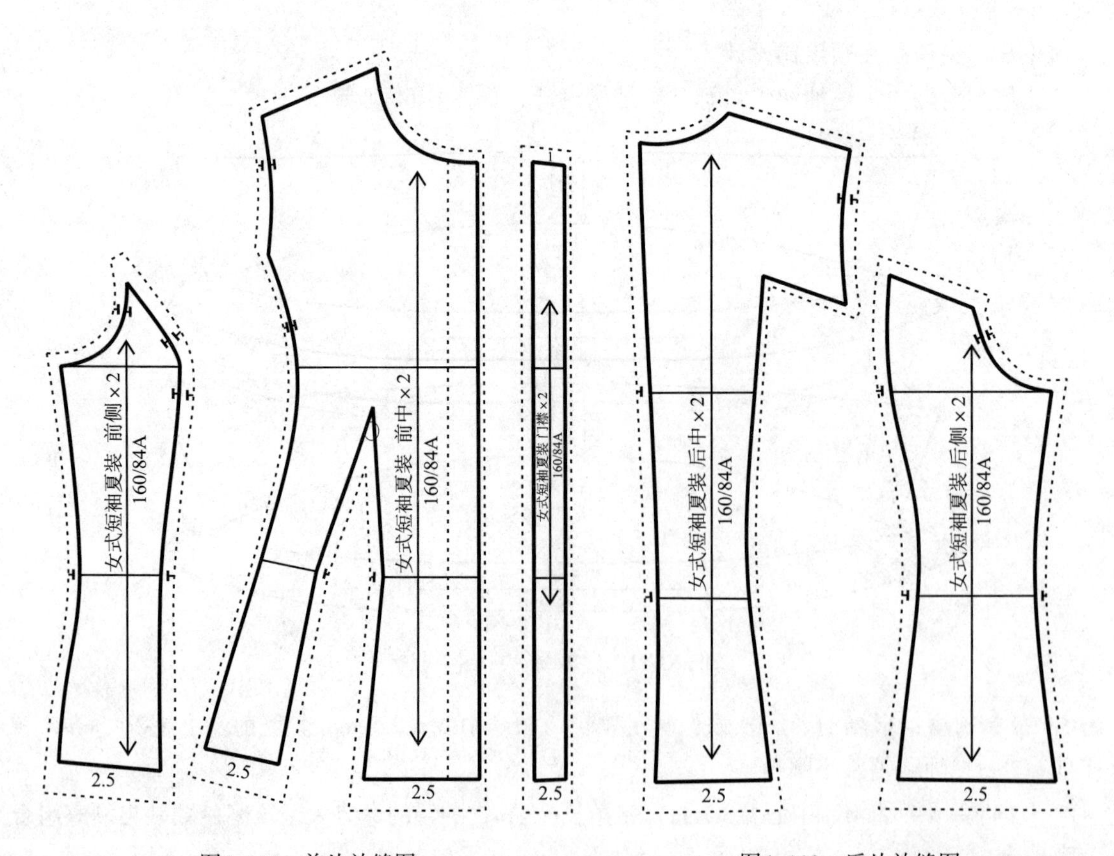

图4–112　前片放缝图

图4–113　后片放缝图

（2）袖窿滚边，缝份为1cm；领圈缝份为1cm。

（3）后中缝放缝1.1cm，倒L型分割线分割为内包缝，应放大小缝，小缝放0.5cm，大缝放1.1cm。

（4）底边卷边1.5cm，缝份为2.5cm。

3. **袖子放缝**

袖子放缝，如图4-114所示。

（1）袖山滚边，缝份为1cm，后续修窄。

（2）袖口缝份为0.5cm。

（3）袖口翻边与袖口拼接翻边放缝0.5cm宽，其他三边放缝1cm。

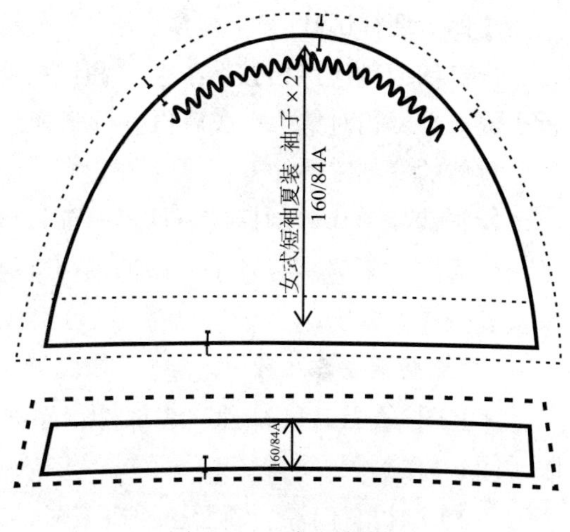

图4-114　袖子放缝图

4. **尖角翻立领放缝**

尖角翻立领放缝，如图4-115所示。

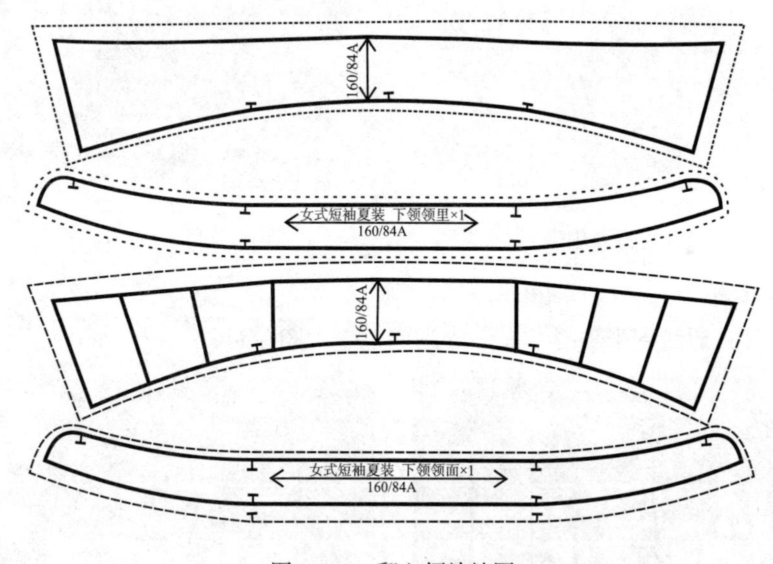

图4-115　翻立领放缝图

（1）翻领领面、领里：与领座连接处缝份为0.5cm，其他三边缝份为1cm。

（2）领座领里、领面：在领里基础上展开放里外层势0.6cm，四周放缝份1cm。

（二）样板标识

（1）所有样板上作好丝缕线，写上款式名、裁片名称、裁片数量、号型规格等。

（2）作好所有对位标记、剪口。

（3）抽褶处作好抽褶符号和对位标记。

（三）单件衬衫裁剪排料图

单件衬衫排料、裁剪示意图如图4-116所示。

(四)坯样试制

样衣的缝制应严格按照工艺单和样板操作进行。操作时车工相对集中完成,再到烫台进行小烫;小烫相对集中完成后再进行车缝,以便提高缝制样衣的速度。

具体的缝制工序如下:

检查裁片→作缝制标记→粘衬→前片内包缝、来去缝→后片内包缝→前片翻门襟→做领子→合肩缝、侧缝→装领子→做袖子→装袖子→袖窿滚边→下摆卷边→整烫→定扣位→钉扣→检验→样衣展示。

1. **缝制前准备工作**

(1)检查裁片:部件、零部件;作缝制标注,根据工艺要求,作前后片、袖片的对刀眼(图4–116)。

(2)粘衬:门襟、领面、袖口(图4–117)。

图4–116 检查裁片

图4–117 粘衬

2. **前衣片缝制**

(1)前衣片:通底省来去缝,弧形分割内包缝(图4–118)。

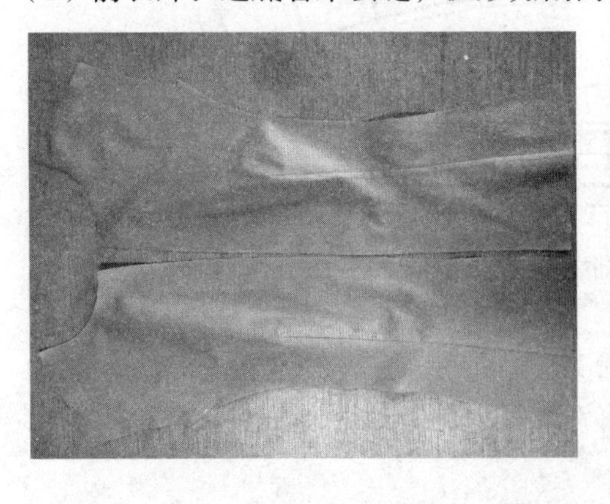

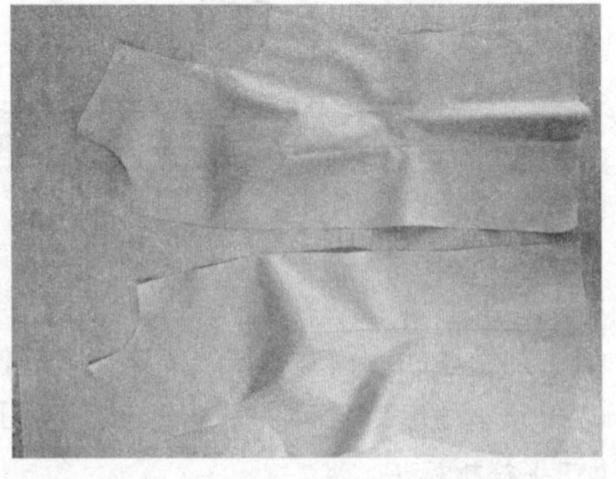

图4–118 前衣片

(2)装门襟:加门襟翻边、压止口(图4–119)。

3. **袖子缝制要领**

(1)半袖:加袖口翻边(图4–120)。

(2)袖山收褶、抽褶(图4–121)。

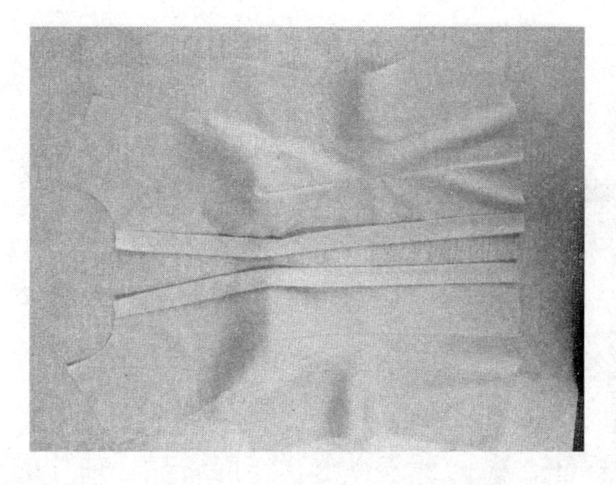
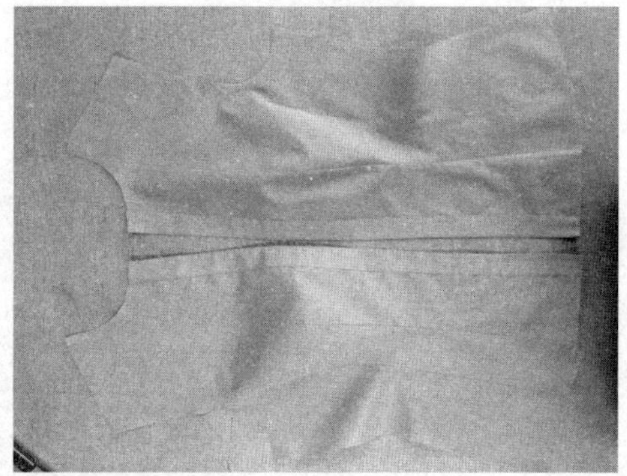

图4–119　装门襟

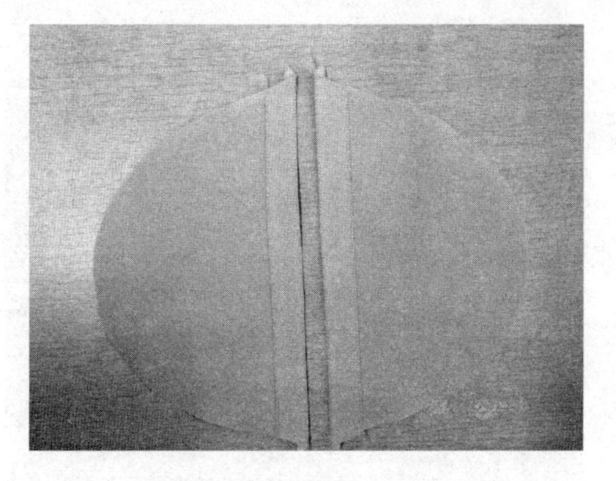

图4–120　加翻边

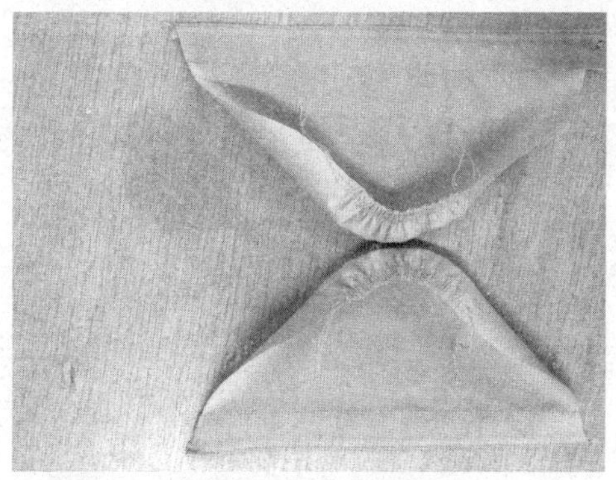

图4–121　袖山收褶

4. **做翻立领缝制要点**

（1）缉缝翻领、扣烫领座（图4–122）。

（2）翻烫领子（图4–123）。

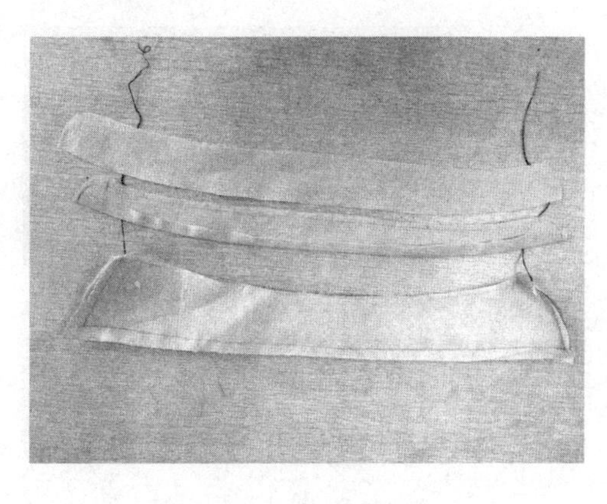

图4–122　缉缝

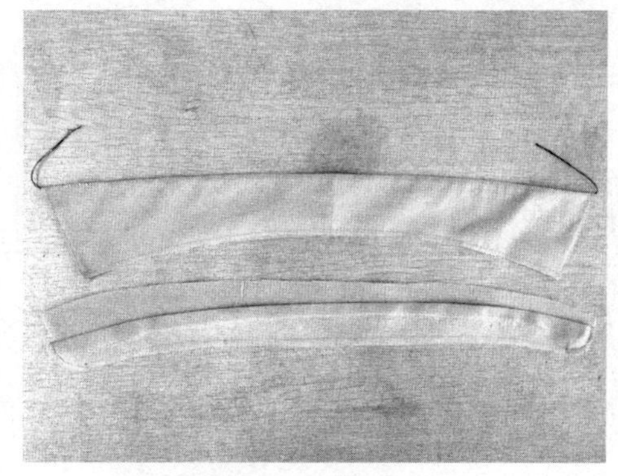

图4–123　翻烫领子

（3）综合翻领、领座（图4–124）。

5. **后片缝制要领**

（1）内包缝合倒L型分割缝、后背中缝（图4–125）。

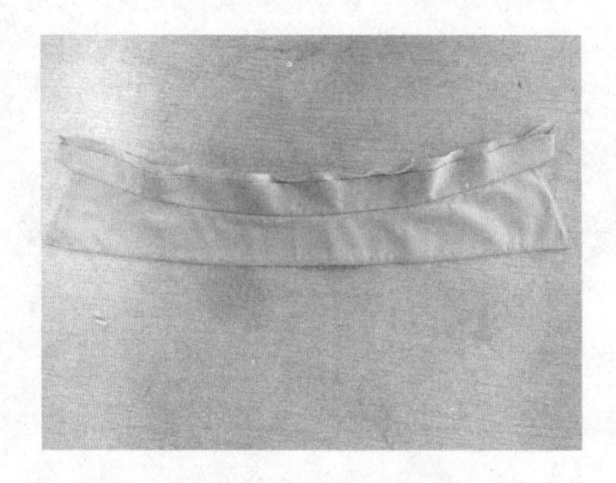

图4-124　缝合翻领、领座

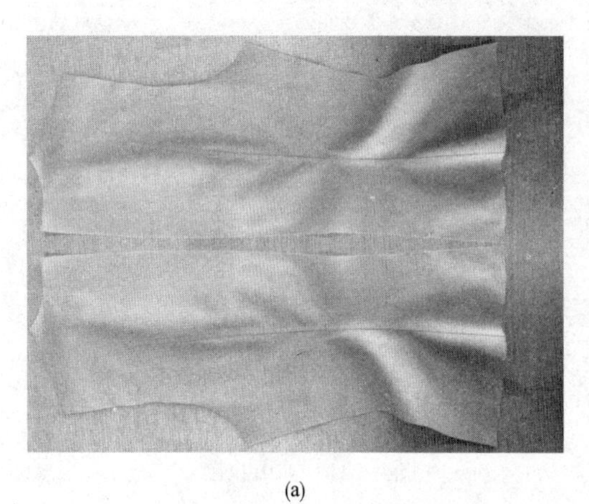

(a)

(b)

图4-125　缝合分割线、后背中缝

（2）缝合侧缝、肩缝（图4-126）。

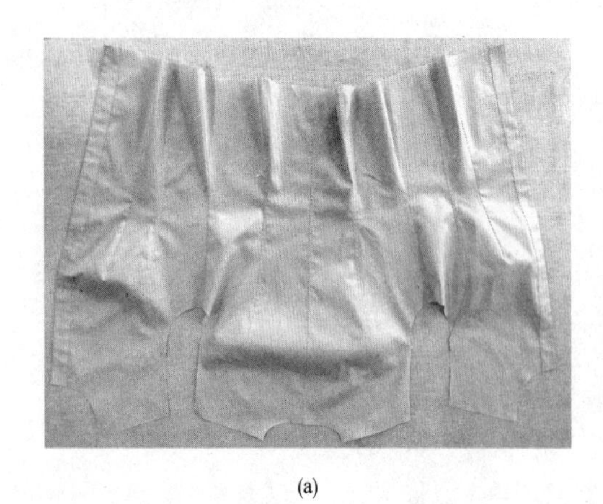

(a)

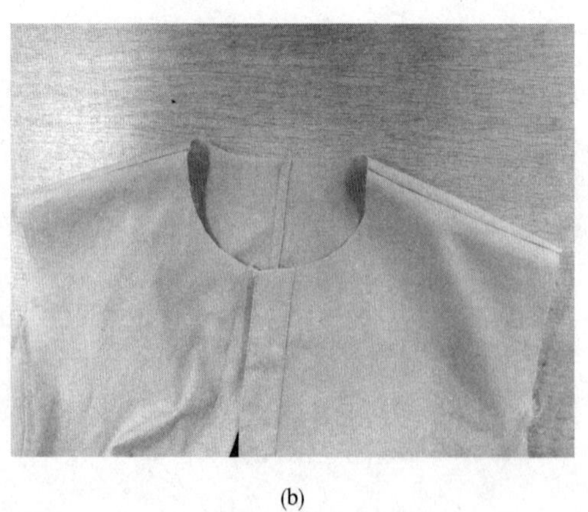

(b)

图4-126　缝合侧缝肩缝

6. **装领缝制要点**

装领里、领面、压止口（图4-127）。

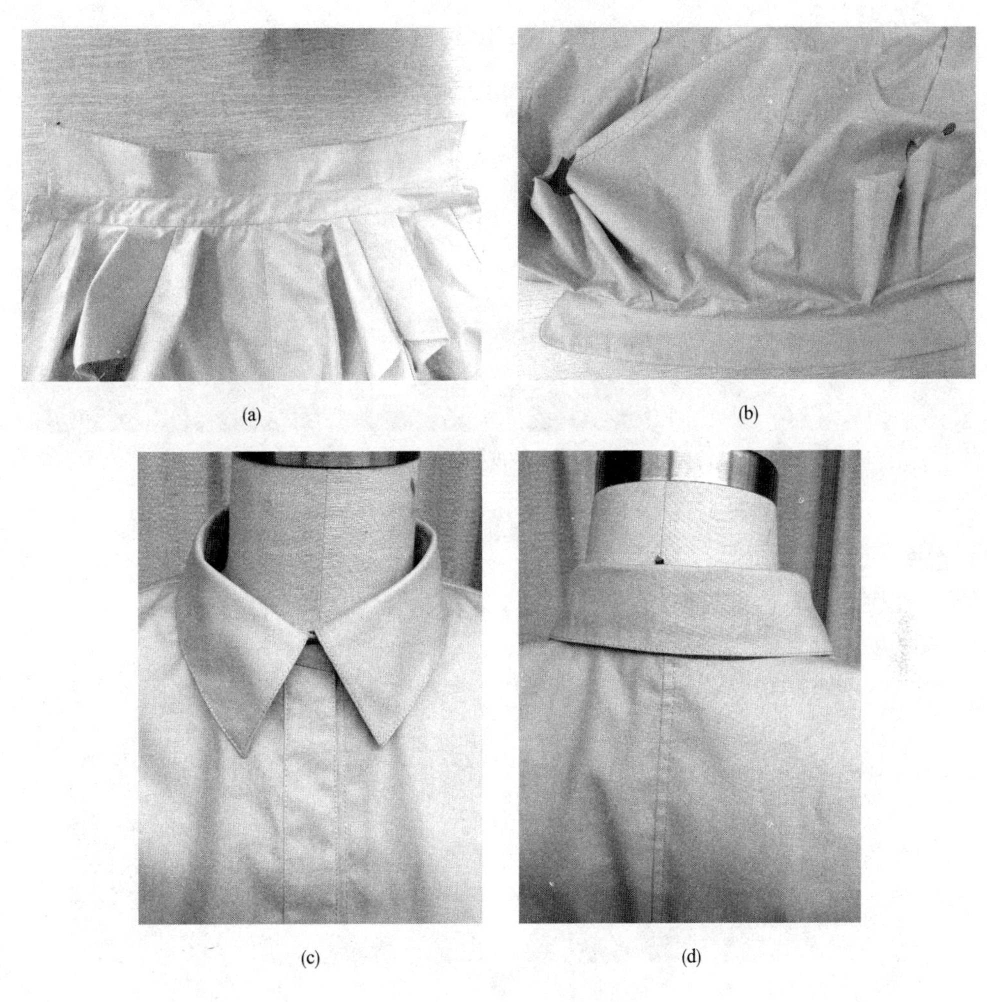

(a)　(b)

(c)　(d)

图4-127　装领

7．装袖缝制要点

装半袖、袖窿滚边如图4-128所示。

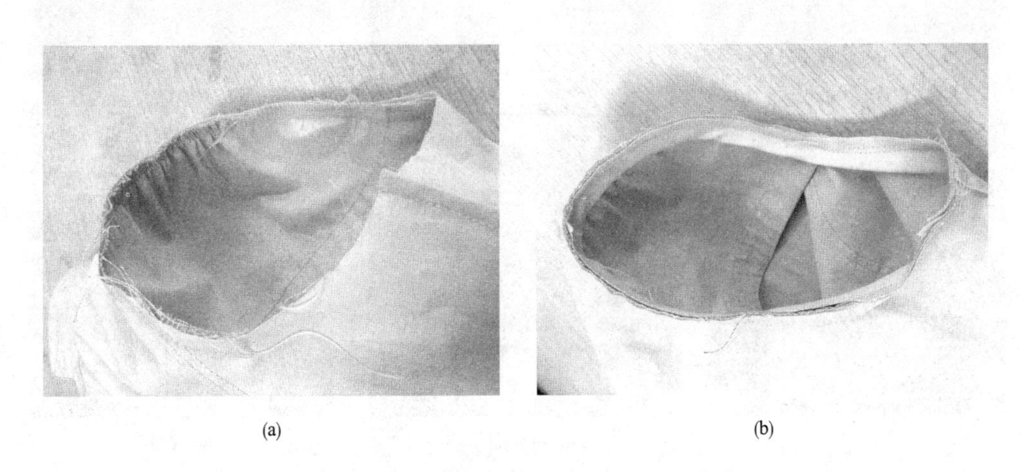

(a)　(b)

图4-128　装袖

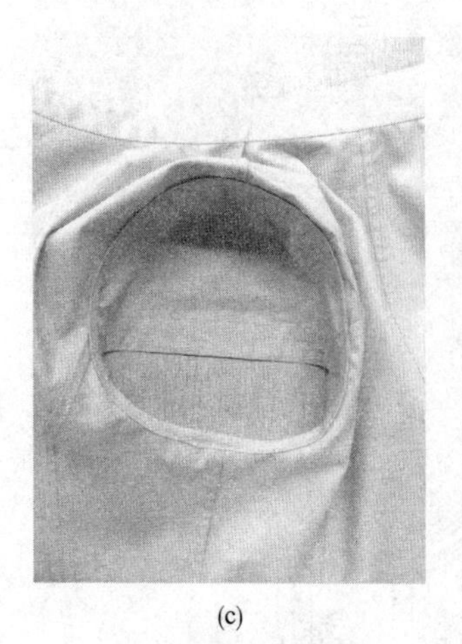
(c)

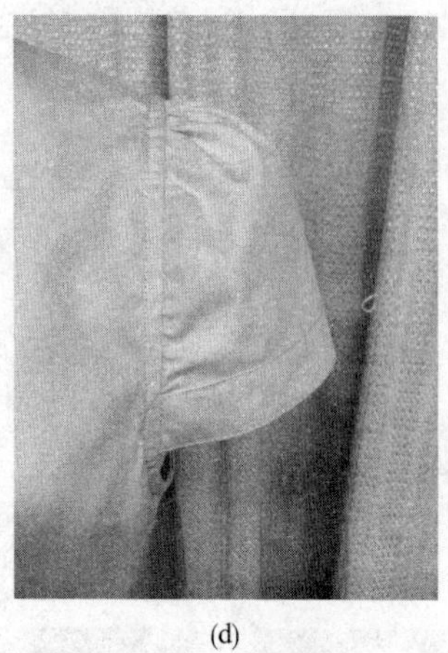
(d)

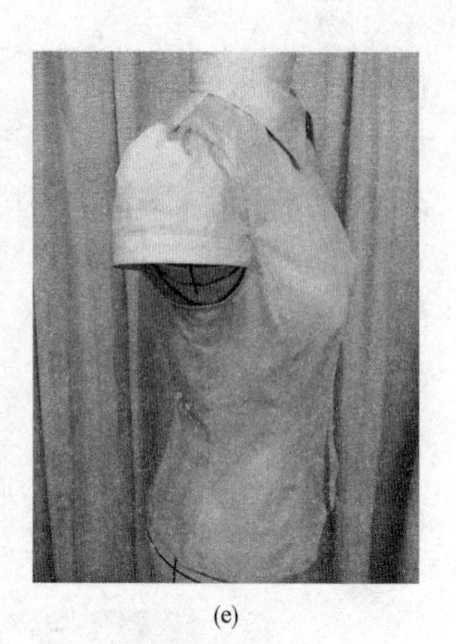
(e)

图4-128 装袖

8. 卷边

修顺下摆底边，卷边（图4-129）。

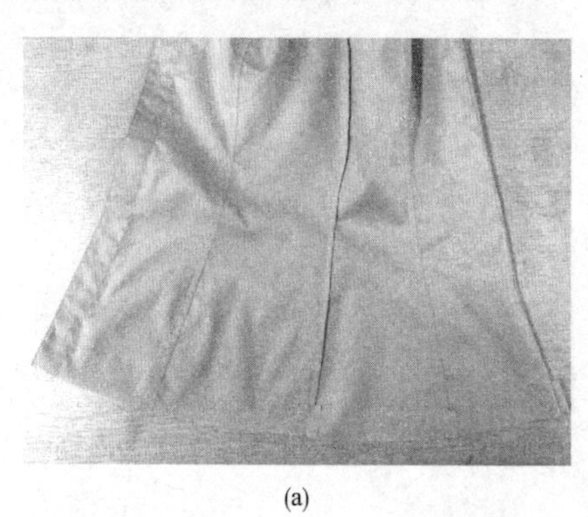
(a)

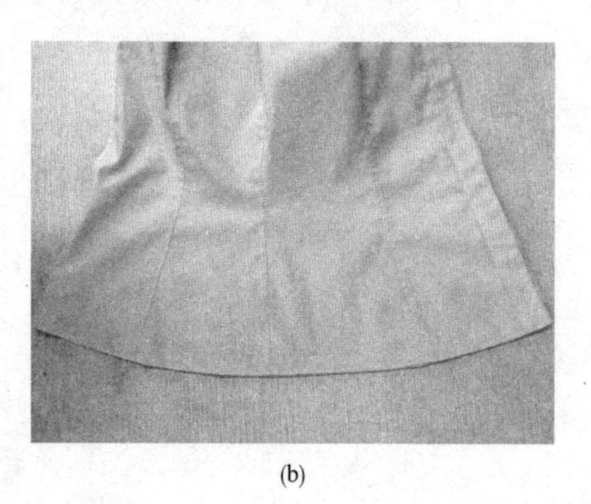
(b)

图4-129 卷边

9. 成品图

成品如图4-130所示。

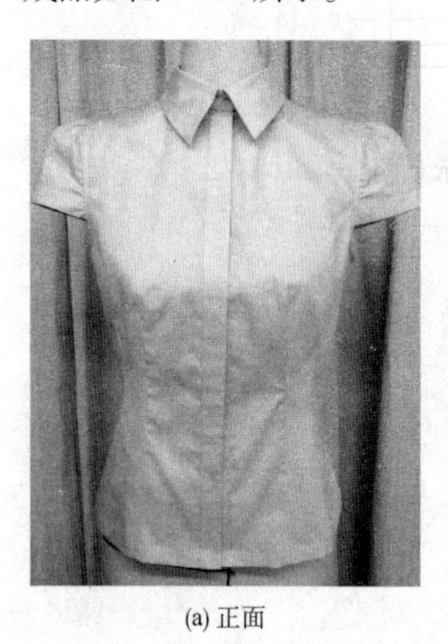
(a) 正面

(b) 侧面

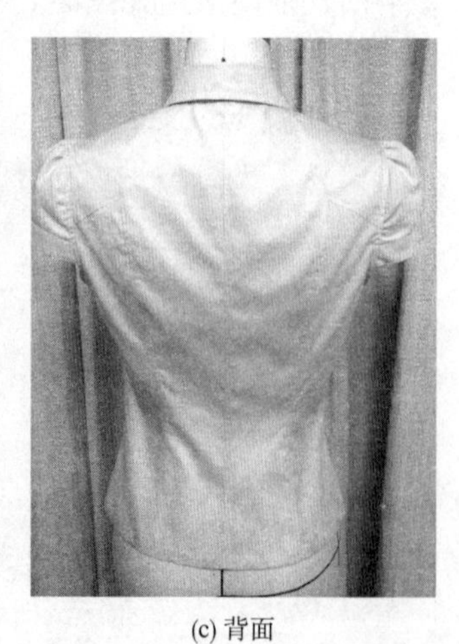
(c) 背面

图4-130 成品图

四、系列样板

1. 前片、前侧片、门襟推档示意图

此款尖角翻立领女短袖衫前片前侧片、门襟推档示意图，如图4-131所示。

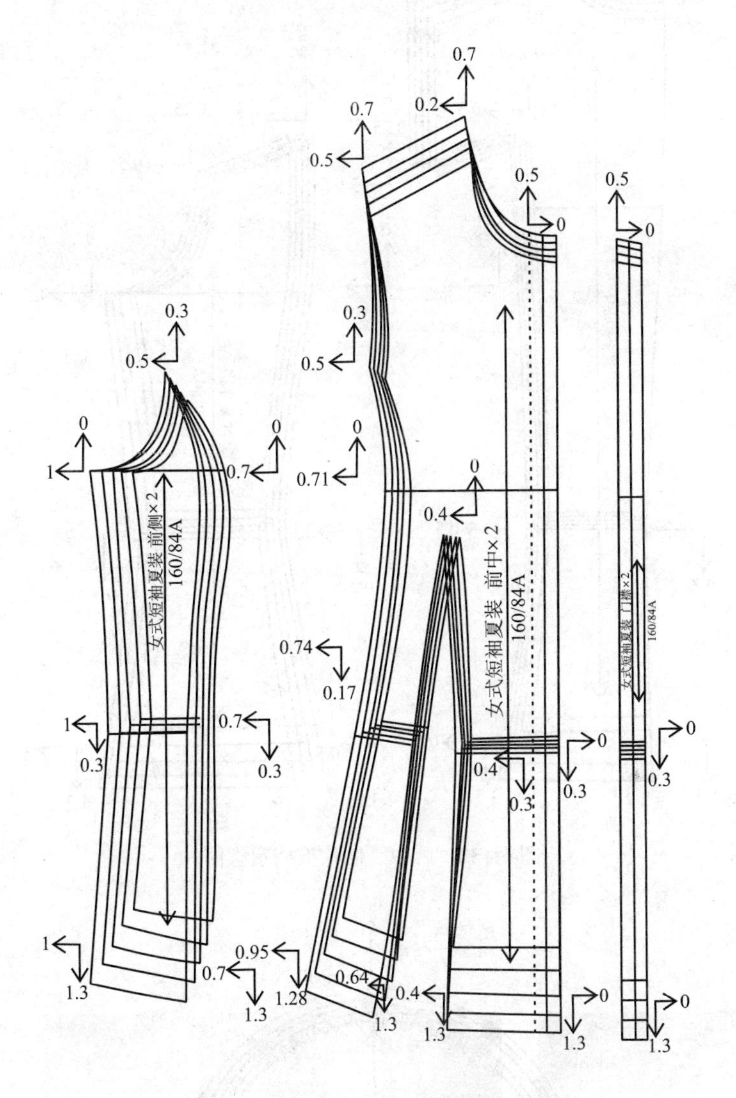

图4-131　前片前侧片、门襟推档示意图

2. 后中、侧片推档示意图

此款尖角翻立领女短袖衫后中、侧片推档示意图，如图4-132所示。

3. 袖片推档示意图

此款尖角翻立领女短袖衫袖片推档示意图，如图4-133所示。

4. 领子推档示意图

此款尖角翻立领短袖衫领子推档示意图，如图4-134所示。

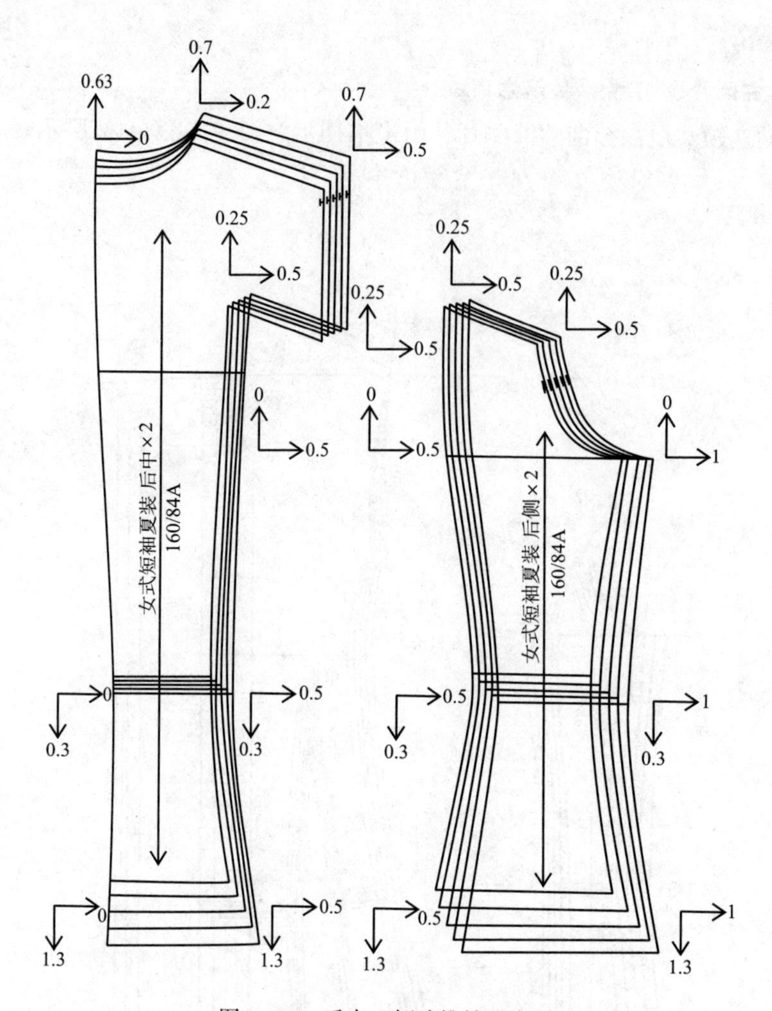

图4-132 后中、侧片推档示意图

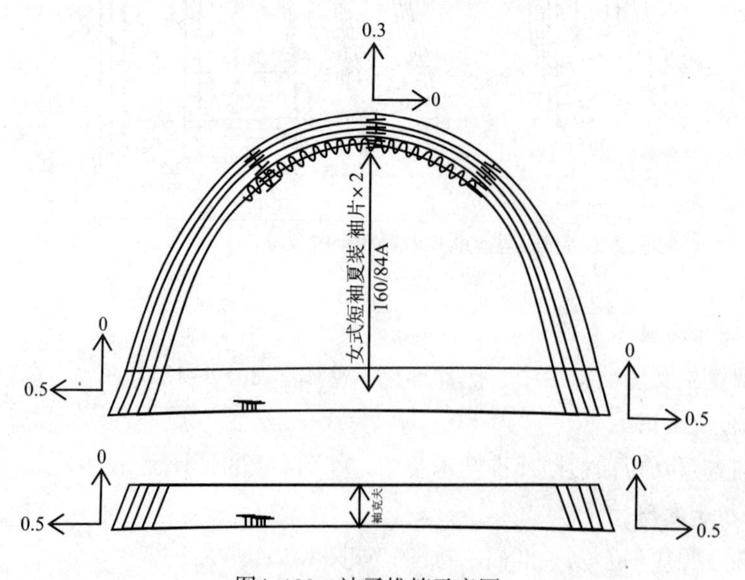

图4-133 袖子推档示意图

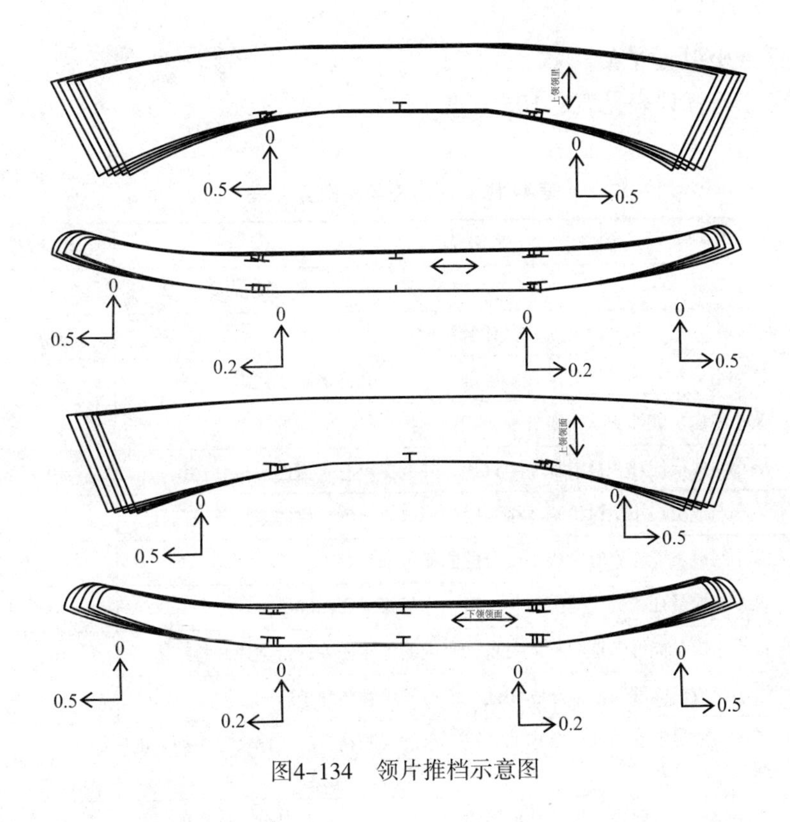

图4-134　领片推档示意图

任务评价

一、项目任务自我评价表

本项目任务自我评价表见表4-9。

表4-9　项目任务自我评价表

姓名		班级		小组代号	
项目名称			活动时间		
序号	评价指标			分值	本项得分
1	我能够理解项目任务的操作规范和要求			10	
2	我能够积极承担小组分配的任务			10	
3	我能够在项目任务完成的过程中提出有价值的建议			10	
4	我能够根据项目推进主动学习相关知识			10	
5	我能够按时完成小组分配的任务，不拖拖拉拉			10	
6	我的项目任务完成情况得到小组成员的认可			10	
7	我能够清晰表述项目任务完成的过程和问题解决方法			10	
8	我能够尊重他人的意见，并能表达自己的观点			10	
9	我能够帮助小组成员解决遇到的难题或提出合理化建议			10	
10	我能将项目活动中的经验教训记录下来，与他人分享			10	
合计得分					

二、项目任务小组互评表

本项目任务小组互评表见表4-10。

表4-10 项目任务小组互评表

评价对象		班级		小组代号	
项目名称			活动时间		
序号	评价指标			分值	本项得分
1	该小组成员对项目任务的理解准确、到位，并能清晰表达自已的认识			10	
2	该小组成员能够服从小组分配，积极承担自己应完成的任务			10	
3	该小组成员能够积极参加小组讨论，并能提出有价值的意见和建议			10	
4	该小组成员在小组讨论陷入困境时，能够提出创新性的方法解决问题			10	
5	该小组成员能够安时完成小组分配的任务			10	
6	该小组成员任务完成情况符合小组工作的要求和标准			10	
7	该小组成员能够条理清晰地对自己完成的工作任务进行陈述和总结			10	
8	该小组成员能够与同学和睦相处，没有发生磨擦和矛盾			10	
9	该小组成员能够给同学合理的建议，帮助其顺利解决工作任务中遇到的问题			10	
10	该小组成员能够虚心接受其他同学的意见和建议，并对自己存在的问题进行改正			10	
合计得分					

三、项目任务教师评价表

本项目任务教师评价表见表4-11。

表4-11 项目任务教师评价表

评价对象		所在班级		小组代号	
项目名称			活动时间		
评价模块	评价指标			分值	本项得分
学习态度（10分）	能完整参加项目的全过程，不缺席，不早退				
	能按照老师或小组要求完成任务，不做与项目无关的事				
	积极承担任务，积极参与小组讨论，与小组成员友好相处				
知识运用（25分）	能够认真学习与项目开展有关的知识			4	
	能够根据项目的推进主动学习新知识			6	
	能够运用所学的知识解决项目中遇到的问题			10	
	对所学知识能够融会贯通、举一反三			5	

续表

评价对象		所在班级		小组代号	
项目名称			活动时间		
评价模块	评价指标			分值	本项得分
操作能力（25分）	能根据项目的实践要求选择合适的材料、工具和设备			5	
	操作步骤规范、有序，操作细节符合要求			8	
	操作中遇到问题时能想办法解决			8	
	能够按时完成项目任务			4	
展示评价（30分）	能够利用多媒体教学手段对自己的项目任务介绍和展示，介绍具体，表达清晰流畅			6	
	项目作品在材料运用、颜色搭配、工艺细节等方面达到规定的标准			8	
	项目汇总的书面材料规范、齐全，上交及时			6	
	展示过程中积极协调、沟通，舞台展示效果好			10	
附加奖励分（20分）	项目作品质量好，有一定的销售价值			10	
	项目作品具有一定的创新性，设计方案被企业录用			10	
项目反思（10分）	能将项目推进过程中的经验、教训及时记录下来			4	
	能够将自己的经验、教训与他人分享			4	
	能够按时提交反思小结			2	
合计得分